KOMPASS-BÜCHEREI BAND 193

Ein heftiger Stoß erschüttert das irdische Quantenraumschiff, und wo eben noch der Planet Sirter mit seiner grünlich-violetten Hülle gewesen war, erstreckt sich die Leere des Alls. Erst Minuten später taucht der Himmelskörper wieder auf, als sei nichts geschehen, und nun gelingt es auch, Kontakt mit den Sirianern aufzunehmen. Die Kosmonauten werden sicher durch die seltsame Schutzhülle geleitet und besuchen den Planeten, der den Sirianern zur neuen Heimat geworden ist. Auf Expeditionen lernen sie sensationelle technische Leistungen kennen, treffen auf Flugschlangen und räuberische Rieseninsekten und bewundern die Bäume, die sich jedesmal zu Boden legen, wenn der Zwergstern Ra Unwetter auslöst. Auch das Geheimnis um die Schutzhülle wird aufgedeckt, als ein Roboterraumschiff eintrifft, dessen Besatzung ein Ultimatum stellt. Kommandant Al Gorim beschließt, den Nachbarn im All zu helfen.

Paul Ehrhardt

Nachbarn im All

Wissenschaftlich-phantastischer Roman

Verlag Neues Leben Berlin

Illustrationen von Werner Ruhner

ISBN 3-355-00733-1

2. Auflage, 1988
Lizenz Nr. 303(305/282/88)
LSV 7503
Umschlag: Werner Ruhner
Typografie: Ingrid Engmann
Schrift: 9 p Timeless
Gesamtherstellung: GG Völkerfreundschaft Dresden
Bestell-Nr. 642 043 0
00290

Am Ziel

Einige Minuten schon stand Al Gorim, der Kommandant des irdischen Quantenraumschiffes, mit unbewegtem Gesicht vor dem Backbordfenster seiner Kabine, die nur durch einen schmalen, türlosen Durchgang von der Steuerzentrale getrennt war. Das gleißende Licht der fremden Sonne traf seine Augen die abwägend auf die Nachtseite des von einer undurchdringlichen Atmosphäre umgebenen Planeten gerichtet waren, um den sich die PHO 2 seit etwa fünfzig Stunden in einer Kreisbahn von mehr als zweihunderttausend Kilometer Durchmesser bewegte.

Ein Knopfdruck schwenkte vor das aus vielen zentimeterdikken Schichten Schutzglas bestehende Bullauge ein Gelbfilter, das Al Gorims von der intensiven Beobachtungstätigkeit der letzten Tage überanstrengten Augen wohl tat. Es tauchte den kleinen Raum in ein freundlicheres Licht, das an Flüge im sonnennahen Raum erinnerte. Al Gorim konnte mit sich, seiner Besatzung und dem Raumkreuzer voll zufrieden sein. In den mehr als viertausend Flugtagen, die bei annähernder Lichtgeschwindigkeit für die unvorstellbare Entfernung von rund dreiundachtzig Billionen Kilometern bis zum Sonnensystem des Sirius benötigt worden waren, hatte es keine wesentlichen Zwischenfälle oder kritischen Situationen gegeben. Doch war das etwas Besonderes?

Während der neunundzwanzig Jahre, die er nun bereits im Dienst der Vereinigten Weltraumbehörde stand, war Al Gorim zu vielen Expeditionsflügen gestartet, die immer mit einem großen Risiko verbunden waren; diesmal kam die ungeheure Entfernung dazu.

Die Jahrzehnte harten und entsagungsvollen Kosmonautenlebens hatten Al Gorim geprägt. Er war der Sohn eines ukrainischen Bauern aus einer Sowchose in der Umgebung von Konotop. Schon als Schüler hatten ihn die Probleme der Raumfahrt, die Technik der Raketenantriebe und der Kampf der Kosmonauten mit der Unendlichkeit des Alls in ihren Bann geschlagen. Zuerst war es nur ein Suchen, ein Träumen gewesen, er hatte viele Bücher gelesen und Zeitungsausschnitte gesammelt. Kein Wunder also, daß schließlich sein Onkel Wanja oft warnend den Zeigefinger erhob und dem Vater klarzumachen versuchte, es wäre an der Zeit, daß sich Al anstelle der Raketen und Sterne mit Traktoren und Vollerntemaschinen beschäftigte. Doch dazu war es bereits zu spät! Aus den anfänglichen Träumen wurde für Al ein Lebensziel, dem er verbissen und allen Widerständen zum Trotz zustrebte.

Wie stolz waren seine Eltern und, das mußte er zugeben, auch er selbst, als er mit dreiundzwanzig Jahren für die praktische Kosmonautenausbildung an das Kosmodrom von Baikonur delegiert wurde! Dort war es auch, wo er Tatjana Suminowa kennenlernte.

Der Abglanz eines fernen Glücks hellte für Sekunden seine strengen Gesichtszüge auf. Tatjana – mit der Erinnerung an diese Frau waren die schönsten und glücklichsten Jahre seines Lebens verknüpft.

Doch das Glück währte nicht lange, vor achtzehn Jahren war sie auf einer Expedition ums Leben gekommen. Nie würde er jenen Rückflug vom Mars vergessen. Seine Frau war Leiterin einer biologischen Spezialistentruppe gewesen, die in den nördlichen Randzonen der Polarkappen nach Leben geforscht hatte.

Und was zwar alle gehofft, aber niemand so recht für möglich hielt, war dann doch eingetroffen! In den riesigen, von jährlichen Eisgezeiten völlig eingeebneten Moosfeldern lebten bisher unbekannte Käfer. Glückstrahlend hatte ihm damals Tatjana diese frühen oder späten Zeugen, man war sich darüber noch nicht ganz klar, marsianischen Lebens gezeigt, als die von ihm gesteuerte MARA 4 den mehrere Monate währenden Rückflug antrat. Nach neun Tagen erkrankte Tatjana plötzlich. Eine unerklärliche Blutkrankheit hatte sie befallen und beendete ihr Leben, noch bevor der Borddiagnosecomputer die genaue Krankheitsursache analysieren konnte. Kurz vor ihrem Tod gestand sie Al Gorim, daß sie beim Fangen der fremden Marsinsekten, trotz der dicken Raumhandschuhe, einen Stich im Finger verspürt habe, ohne der Verletzung jedoch besondere Bedeutung beizumessen.

„Das Leben im Kosmos – du mußt weitermachen. Du wirst Leben finden, Al!“ hatte sie gesagt.
Jetzt waren sie in die völlig unbekannte Welt einer fremden Sonne eingedrungen. Würde er hier vielleicht Tatjanas Vermächtnis erfüllen können?
Sein Gesichtsausdruck wurde hart, sein Körper straffte sich, und sein Blick maß den im grellen Schein des Sirius wie von einer Gloriole umgebenen nahen Planeten wie einen Gegner, den er im Wettkampf besiegen würde. Er ließ das Gelbfilter wieder zurückgleiten, um besser beobachten zu können.
Was bedeutete nur diese grünlich-violette Hülle, die den Planeten so undurchdringlich umgab? So etwas hatte er noch nie gesehen. Ganz entfernt ließen sich vielleicht Vergleiche mit der äquatorialen Marsatmosphäre ziehen, wenn dort planetare Stürme mit Zyklopenkräften braunen und roten Staub in die höchsten Luftschichten jagten. Waren hier noch verderbenbringendere Naturgewalten am Werk?
„Gol, kannst du für eine halbe Stunde zu mir hereinkommen?“ fragte er über die Sprechanlage den Navigator in der benachbarten Steuerzentrale.
Der breitschultrige Kanadier mußte sich etwas zur Seite drehen, um den schmalen Durchgang zum Kommandoraum passieren zu können.
Al Gorim wandte sich langsam, fast unwillig um und rieb sich die von Siriushelligkeit immer wieder stark geblendeten Augen.
„Gol, ich weiß, du machst das nicht besonders gern, aber wir müssen für den ersten Etappenabschlußbericht noch einiges im Bordbuch ergänzen. Hilf mir dabei ein wenig! Ich glaube, daß du dir vor lauter Steuer- und Navigationstätigkeit unser kosmisches Reiseziel noch gar nicht richtig angesehen hast. Schau hinaus! Wir haben eben die Schattengrenze überschritten.“
Gol Parker machte schwerfällig die wenigen Schritte zum Bullauge und blickte auf den Planeten, als sei er ein ihm längst vertrauter Himmelskörper. Die Besatzung der PHO 2 hatte den dritten Planeten des Siriussystems erst vor wenigen Wochen auf den Namen „Sirter“ getauft.
Plötzlich warf ein Stoß Gol Parker in die Arme von Al Go-

rim, der seinerseits gegen die Wand taumelte. Der Kommandant hatte geistesgegenwärtig die Taste für Sprechverbindung zu allen Kabinen und Zentralen gedrückt und rief: „Alarmstufe eins! Bremsaggregate ausschalten! Alle auf Havariestation!"
Gol Parker, der sein Gesicht wieder dem Rundfenster zugewandt hatte, packte unvermittelt Al Gorims Arm mit schmerzendem Griff.
„Al!" stieß er hervor, „Kommandant! Wir trudeln! Nein, doch nicht, der Sirius steht in unveränderter Position! Aber der Planet ist verschwunden ..."
Al Gorim schnellte herum. Ein Blick genügte. Gol hatte tatsächlich recht. Der Platz, wo sich eben noch der verhüllte Planet befunden hatte, war leer.
Da meldete sich auch schon der leitende Bordtechniker, Hauptingenieur Katajew: „Bremsaggregate waren seit etwa sechzig Stunden nicht mehr eingeschaltet! Alle Anlagen der PHO 2 arbeiten einwandfrei. Bremswirkung hält unvermindert an. Ursache völlig unerklärlich. Vermute kosmischen Einfluß. Ende."
Als Katajew gesprochen hatte, war die Stimme von Professor Sorini zu vernehmen, der sich aus dem Backbord-Observatorium meldete: „Mit Einsetzen einer unerklärlichen Reduzierung der Geschwindigkeit ist unser Beobachtungsobjekt, der Planet Sirter, unsichtbar geworden!" Als Al Gorim und Gol Parker zum Navigationskontrollstand eilten, setzte die bis dahin fast schmerzlich fühlbare Bremswirkung schlagartig wieder aus. Bewußt oder unbewußt blickten beide im gleichen Augenblick dorthin, wo vor wenigen Minuten der Sirter verschwunden war, und plötzlich konnten sie den grünlich-violett schimmernden Himmelskörper wieder erkennen.
Durch die automatische Bahnkorrektur, die in der Zwischenzeit ebenfalls vorgenommen worden war, wurden nach einer entsprechenden Beschleunigung die vorherigen Kreisparameter wieder erreicht.
Hoffentlich hat die starke und unerwartete Verzögerungskraft den übrigen noch in Anabiose befindlichen Besatzungsmitgliedern keinen Schaden zugefügt! dachte Al Gorim und bat den Bordarzt Doktor Tessin, eine kurze Gesundheitskontrolle bei allen zur Zeit eingesetzten Kosmo-

nauten durchzuführen und sich dann mit ihm in der Tiefschlafanlage zu treffen. Es war oberstes und unerläßliches Gebot, nach Havarien, ganz gleich, welcher Art, sofort zu überprüfen, ob das Kosmonautenkollektiv wohlauf und das Raumschiff manövrierfähig waren. Diesem Grundsatz war Al Gorim bisher bei allen abenteuerlichen Unternehmungen treu geblieben. Vielleicht lag in dieser Konsequenz eine wesentliche Ursache für seine Erfolge.

Er schob die Diagramme, Notizzettel und Aufzeichnungen, die über seinen Arbeitstisch verstreut waren, wieder zusammen. An die Vervollständigung des Etappenabschlußberichtes war nun in den nächsten Stunden nicht zu denken.

Das paßte ihm gar nicht, aber das erste Raumfahrergebot hatte den Vorrang, diesmal zu Lasten eben dieser zweiten Pflicht, die darin bestand, alle Vorkommnisse genau im Bordbuch einzutragen und in den festgelegten Abständen zusammengefaßt zur Erde zu senden. Wenn die Informationen den Lichtjahre entfernten Heimatplaneten auch erst in achteinhalb Jahren erreichen würden, so waren sie doch unwiederbringliche Nachrichten, die für weitere kosmische Unternehmungen von unschätzbarem Wert sein konnten. Alle Raumexpeditionen waren trotz maximaler Gründlichkeit und Umsichtigkeit bei der Vorbereitung und Durchführung immer noch mit einem hohen Risiko behaftet.

Schon oft in den vergangenen Jahrzehnten hatten die Berichte später verschollener oder verunglückter Raumschiffe andere Kosmonauten vor einem gleichen harten Schicksal bewahrt. –

In der Anabiosestation wurden sechs weitere Besatzungsmitglieder, die seit dem Verlassen der Erde im Tiefschlaf an dem Lichtflug teilgenommen hatten, langsam wieder den normalen Lebensbedingungen zugeführt. Dieser Normalisierungsprozeß dauerte, je nach Konstitution des Anabiotikers, etwa fünfzig bis siebzig Stunden. Während der kosmischen Flugreise waren die Oszillogramme der wichtigsten Lebensfunktionen der Tiefschläfer in der Kommandozentrale sehr sorgfältig überwacht und, wenn notwendig, beeinflußt worden.

„Wie steht es mit ihnen?“ wandte sich Al Gorim mit einem zuversichtlichen Unterton in der Stimme an Doktor Tessin,

den Mediziner. Rechts und links waren je drei der durchsichtigen zylindrischen Tiefkühlbehälter mit den noch leblosen Kosmonauten schwingungsfrei an Federarmen kardanisch aufgehängt. Während in früheren Jahren bei entsprechend langen Raumflügen der Tiefschlaf durch Einbetten in eine unterkühlte Flüssigkeit ermöglicht wurde, hatte man bei der Anlage in der PHO 2 zwar auch die grundsätzlich erforderliche Unterkühlung angewendet, die Verzögerung des Lebensrhythmus wurde jedoch mit dem pulsierenden Überdruck eines konservierenden, sauerstoffhaltigen Biogases erreicht. Aber erst die Anwendung eines Stabilisators für die Bluttemperatur, einer verdünnten Schwerwasserflüssigkeit, die vor dem Übergang zum Anabiosezustand dem Kosmonauten injiziert wurde, hatte den gesamten Prozeß wesentlich vereinfacht und ungefährlicher werden lassen.
Während der vielen Jahre des Fluges hatte sich diese im Aufbau völlig neue Anlage hervorragend bewährt. Die „eingefrorenen" Kosmonauten waren die lange Zeit hindurch, mit nur drei Pulsschlägen pro Minute an der Grenze zum klinischen Tod, organisch intakt und lebensfähig geblieben.
Die typische Blässe der Anabiotiker war inzwischen einer leichten gesunden Färbung gewichen.
„In zwölf bis vierzehn Stunden werden wir fast alle von unserer zweiten Besatzung aus den Überdruckkammern heben können", sagte Doktor Tessin, nachdem er alle Instrumente und Werte überprüft hatte.
Nachdem sie die dritte Sicherheitstür der Anabiosestation hinter sich geschlossen hatten, nahm der Bordarzt ein unterbrochenes Gespräch wieder auf. „Wissen Sie, Al, ich stehe noch immer unter dem Eindruck jenes Phänomens, daß der Planet Sirter vor einer knappen Stunde, zu Beginn der elften Umrundung, plötzlich drei Minuten lang absolut unsichtbar war. Nur gut, daß die gleichzeitig aufgetretene Bremswirkung die eingeleitete Wiederbelebung unserer sechs Anabiotiker nicht ungünstig beeinflußt hat!" Al Gorim nickte nachdenklich, während sie den geräuschlosen Lift verließen, der sie zu den Kommandoräumen befördert hatte. „Kommen Sie doch mit hinein, Doktor!" sagte er, als sie vor der runden Tür des Observatoriums standen. Er unterhielt sich gern mit dem

Arzt, vielleicht konnten sie gemeinsam das Geheimnis lüften.

Doktor Tessin stammte aus Vietnam und nahm als delegiertes Expeditionsmitglied des Südostasiatischen Staatenbundes an dem kosmischen Unternehmen teil. Sein französisch klingender Name erinnerte noch an die Zeit der kolonialen Unterdrückung seiner Heimat im zwanzigsten Jahrhundert. Er gehörte zu der jüngeren Gruppe der PHO 2-Besatzung. Beim Start war er dreiundzwanzig Jahre alt, hatte kurz vorher promoviert und die obligatorische Kosmonautenausbildung soeben abgeschlossen. Daß er in die engere Wahl einbezogen wurde hing sicherlich damit zusammen, daß er während seiner raumfahrttechnischen Übungseinsätze Beschleunigungsversuche mit transplantierten Organen an sich selbst durchgeführt hatte. Hinzu kam, daß er in seiner Dissertation umfangreiche anabiotische Untersuchungen ausgewertet hatte. Er war also, trotz seiner Jugend, sowohl vom medizinischen als auch vom kosmonautischen Können her als Bordarzt eines solch waghalsigen Unternehmens besonders geeignet.
Seine etwas untersetzte Gestalt und sein freundliches Gesicht strahlten eine ansteckende Gesundheit aus. Einfühlsam und verständnisvoll hatte er die nach dem ersten Flughalbjahr bei einigen Besatzungsmitgliedern auftretenden Erscheinungen einer Raumpsychose ohne besondere Behandlung überwinden können.
Al Gorim und Doktor Tessin hatten das Observatorium betreten. Professor Sorini, der international bekannte Kosmophysiker, und Lew Slabow, der kosmologische Experte des Wissenschaftlerkollektivs, standen an der Innenseite des halbrunden Raumes. Die gegenüberliegende Wand zeigte ein projiziertes Bild des nahen Planeten in beachtlicher Vergrößerung.
Die beiden Wissenschaftler wandten sich um und blickten fragend auf den Kommandanten.
„Keine besonderen Beobachtungen bis auf das Phänomen von vorhin", berichtete der Professor, „der Planet ist von einer solch undurchdringlichen Gashülle umgeben, daß bisher noch kein Blick auf seine Oberfläche möglich war. Wir beob-

achten jetzt bereits elf Runden lang, und ich kann mich des Eindruckes nicht erwehren, daß die Gashülle in den letzten Stunden noch dichter geworden ist ..."
„Vorsicht mit solchen Hypothesen und Vermutungen!" unterbrach Al Gorim die Ausführungen und betrachtete seinerseits prüfend die Projektoren. Rechts neben dem von einer violett schimmernden Nebelhülle umgebenen Planeten schob sich gerade die relativ kleine, aber grell leuchtende Scheibe des weißen Zwergsternes, der als Komponente des Doppelsternsystems Sirius von größtem astrophysikalischem Interesse war, in die schwarze Leere des Universums.
„Professor, können Sie sich diese merkwürdige Sache mit dem unsichtbaren Planeten erklären?" Doktor Tessin ließ dieses Phänomen keine Ruhe. „Wie ich Sie kenne, haben Sie dafür inzwischen bestimmt eine Begründung gefunden!"
Professor Sorini war der Senior der PHO 2-Besatzung. Kurz vor den Startvorbereitungen hatte er im Kreise seiner Familie den zweiundfünfzigsten Geburtstag gefeiert. Er war an verschiedenen Universitäten des alten Europas Student und Dozent gewesen, besaß ein Kosmonautendiplom von Baikonur und gehörte seit etwa einem Jahrzehnt zu dem Wissenschaftlerkollektiv des Alpen-Observatoriums, das er bei wichtigen Raumflügen vertrat. So war es nicht verwunderlich, daß der Kosmos seine zweite Heimat wurde.
Wenn er in der Fachwelt allgemein als Astrophysiker galt, dann nur, weil die Fachrichtung Gegenstand seines Grundstudiums gewesen war und er auf diesem Gebiet, auch in seiner Freizeit, unermüdlich tätig blieb. In den vielen Jahren seiner wissenschaftlichen Forschungsarbeit hatte er sich jedoch umfassende Fachkenntnisse angeeignet, so daß man ihn ohne Übertreibung als einen Experten für Kosmonautik bezeichnen konnte.
Er unterlag selten Stimmungsschwankungen. Nur unbeantwortete Fragen brachten den sonst so ausgeglichenen und ruhigen Gelehrten in sichtliche Erregung. Mit wahrem Feuereifer ging er dann daran, Antworten zu finden, und schonte weder sich noch seine Mitarbeiter.
Berühmt war in dieser Hinsicht ein abgegriffenes kleines Notizbuch, das er immer bei sich trug. Alle, die länger mit

ihm zu tun hatten, wußten, daß er darin Probleme festhielt, die noch einer Lösung harrten.
Professor Sorini machte eine einladende Handbewegung zur Sitzecke hin. Auf dem schmalen Tisch lagen scheinbar endlose Papierstreifen mit Zahlen und Formeln, die der Bordcomputer ausgespien hatte.
„Ja, ich glaube, ich habe eine einigermaßen einleuchtende Erklärung für dieses Phänomen“, antwortete der Professor. „In den besagten drei Minuten wurden wir vermutlich mit der Technik einer uns weit vorauseilenden Zivilisation konfrontiert. Nach meinem Dafürhalten ist der Planet Sirter von hochintelligenten Lebewesen bewohnt. Einen Himmelskörper unsichtbar zu machen war eine, und ich möchte betonen, nur *eine*, Probe ihres Könnens. Ich halte es für absurd, daß ein Planet, der real und nachweislich seine elliptische Bahn um ein Doppelzentralgestirn zieht, den Bereich der objektiven Realität verlassen kann, und sei es auch nur für Minuten. Ich bin vielmehr der Ansicht, daß die Unsichtbarkeit des Planeten durch starke Lichtbeugung in einem künstlichen Antigravitationsfeld hervorgerufen wurde.
Sie alle entsinnen sich, daß unser Raumschiff während der Dauer des Phänomens beachtlich an Geschwindigkeit verloren hatte. Ich habe die registrierten Werte schnell durchgerechnet und ermittelt, daß die normale, zulässige Bremsverzögerung von zehn Metern pro Sekundenquadrat während der drei Minuten den fünffachen Betrag erreichte, verbunden mit einem enormen Anwachsen der Temperatur an der Außenhülle unserer Rakete.
Dafür ist nur eine Erklärung möglich! Wir sind in einen konzentrierten Antigravitonenstrahl geraten, der unser Raumschiff abgebremst hat. Der Energiestrahl muß außerdem von einer solchen Intensität gewesen sein, daß er die bei uns eintreffenden Reflexionsstrahlen des Planeten um annähernd fünf Bogensekunden abgelenkt hat, so daß der Himmelskörper für uns praktisch unsichtbar war.
Es kann sich nur um ein Strahlenbündel gehandelt haben, weil es auch unter Berücksichtigung aller physikalischen Möglichkeiten einer noch so fortgeschrittenen Technik ausgeschlossen ist, ein so starkes Antigravitationsfeld künstlich zu erzeugen und als Hülle um den Planeten zu legen. Trotz-

dem scheinen diese unbekannten Lebewesen auf dem Sirter die Technik der Massenanziehungskräfte in einem für uns nicht vorstellbaren Maße zu beherrschen!"
„Sie wären nach dieser Theorie also auch in der Lage, uns eine Landung und das Betreten ihres Planeten unmöglich zu machen", schlußfolgerte Al Gorim.
„Ja, Kommandant; was uns vorhin widerfahren ist, halte ich nur für eine Probe jener fremden Technik, die uns sicher noch weitere Rätsel aufgeben wird. Ein solches Rätsel ist nach meiner Meinung auch die undurchdringliche Gashülle, die den Planeten wie eine künstliche Schale umgibt. Ich bin fest davon überzeugt, daß es keine natürliche Atmosphäre ist! Die im langfristigen Forschungsplan vorgesehenen fünfzig bis hundert Umrundungen des auszuwählenden Zielplaneten zur Aufklärung der Oberfläche und für Aufnahmen zur Kartographierung werden uns keinerlei Ergebnisse erbringen."
Professor Sorini hatte recht. Der langfristige Forschungsplan, der schon auf der Erde zusammengestellt worden war, galt nur als Richtlinie. Al Gorim überdachte die Situation und sagte dann: „Nach unmittelbarer Annäherung an das Siriussystem und der Überprüfung der acht Planeten haben wir den dritten Himmelskörper als Ziel unserer Expedition ausgewählt. Der Sirter ist erdähnlich und scheint uns für eine genaue Untersuchung einschließlich der damit verbundenen Landung geeignet. Nun befinden wir uns seit drei Tagen im Bannkreis einer der irdischen vermutlich weit überlegenen Technik. Das wiederum kann nur bedeuten, daß dieser Planet bewohnt ist, wenn nicht die Technik die Zivilisation überdauert hat.
Ich weiß nicht, ob Sie ähnlich empfinden. Ich habe zwar bisher auch nur die Hülle dieses sonderbaren Siriusbegleiters gesehen, kann mich aber des Eindrucks nicht erwehren, daß wir von dort beobachtet werden. Gehen wir von der Annahme aus, daß der Planet von hochintelligenten Lebewesen bewohnt ist, dann stehen wir mit Sicherheit schon seit längerer Zeit unter deren Kontrolle. Die beiden von uns wahrgenommenen Erscheinungen könnten auch Aktivitäten ihres Sicherheitssystems sein. Die Bewohner dieser Welt haben sicher nicht die Absicht, aggressiv oder feindlich zu reagieren,

wenn sie auch über unvorstellbare Machtmittel verfügen. Doch versetzen wir uns in ihre Situation! Wie würden wir auf der Erde uns aller Voraussicht nach verhalten, wenn plötzlich aus den Tiefen des Alls ein fremdes Raumschiff auftauchte? Sicher, wir wissen und gehen davon aus, daß eine weitentwickelte Zivilisation und hochspezialisierte Technik nur auf der Basis eines entsprechenden Bewußtseins und auf einem hohen Niveau der Gehirntätigkeit entstehen können. Aber gilt das für den gesamten Kosmos? Und bedeutet eine hohe vernunftbegabte Entwicklungsstufe stets auch eine friedliebende Gesellschaftsformation? Denken wir beispielsweise nur an unsere eigene irdische Gesellschaftsentwicklung beim Übergang zum dritten Jahrtausend. Welche Gegensätze sind da noch zutage getreten! Doch zurück zur Situation. Im Fall einer Begegnung mit Außerirdischen würde zweifellos auch die Menschheit alle nur möglichen Sicherheitsmaßnahmen einleiten, solange nicht bekannt wäre, in welcher Absicht sich die Fremden näherten. Ich halte daher den Zeitpunkt für gekommen, so schnell wie möglich Kontakt mit den Bewohnern dieses Planeten aufzunehmen. Sobald unser zweites Kollektiv den Anabiosezustand überwunden hat und vom Bordarzt für einsatzfähig erklärt ist, werden die ersten unbemannten Aufklärungsraketen gestartet. Wir werden unabhängig davon nach der übernächsten Planetenumrundung den Kommunikationskode, den der Weltrat für solche Situationen abgefaßt hat, auf den vorgesehenen Frequenzen senden. Ich denke, daß Sie mit diesen Festlegungen einverstanden sind?“

Die anderen nickten bestätigend.

Unbekannte Signale

Gerade wollte Al Gorim das Observatorium verlassen, als der Videophonschirm aufleuchtete und in der Bordsprechanlage die Stimme von Gol Parker zu vernehmen war: „Navigator ruft Kommandant. Wichtiges Beobachtungsergebnis. Bitte zur Steuerzentrale kommen. Bitte sofort kommen ...“ Das mitlaufende Tonband wiederholte die Aufforderung pausenlos, während das Bild auf dem Schirm erlosch.

Die Kosmonauten blickten sich bedeutungsvoll an. Al Gorim hatte indessen den Raum in großer Eile verlassen, denn er wußte, wenn ihn der sonst so ruhige und bedächtige Steuermann zur Eile aufforderte, dann lag schon etwas Besonderes vor.

Gol Parker gehörte zu den älteren Mitgliedern der PHO 2-Besatzung. Er wurde von allen, die ihn näher kannten, als der „große Schweiger“ bezeichnet. Al Gorim hatte ihn vor mehr als dreizehn Jahren persönlich als Navigator für die PHO 2 und damit für den bevorstehenden Lichtflug zum Sirius nominiert.

Der Kommandant wußte sehr genau, warum er sich für Gol Parker entschieden hatte. Bereits in jungen Jahren machte der begabte Elektrotechniker, der sich vorwiegend mit nachrichtentechnischen Problemen beschäftigte, von sich reden. Die Fachwelt kannte seinen Namen. Die ruhige, besonnene Art zu sprechen und zu arbeiten, der kantige Gesichtsschnitt mit der kühnen Adlernase und das glatte tiefschwarze Haar ließen auf indianische Urahnen schließen. Manchmal rühmte sich Gol Parker dessen auch.

Als junger Mann arbeitete er an einem Institut für Höchstfrequenzen in Michigan. Dort war es, wo jenes Unglück geschah, das den jungen Techniker zutiefst traf und sein Leben völlig veränderte. Bei von ihm geleiteten Experimenten mit gefährlich intensiven Laserimpulsen wurde sein langjähriger Freund und Mitarbeiter getötet. Wenn es auch nachweislich ein Unfall war und Parkers Schuldlosigkeit bewiesen wurde, brachte ihn dieser schwere Schlag aus dem Gleichgewicht.

Er beendete sofort seine Arbeiten am Institut und tauchte irgendwo unter. Erst nach Jahren begann er wieder zu normalen Lebensverhältnissen zurückzufinden. Er meldete sich bei der Vereinten Weltraumbehörde als Freiwilliger für gefährliche Experimente mit Lasertriebwerken.
Bei dieser Tätigkeit hatte ihn Al Gorim kennen- und schätzengelernt.
Gol Parker verfügte nicht nur über beachtliche theoretische Kenntnisse, er besaß vor allem vorzügliche praktische Fähigkeiten. Nach einer Bruchlandung in einem unübersehbaren Dschungel aus Silikonpflanzen auf der Venus, bei der die Landefähre völlig zerstört worden war, hatte Gol Parker unter lebensgefährlichen Bedingungen aus Wrackteilen einen leistungsstarken Notsender gebastelt, und es war ihm zu verdanken, daß die vierköpfige Expeditionsgruppe noch lebend geborgen werden konnte.
An diese und an ähnliche Situationen, die von Gol Parker beherzt gemeistert worden waren, hatte Al Gorim gedacht, als er den Schweigsamen einlud, für ein Vierteljahrhundert auf einer kosmischen Reise ins Ungewisse seinem Kollektiv anzugehören.

Schnell durchschritt der Kommandant die vielen Sicherheitsschotts, die sich automatisch öffneten und sich hinter ihm wieder schlossen. Er war etwas außer Atem, als er schließlich die Steuerzentrale erreichte. Sie befand sich im vorderen, stark verjüngten Teil des Raumschiffs und bot Sichtmöglichkeiten nach allen Seiten.
Neben Gol Parker stand Chefingenieur Katajew, und beide blickten gespannt auf die Sichtscheibe des Astro-Teleperiskops, auf der periodisch Lichtpunkte aufblitzten. Vermutlich hatten sie sein Eintreten nicht bemerkt, denn sie fuhren erschrocken herum, als er plötzlich fragte: „Was sind das für Signale, und wo kommen sie her?"
„Wenn wir das wüßten, hätte ich dich nicht hierher gebeten", antwortete Gol in entrüstetem Tonfall. „Aber Scherz beiseite! Es muß sich zweifellos um künstliche Signale handeln. Seit Stunden hatte sich auf dem Bildschirm, den Oleg und ich beobachten, nicht das geringste ereignet. Du weißt ja selbst, wie das ermüdet. Auch muß man sich erst an die un-

gewöhnlichen Empfangsbedingungen gewöhnen. Wir haben das Astro-Teleperiskop auf Rundblick programmiert, es fotografiert ununterbrochen die gesamte Umgebung des Raumschiffs. Vor wenigen Minuten zeigten sich auf dem Filmstreifen periodische Folgen von Lichtsignalen, die wir hier auf dem Schirm unmittelbar beobachten können. Wir hielten diese Beobachtungen für so wichtig, daß wir dich sofort verständigt haben."

„Mir ist es soeben gelungen, die Lichtquelle zu orten, die Koordinaten zu unserer augenblicklichen Kreisbahn zu bestimmen und die Entfernung zu messen", ergänzte Katajew, tief über einen Meßschreiber gebeugt.

„Sie befindet sich genau senkrecht über dem Mittelpunkt unserer Bahnebene, der Abstand beträgt hundertfünfzigtausend Kilometer."

„Einzelheiten sind leider nicht zu erkennen", stellte Al Gorim bedauernd fest, nachdem er die Lichtpunkte gründlich betrachtet hatte und nahe an das ATP herangetreten war.

„Entweder handelt es sich um ein Raumschiff der sirianischen Lebensform oder um eine Orbitalstation", fuhr er dann fort, indem er beide impulsiv an den Schultern packte, weil er seine Begeisterung nicht unterdrücken konnte, „jene anderen, von denen wir noch keine Vorstellung haben, sind uns zuvorgekommen. Ich habe soeben mit Sorini, Tessin und Slabow im Observatorium gesprochen. Wir wollten in etwa acht Stunden den interstellaren Kommunikationskode senden. Durch eure Beobachtungen ist nun jedoch eine völlig neue Lage entstanden. Was ist zu tun ...? Wir werden unseren Kurs sofort um neunzig Grad ändern! Auf diese Weise nähern wir uns dem unbekannten Objekt ohne komplizierte zusätzliche Flugmanöver bis auf fünfzigtausend Kilometer. Aus einer günstigen Position der neuen Bahn startet dann unsere OREL, denn für solche Zwecke haben wir ja unsere große Aufklärungsrakete. Gol, fang mal gleich damit an, den Autopiloten entsprechend zu programmieren. Jetzt müssen wir sehr schnell handeln!" Er drückte die Taste der Bordsprechanlage und gab folgende Anweisung: „Alle, außer Doktor Tessin in der Anabiosestation, bitte sofort in die Steuerzentrale!"

Die angestrengte Arbeit der letzten Stunden erfuhr eine erfreuliche Unterbrechung, als der Bordarzt, der nach langer verantwortungsvoller Tätigkeit den Anabiose-Wiederbelebungsprozeß seiner Tiefschlafpatienten als beendet ansah, mit den Kosmonauten Olarin, Petit, Jussuf, Calcy, Untaka und Jarwheli die Steuerzentrale betrat.
Verständlicherweise brannten die Neuankömmlinge nun darauf, so schnell wie möglich Einzelheiten über den Stand des Unternehmens zu erfahren. Aus den sporadischen kurzen Erläuterungen, die ihnen Doktor Tessin bereits gegeben hatte, konnten sie sich schwerlich ein umfassendes Bild machen.
Al Gorim hatte unterdessen die beiden Kosmonauten, die den abenteuerlichen Flug zum lichtsendenden Objekt durchführen sollten, bestimmt. Die Wahl war auf Professor Sorini und Lew Slabow gefallen.
Lew Slabow zu charakterisieren war gar nicht so einfach. Der hagere, hochaufgeschossene Bulgare bezeichnete sich in fröhlichen Runden häufig als einen direkten Nachkommen der alten Thraker. Wenn ihm eine unangenehme, langweilige oder routinemäßige Arbeit zugewiesen wurde, dann bemerkte er nicht selten: „Denkt immer daran, daß Spartacus ein Thraker war.“ Das hatte dann zur Folge, daß man ihn anderweitig beschäftigte. Doch zu solchen Scherzen war er selten aufgelegt. Viel häufiger jagte er, wortkarg und fanatisch, tagelang mit geradezu beängstigender Intensität hinter der Lösung eines Problems her. Viele meinten, er hätte etwas Dämonisches an sich. Dieser Eindruck war wohl dadurch entstanden, daß er in seiner Freizeit Zaubertricks trainierte und sich als Illusionist betätigte, ein durchaus lobenswertes Talent, mit dem er bei den ausgedehnten Flugreisen Langeweile vertreiben konnte.
Vielleicht sollte man aber die Schwierigkeit bei der Deutung seines Charakters in seinem wissenschaftlichen Spezialgebiet suchen, der Kosmologie, jener Lehre vom Zustand und der Entwicklung der Welt als einem Ganzen, der Suche nach Aussagen über die Raum-Zeit-Struktur des Gesamtkosmos.
Seine langjährige Tätigkeit ausschließlich in den Grenzgebieten des menschlichen Vorstellungs- und Erkenntnisver-

mögens hatte gewissermaßen abgefärbt. Er dachte und lebte vorwiegend in Größenordnungen und Dimensionen, die den meisten Menschen ungeläufig waren.

Selbst unter seinen PHO 2-Kollegen hatten die Experimente und Messungen, die er während des langen Fluges mit lichtnaher Geschwindigkeit zur Untermauerung noch nicht bestätigter Thesen der Relativitätstheorie durchführte, großes Aufsehen erregt. Nicht selten gab es harte Auseinandersetzungen mit ihm.

„Das menschliche Bewußtsein ist einfach noch nicht imstande, kosmische Zusammenhänge zu durchschauen, und postuliert, wo ihm der echte Überblick fehlt“, sagte er beispielsweise, wenn Debatten nicht nach seinem Geschmack verliefen. Gesprächen über die menschliche Gefühlssphäre verstand er geschickt auszuweichen.

Er war nur wenig jünger als Professor Sorini und damit das zweitälteste Besatzungsmitglied. Sicher stimmte die Vermutung, daß er in jungen Jahren unter einer unglücklichen Liebe oder einer zu früh eingegangenen Bindung gelitten hatte. Aber darüber sprach er nie.

Der bevorstehende Flug der beiden Kosmonauten war das bedeutsamste Vorhaben der letzten Wochen und hatte unter der PHO 2-Besatzung eine erstaunliche Geschäftigkeit ausgelöst, mußte doch damit gerechnet werden, daß es bei Annäherung an das fremde Raumobjekt bereits zu einer Begegnung mit Bewohnern des Sirters kommen konnte. Man hatte diese Bewohner, von denen man noch nicht wußte, ob sie überhaupt existierten, kurzerhand Sirianer genannt. Für den Fall einer Begegnung hing der Verlauf der Ereignisse vom taktisch richtigen Verhalten der irdischen Sendboten ab. Würden sie eine solche Lage meistern können?

Die OREL war eine konventionell angetriebene Flüssigkeitsrakete, die nur im interplanetaren Verkehr, speziell zwischen Großraumschiffen und Planeten, eingesetzt werden konnte. Für diese Zwecke hatte sie besonders starke Start- und Bremstriebwerke, ausfahrbare Stabilisierungsflossen für mögliche Langsamflüge in Gashüllen oder Atmosphären unbekannter Himmelskörper.

Oleg Katajew inspizierte mit fünf Kontrollrobotern die

OREL ein letztes Mal, um dann Al Gorim die Startbereitschaft zu melden.
Der Kommandant befand sich mit der gesamten Besatzung, außer dem Navigator, dem Chefingenieur und Slabow, in der großen Messe – diesen seemännischen Ausdruck hatte man bei der Raumfahrt übernommen – und führte eine Problemdiskussion über die möglichen oder zu erwartenden Ereignisse der nächsten Stunden und Tage.
„Die noch immer ausgestrahlten Lichtsignale", sagte Gol Parker, „sind von einer auffallenden Regelmäßigkeit. Die Impulse variieren mit ganz genauen Intervallen zwischen eins und zehn. Einen besonderen Informationsgehalt sehe ich jedoch darin nicht, außer der Tatsache, daß den Sirianern die dekadische Zahlenfolge nicht unbekannt ist. Fast könnte man meinen, die Signale werden speziell für uns, für menschliches Wahrnehmungsvermögen ausgestrahlt. Interessant ist auch, daß die Lichtquelle vermutlich rotiert, aber genau nach unserer Bahnebene ausgerichtet ist. Sicher handelt es sich um ein bemanntes Objekt, und die Eigenrotation dient zur Erzeugung der benötigten Schwerkraft."
„Das wesentlichste Problem, meine Freunde", warf Al Gorim unvermittelt ein, „scheint mir, daß wir die Sirianer von unseren friedlichen Absichten überzeugen. Vielleicht ist das Senden von Lichtsignalen aus dem planetennahen Raum ein weiterer Versuch dieser Wesen, unsere Aufmerksamkeit zunächst von ihrem Wohnplaneten abzulenken und mit Hilfe einer Raumstation Verbindung mit uns aufzunehmen, um Näheres über unsere Absichten zu erfahren."
Der Sprach- und Kommunikationswissenschaftler, der Inder Mahad Jarwheli, der sich trotz der allgemeinen Unruhe eine Zeitlang leise mit dem sowjetischen Kosmologen Pjotr Olarin unterhalten hatte, führte nun aus: „Auf Grund der letzten Ereignisse bin ich zu der Überzeugung gekommen, daß die fremde Zivilisation, zu der wir vorerst nur mittelbaren Kontakt haben, uns nicht feindlich gesinnt ist. Im Gegenteil, nach menschlichem Ermessen kann man sogar von einem nachweislichen Kontaktbestreben sprechen."
Leon Petit, der die breite Diskussion mit wachsendem Unbehagen verfolgte, fiel ihm ins Wort: „Mensch, Mahad, hole nicht so weit aus! Wir rätseln doch nur herum. Keiner von

uns weiß genau, was sich in den nächsten Stunden ereignen kann. Es kommt doch meist anders, als man denkt." Doch der Inder fuhr unbeirrt fort: „Obwohl das Siriussystem kosmisch gesehen wesentlich älter ist als die Sonne mit ihren Planeten, wird es sich bei den dort vorhandenen Lebewesen aller Voraussicht nach um eine uns sehr ähnliche Eiweißentwicklung handeln. Der Fixstern Sirius hat zwar die zwanzigfache Leuchtkraft unserer Sonne; der Abstand des Planeten Sirter von diesem Zentralgestirn ist aber so groß, daß bei einer der irdischen ähnlichen Atmosphäre zumindest die gleichen Temperatur- und Lichtverhältnisse wie auf unserem Planeten vorherrschen müßten. Und wenn der Sirter auch einen um rund dreitausend Kilometer größeren Durchmesser als die Erde hat, brauchen dennoch die auftretenden Gravitationskräfte nicht so sehr verschieden zu sein, weil mit wachsendem Volumen eines Planeten dessen Dichte im allgemeinen abnimmt. Was wir jedoch gegenwärtig absolut nicht einschätzen können, ist der Einfluß der gewaltigen Anziehungskräfte des Sirius-Doppelsternbegleiters auf die Entwicklung bestimmter Lebensformen dieses Planeten. Die Umlaufdauer des Sirters um seine beiden Sonnen beträgt nach irdischen Messungen rund fünfzig Jahre. In diesem Zeitraum ergeben sich sehr unterschiedliche Abstände besonders zu der kleineren Sonne, die als weißer Zwergstern die unvorstellbare Dichte von hundertdreiundzwanzig Kilogramm pro Kubikzentimeter aufweist. Wenn auch die meisten Sonnen der Milchstraße Doppelsternsysteme sind, wissen wir nichts über deren Fernwirkung auf planetarische Lebensformen."

„Mir ist bekannt", sagte Leon Petit wieder einlenkend, „bisher durchgeführte Versuche haben erbracht, daß größere und vor allem wechselnde Gravitationskräfte auf jegliche Evolutions- und Wachstumsprozesse hemmend wirken."

„Sofern keine Anpassung der Organismen an diese besonderen Lebensbedingungen vorliegt", erwiderte Jarwheli, „ich wollte mit diesen Bemerkungen eigentlich nur zum Ausdruck bringen, daß die vermutete höhere Zivilisationsstufe nicht ausschließlich auf das kosmische Alter des Siriussystems zurückgeführt werden darf."

Das Großraumschiff hatte inzwischen die notwendigen Manöver zur Erreichung der neuen Flugbahn beendet, die es wesentlich näher an die fremde Station heranbringen sollte. Im Lautsprecher ertönte Parkers Stimme: „Fremde Raumstation jetzt deutlich zu erkennen. Es handelt sich um zwei kugelförmige Gebilde, die miteinander verbunden sind und um ein zylindrisches Mittelteil rotieren."

„Ben Jussuf, Sie begeben sich bitte sofort in die Steuerzentrale und unterstützen Gol Parker dabei, die Start- und Bahnkoordinaten für die OREL festzulegen!" sagte Al Gorim. „Ich komme gleich nach. Alle übrigen Besatzungsmitglieder möchte ich bitten, unter der Leitung von Leon Petit das gesamte Informationsmaterial, das gespeichert worden ist, seit wir die Kreisbahn um den Planeten erreicht haben, zu ordnen und für einen Funkspruch in Richtung Erde zusammenzufassen!"

Kurz danach waren in der Steuerzentrale Gorim, Parker und Jussuf dabei, das Flugprogramm für die OREL festzulegen.

„Nein, ich kann mich nicht irren", bemerkte Gol nach einer Weile mehr im Selbstgespräch. Dann fuhr er laut fort: „Die fremde Station steht, abgesehen von einer Eigenrotation, relativ unbeweglich im Raum. Sie beschreibt, bezogen auf den Planeten, weder eine Kreisbahn noch eine Ellipse; einfach unvorstellbar!" Al Gorim blickte einen Moment hinaus und betätigte einige Instrumente, dann hatte er sich von der sonderbaren Tatsache überzeugt. Nach kurzem Nachdenken stellte er fest: „Die Gravitationsenergie scheint die Basis der gesamten fremden Technik zu sein. Alles, was bisher geschehen ist, war die Wirkung von Gravitonen! Für unser Rendezvous-Manöver bedeutet die Bewegungslosigkeit der Raumstation jedoch eine völlig neue Situation."

Man wurde sich schließlich einig, daß die OREL an der Stelle, an der jetzt die Verbindungslinie PHO 2–Raumstation in eine Kreisbahntangente überging, zunächst ohne eigenen Antrieb vom Großraumschiff gelöst werden sollte. Sie würde dann, der Zentrifugalkraft folgend, eine schaufelwurfartige Bahnkurve beschreiben. Die weitere Annäherung konnte dann nur von den beiden Kosmonauten selbst, entsprechend den sich ergebenden Situationen, bewerkstelligt

werden. Die anschließende Unterhaltung drehte sich vorwiegend um Probleme der raumfahrttechnischen Sicherheit für die beiden Kameraden.
Die OREL hatte Treibstoff an Bord, der für sechs Starts und Landungen in Planetensphären bis zur fünffachen Erdanziehung und für weitere zwanzig Beschleunigungs- und Bremsmanöver ausreichte, so daß die Strecke PHO 2–Raumstation–Sirter mit ausreichender Sicherheit mehrmals zurückgelegt werden konnte. Außerdem führte die OREL zwei Raketoplane im geräumigen Bug mit sich, die als Kleinflugkörper und Raumgleiter für Aufklärungs- und Rettungszwecke einzusetzen waren.
Es vergingen noch einige Stunden, bis Oleg Katajew dem Kommandanten die Startbereitschaft der OREL meldete.

Chefingenieur Katajew war zweifellos der einzige der PHO 2-Besatzung, der nicht nur die OREL, sondern auch das riesige Quantenraumschiff bis ins kleinste Detail kannte.
Er repräsentierte schon die fünfte Generation von Katajews, die als Raumschiffkonstrukteure tätig waren. Ja, sein Urgroßvater gehörte zu den ersten dreihundert Einwohnern von Akademgorodok, die diese Wissenschaftlerstadt in der zweiten Hälfte des zwanzigsten Jahrhunderts gegründet hatten, und war noch am Bau der interlunaren Sojus-Raumschiffe beteiligt gewesen. Er, Oleg, wurde im Zeitalter der Photonenantriebe, in der Ära des interstellaren Kosmosfluges, geboren.
Schon als Junge hatte er sich lebhaft für die verantwortungsvolle Arbeit seines Vaters interessiert, und so war es nicht verwunderlich, daß er sich sehr früh für die gleiche Tätigkeit entschied.
In der Familie Katajew war es jedesmal ein besonderer Feiertag, wenn der Prototyp eines neuentwickelten Raumschiffes die Testreihe erfolgreich überstanden hatte.
Katajews bisheriges Leben war angefüllt mit harter und entsagungsvoller Arbeit. Lediglich zwischen dem Abschluß seiner Studien und der Übernahme einer verantwortlichen Tätigkeit auf den sowjetischen Raumschiffwerften gab es hierin eine Unterbrechung. Doch diese Zeitspanne hatte für ihn ei-

nen bitteren Nachgeschmack.
Die Lebensgemeinschaft, die er damals mit einer Studienkollegin eingegangen war, bewährte sich nicht. Als Nina erkannte, welch lange Trennungen mit den vielen fast lichtschnellen Probeflügen verknüpft waren und wie sehr Oleg von seiner Arbeit in Anspruch genommen wurde, kühlte sich ihr anfänglich herzliches und inniges Verhältnis merklich ab. Bald suchte Nina Unterhaltung und Zerstreuung bei anderen, von ihrer Arbeit weniger ausgefüllten Männern. Und konnte er es ihr verübeln? Schließlich trennten sie sich. Später hatte er nie wieder den Mut gefunden, nach einer neuen Partnerin Ausschau zu halten.
In seinem Beruf arbeitete er zäh und unermüdlich. Zu keiner Zeit waren ihm Erfolge mühelos in den Schoß gefallen. Sein Charakter war vielleicht daran schuld. Eine gewisse Schwerfälligkeit und Verschlossenheit, aber auch sein Mut, dem Unabänderlichen zu trotzen, erinnerten an die herbe Natur seiner sibirischen Heimat.
Die lange Flugreise der PHO 2 war für ihn nicht nur ein großes technisches Erlebnis und die Krönung seiner bisherigen Tätigkeit. Er blickte oft stundenlang in die Leere des Alls und wunderte sich darüber, daß der Mensch solch überwältigende und einmalige Eindrücke ohne psychische Komplikationen aufzunehmen vermochte. Der Mensch hatte seine irdischen, ihm jahrtausendelang angestammten Fesseln längst gesprengt. Würde sein Höhenflug jemals enden? Wo lagen die Grenzen, die er nicht überschreiten durfte? Oder verbarg sich hinter solchen Gedanken das Wissen um menschliche Unzulänglichkeiten?
Trotz der Vollautomatik, die das riesige Raumschiff vom Menschen und seinem Wirken praktisch unabhängig machte, blieb Katajew bei seinen Kontrollgängen. Er brauchte diesen unmittelbaren Kontakt mit der Technik, die dröhnenden Generatorensäle, das Surren der nie ruhenden Navigationskreisel, das in den Ohren schmerzte. Die Technik war ein Teil von ihm selbst.

Doktor Tessin hatte Ben Jussuf auf dessen ständiges Drängen nochmals gründlich untersucht, und schließlich stimmte auch Al Gorim zu, daß Ben als drittes Besatzungsmitglied

am Flug der OREL teilnahm.
Nach einem kurzen Abschied schlüpften die drei Auserwählten in die hellgelben Skaphander und kletterten in die Rakete.

Flug ins Ungewisse

Es war ein einmaliges Bild, das sich den drei Sternenfahrern bot, als sie nach dem Start um sich blickten. Vom grellweißen Licht des Sirius und seines gefährlichen Zwergsternbegleiters hell beleuchtet, schwebte der von einer undurchdringlichen Hülle umgebene Planet, das schnell entschwindende Großraumschiff und die Orbitalstation einer noch unbekannten Zivilisation im schwarzen All.
Je schneller die OREL wurde, desto mehr Einzelheiten der Raumstation waren zu erkennen. Regelmäßig streiften die periodischen Lichtsignale die sich schnell nähernde Rakete.
Größer und größer hob sich die Station von der undurchdringlichen Finsternis der Umgebung ab. Sie bestand aus zwei Kugeln von ungefähr fünfzig Meter Durchmesser, die durch ein etwa zweihundert Meter langes Rohr verbunden waren. Beide Kugeln rotierten mit mäßiger Geschwindigkeit um die Mitte des Systems, wo der Verbindungstunnel in einen auf beiden Seiten gleichlangen senkrechten Zylinder mündete, der mindestens einen ähnlichen Durchmesser wie die Kugeln hatte.
„Vom Standpunkt unserer irdischen Technik könnte es sich bei dem mittleren senkrechten Zylinder um eine Start- und Landemöglichkeit für andere Flugkörper handeln", sagte Professor Sorini, der wie seine beiden Begleiter gebannt auf die ungewöhnliche Anlage blickte.
Sie waren inzwischen bis auf etwa zwei Kilometer an die Station herangekommen und flogen jetzt auf einer Spiralbahn, die sie dem Objekt nur noch langsam näher brachte. An den Kugeln waren nun auch vieleckige Öffnungen zu erkennen, hinter denen schwaches violettes Licht flimmerte. Plötzlich fiel aus dem senkrechten Mittelteil ein runder Körper, der von einem breiten Ring umgeben war. Nach einigen hundert Metern bewegte sich das Projektil zunächst in entgegengesetzter Richtung zur OREL und beschrieb dann, die Geschwindigkeit vergrößernd, ebenfalls eine Kreisbahn.

Jussuf hatte Funksprechverbindung zur PHO 2. Er meldete: „Ein kugelförmiges Projektil mit Ring, dem Planeten Saturn in Miniaturausführung nicht unähnlich, hat die Raumstation verlassen und nähert sich uns auf einer Kreisbahn. Ob sie uns angreifen wollen? Wir sind gefechtsbereit!"
„Auf gar keinen Fall etwas Feindliches unternehmen!" ertönte beschwörend Al Gorims Stimme. „Denkt daran, sie hätten uns schon längst vernichten können, wenn das von Anfang an ihre Absicht gewesen wäre!"
Das kleine sirianische Kugelraumschiff war schon zweimal an der OREL vorbeigeflogen. Der Abstand betrug höchstens noch hundert Meter. Das Antriebsprinzip konnte nicht ausgemacht werden, keine Gaswolken, keine glühenden Düsen, rätselhaft! Jetzt erfolgte der dritte Anflug. Die Kugel schwebte ganz dicht vorbei, das waren nicht einmal dreißig Meter.
In diesem Augenblick erhellte sich plötzlich der durchsichtige obere Teil, der wie eine große Rundsichtkabine aussah. Im Hintergrund waren zwei menschenähnliche Gestalten zu erkennen, die beide im Moment des Vorbeifluges mit dem rechten Arm eine weitausholende einladende Geste machten.
Dann schwenkte die Flugkugel abrupt zur Mitte und verschwand so schnell, wie sie gekommen war, wieder im senkrechten Teil der Raumstation.
„Es kam mir vor wie eine freundliche, begrüßende, wenn nicht auffordernde Handbewegung", sagte Slabow.
„Was sollen wir tun? Wie sollen wir reagieren?" fragte Jussuf den fernen Kommandanten, nachdem er ihm die Ereignisse genau geschildert hatte.
„Abwarten, was weiter geschieht!" war dessen lakonische Antwort.
Noch während dieser Worte erschien das kleine Raumschiff erneut. Wieder erfolgte beim dritten Vorbeiflug aus der matt erleuchteten Kabine die unmißverständliche Handbewegung. Mit dem Unterschied, daß diesmal vier Insassen schemenhaft zu erkennen waren.
„Vielleicht ist es tatsächlich eine Einladung; folgt ihnen vorsichtig!" antwortete Al Gorim, nachdem ihm Jussuf auch über diese zweite Annäherung berichtet hatte.

Nun flog die OREL langsam auf die fremde Raumstation zu, um in den senkrechten Hangarzylinder eintauchen zu können wie das kleine Kugelraumschiff vor ihnen.
Es war ein entscheidender Augenblick für die Menschheit in ihrer bisherigen kosmischen Einsamkeit und für die irdische Raumfahrt, deren höchstes, seit vielen Jahrzehnten verfolgtes Ziel, die Begegnung mit anderen vernunftbegabten Wesen, jetzt greifbar nahe rückte. Was würden die nächsten Stunden bringen?
Ganz langsam schob sich die OREL nach oben und tauchte Meter um Meter in den ungewöhnlichen kosmischen Hafen einer fremden Welt.
Für wenige Sekunden herrschte ringsumher völlige Finsternis, dann fiel durch die Sichtfenster das milde violette Licht. Mit einem jähen, aber elastischen Ruck stoppte plötzlich die Rakete. Slabow schaltete sofort die Heckdüsen ab, der Kontrollzeiger stand auf Null, das Triebwerk schwieg. Von einer unbekannten Anziehungskraft der Raumstation gehalten, war die OREL sicher und ohne Schwierigkeiten gelandet. Die drei Kosmonauten hatten die Sichthauben der Schutzhelme hochgeklappt. Noch standen sie ganz unter dem Eindruck der letzten erregenden Minuten. Schweiß perlte auf der Stirn, als sie sich jetzt teils ratlos, teils erwartungsvoll ansahen.
Nach kurzem Besinnen drückte Lew Slabow routinemäßig die Taste der Umgebungssonde. Der Grobanalysator zeigte ein weißes Feld, also befanden sie sich im Vakuum. Von der Kabine aus konnte man nach beiden Richtungen in die zu den Kugeln führenden Verbindungsstücke hineinsehen. Überall, wohin sie blickten, war dieser schwachviolette Schimmer wahrzunehmen. Der kreisrunde Querschnitt, der eine lichte Weite von ungefähr zehn Metern hatte, war nur in der oberen Hälfte offen und wirkte wie ein langer Tunnel. Auch die Wände sahen violett aus, oder war das nur durch die reflektierten Strahlen dieses allgegenwärtigen Lichtes. Alles machte einen fremdartigen Eindruck, ohne aber unheimlich oder unfaßbar zu erscheinen. Es vergingen nur wenige Minuten, dann hoben sich links zwei Gestalten in der Tiefe des Tunnels vom undurchdringlichen Hintergrund ab. Sie bewegten sich – fast schien es, als würden sie schwe-

ben – langsam auf die Rakete zu.
Jetzt konnten die Kosmonauten erkennen, daß die fremden Gestalten in unförmigen und für irdische Begriffe auch ungewöhnlichen Raumrüstungen oder Schutzanzügen steckten, die metallisch glänzten. Sie schwebten auch nicht, sondern standen auf einem Transportband.
Als sich die Unbekannten auf etwa zwanzig Meter genähert hatten, traten die Umrisse deutlicher hervor, und es waren Einzelheiten zu erkennen. Die Raumanzüge bestanden aus einer Vielzahl von aneinanderliegenden Ringen oder Wülsten und endeten oben kugelförmig.
Waren es nun diese unförmigen Anzüge oder wurde es durch die fremde Umgebung hervorgerufen, die Figuren wirkten, als sie ganz nahe herangekommen waren und nun im Scheinwerferlicht standen, sehr wuchtig, ja riesig.
Unweit der Rakete verließen sie schwerfällig das Transportband und verharrten einen Augenblick bewegungslos vor dem irdischen Flugkörper mit den gespannt abwartenden Insassen. Dann verneigten sich die beiden fremden Kosmonauten ungelenk und machten die gleiche, Sorini, Slabow und Jussuf schon geläufige einladende Handbewegung. Anschließend deuteten sie mit den wulstigen Handschuhen einige Male auf die sie einhüllenden Skaphander. Hierauf wandten sie sich um, betraten das Transportband und verschwanden langsam wieder nach links im Tunnel.
Noch bevor die drei Freunde über die eindeutige Zeremonie ein Wort gewechselt hatten, tauchten die beiden Gestalten erneut auf, und alle Bewegungen und Gesten wiederholten sich in der gleichen Reihenfolge. Nur verschwanden sie diesmal nach der Begrüßung nicht völlig im Halbdunkel des Tunnels, sondern blieben in angemessener Entfernung, von wo aus sie noch gut zu erkennen waren, stehen.
„Gar keine Frage, wir sollen zu ihnen kommen und ihnen folgen“, stellte Ben Jussuf fest.
„Und zwar in Schutzanzügen!“ Lew Slabow vervollständigte die Deutung der letzten Handbewegung.
Mit dem Eintauchen in die fremde Raumstation war die Funkverbindung zur PHO 2 unterbrochen. Sie mußten also die weiteren Entscheidungen in eigener Verantwortung treffen.

„Lew, Sie bleiben in der Kabine und gewährleisten die Startbereitschaft der OREL! Jussuf und ich, wir begeben uns zu den Sirianern", sagte Professor Sorini zu Slabow. Jussuf überprüfte noch einmal die Tragtaschen, die wichtige Apparaturen und kosmonautisches Zubehör enthielten: das Analysengerät, eine Tonfilm-Raumkamera, Kommunikationsmaterial, ein Strahlungsmeßgerät, Druck- und Temperaturfühler und einen Kleinstsender.

Nachdem sie die Magnethaftsohlen unter den Schuhen eingeschoben und auf Lews Frage, ob alles klar sei, genickt hatten, schloß er ihre Helme und half ihnen beim Aufnehmen des „Weltraum-Reisegepäcks". Vor der Schleuse klopfte er beiden noch einmal auf die Schulter und deutete auf die Helmfunkgeräte. Dann trennte sie das Sicherheitsschott.

Von der Kabine aus sah Lew Slabow die Bewohner zweier Welten, die bisher mehr als acht Lichtjahre voneinander entfernt im All gelebt hatte, aufeinander zugehen. Die Bordkamera hielt diese einmalige und außergewöhnliche kosmische Begegnung fest.

Professor Sorini und Jussuf sahen, daß sie sich nicht geirrt hatten. Die Sirianer überragten sie um mehr als Hauptes-länge. Jene verbeugten sich erneut und zeigten einladend auf das Förderband. Nachdem auch die irdischen Kosmonauten daraufstanden, setzte es sich langsam in Bewegung. Sie mochten etwa hundert Meter zurückgelegt haben, als die Fahrt plötzlich vor einem violetten Lichtvorhang endete. Bedächtig folgten sie ihren voranschreitenden Begleitern. Obwohl die Magnethaftsohlen keinerlei Wirkung zeigten, konnten sie sich der Bekleidung entsprechend schwerfällig, aber ziemlich normal bewegen. Eine Schwerkraft schien zu wirken; als sie den Lichtvorhang durchdrangen, verspürten beide, trotz der ausgleichenden Raumanzüge, einen kurzen unangenehmen Druckanstieg.

Diese Lichtschwelle hatte wohl auch die Funktion einer Schleuse. Sie passierten noch weitere solcher Lichtvorhänge, dann weiteten sich die Wände, und sie befanden sich im Innenraum der Kugel. Angenehme Helligkeit umfing sie.

Die beiden Gestalten waren nicht mehr zu sehen, aber dicht vor ihnen stand ohne Raumanzug ein Homoid dieses fernen Sonnensystems, ein Sirianer. Der Vertreter der unbekannten

Zivilisation überragte die Kosmonauten, die beide ein Meter achtzig groß waren, um zwanzig bis dreißig Zentimeter. Aber er wirkte nicht einfach groß, so wie ein Mensch mit Riesenwuchs; es mußte noch etwas anderes sein. Ja, die Proportionen waren ungewöhnlich! Besonders auffällig erschien ihnen die Kopfform und die Gesichtsbildung.
Unter einer sehr hohen Stirn mit einer kräftigen Wölbung nach vorn wirkte das Gesicht trotz der weit auseinanderstehenden, fast runden Augen verhältnismäßig klein. Die Augenwülste waren nur schwach angedeutet und brauenlos. Die fast plattgedrückte und ein wenig hervorstehende Nase wurde nur durch die Nasenlöcher betont. Der strenge Mund war äußerst schmal, und darunter saß ein wenig gerundetes, leicht fliehendes Kinn.
Der Schädel mit der übergroßen Stirnpartie verlieh dem Gesicht ein fremdartiges, fast dreieckiges Aussehen. Die Kopfhaut war kahl bis auf einen schmalen weißen Haarstreifen, der wie eine Mähne bis in den Nacken reichte. Die Hautfarbe im Gesicht, an den Händen und Armen war bronzefarben, fast dunkelbraun. Einen Augenblick lang dachte Professor Sorini an ein Kolloquium im anthropologischen Institut in Kairo, insbesondere an eine Bildfolge, die die Veränderungen des menschlichen Körpers und Aussehens in den nächsten Jahrzehntausenden zeigte. Ihm war von diesen Darstellungen noch geläufig, daß diese Entwicklung mit einer begrenzten Periode der Akzeleration begann, die von einem langen Zeitraum der Rückbildung und Verkümmerung einiger Organe abgelöst wurde, an dessen Ende vorwiegend Änderungen im Gesicht und an der Schädelform in Erscheinung traten. Grund hierfür war die in den nächsten Jahrzehntausenden mit Sicherheit zu erwartende Zunahme des Gehirnvolumens.
An diese, in der fernen Zukunft des Menschengeschlechts auftretenden Veränderungen des äußeren Erscheinungsbildes erinnerte ihn der Sirianer.
Trotz aller Fremdartigkeit des Aussehens und besonders des Gesichtsausdrucks wirkte der Fremde ruhig und abgeklärt, ja freundlich und weise. Oder sollte hier unbewußt der Wunsch der Vater des Gedankens sein?
Die Kleidung war dem Empfinden der irdischen Kosmonau-

ten nach schlicht und unauffällig. Der Sirianer trug über enganliegenden langen Beinkleidern eine lose, durch einen breiten Gürtel geraffte Bluse, die aus einem glänzenden, anscheinend metallischen Stoff kragen- und ärmellos geschnitten war. Jetzt trat der Unbekannte einige Schritte näher, beugte wie zur Begrüßung ein wenig das Haupt und deutete dann auf die noch geschlossenen Schutzhelme der irdischen Besucher.

Jussuf hatte bereits den Grobanalysator betätigt. Nach Überprüfung der Meßwerte meldete er: „Einundsiebzig Prozent Stickstoff, vierundzwanzig Prozent Ozon, zwei Prozent Kohlensäure und drei Prozent Xenon. Riecht sicher unangenehm, ist aber nicht schädlich. Moment noch! Bakteriologischer Befund … absolut steril!“

Beide lösten nun schnell die Verschraubungen und klappten die durchsichtigen Helmteile in die Höhe. Wie Jussuf richtig vermutet hatte, bemerkten sie sofort den stechenden Geruch des Ozonanteils in der Atemluft. Auf dem Gesicht des Sirianers glaubten sie ein verständnisvolles Lächeln zu erkennen. Jetzt öffnete er den Mund, und seine Lippen formten Laute; er sprach, aber keiner von beiden vernahm auch nur einen Ton. Mit entschuldigender Geste befestigte er unbeholfen ein kleines Gerät an seinem Hals. Dieses ähnelte entfernt einem großen Kehlkopfmikrophon. Plötzlich, die beiden vermeinten zu träumen, sprach der Fremde in vertrauten, wenn auch etwas sonderbar klingenden russischen Lauten. Jussuf schaltete sofort das winzige Tonbandgerät ein.

Es war einfach unfaßbar! Auf jede noch so komplizierte Verständigungsproblematik waren die beiden moralisch vorbereitet. Aber in einwandfreier russischer Sprache begrüßt zu werden, das war so unglaublich, daß sie zunächst dachten, einer Halluzination zum Opfer gefallen zu sein. Doch es war Wirklichkeit! Die natürliche Phonetik der sirianischen Sprache liegt wahrscheinlich im Ultraschallbereich, folgerte Professor Sorini, als ihr Gegenüber zu sprechen begann, ohne daß sie etwas hören konnten. Aber wie arbeitete das Übersetzungsgerät?

Die auf der Erde entwickelten Translationsautomaten, die jede Sprache sinngemäß in eine andere übersetzen konnten, waren relativ große Anlagen, die Sprachdaten verarbeiten.

Bei dem sirianischen Gerät war die komplizierte Elektronik auf das Volumen einer Streichholzschachtel reduziert; es waren hier unbekannte winzige Bauelemente verwendet worden. Diese Technik überstieg das menschliche Vorstellungsvermögen.
Aber wie kam es, daß sie in Russisch begrüßt wurden? Auf eine noch unerklärliche Weise mußte irgendein unmittelbarer Kontakt zwischen dem Sirter und dem Raumschiff oder gar der Erde bestehen. Doch so etwas war doch einfach unvorstellbar.
Deutlich vernahmen sie, was der Außerirdische mit künstlicher Stimme zu ihnen sagte: „Tovas, Brüder von der nächsten Leben tragenden Insel im All! Ihr habt den Sprung über die große Leere gewagt. Wir grüßen euch und haben euch erwartet. Ich bin Ta, der Leiter dieser Raumstation. Es ist gut, daß ihr den Weg zu dieser Beobachtungskugel gefunden habt, denn es wäre euch unmöglich gewesen, die Energieschutzhülle unseres Planeten zu durchdringen. Von hier aus aber werdet ihr als Gäste und Freunde sicher zu unserem Volk auf dem Himmelskörper der Unregelmäßigkeit geleitet. Kehrt zu eurem großen Lichtboot zurück und holt von dort alle Gefährten, die ausgewählt sind, den Boden unserer Heimat zu betreten, damit der Abstieg bald beginnen kann.
Ich bin kein geübter Sprecher. Unsere tönenden Worte haben eine hohe Frequenz, für die euer Ohr nicht geeignet ist. Erst das kleine Gerät, das ich umgehängt habe, ermöglicht unsere Verständigung. Viele Angehörige unseres Volkes besitzen bereits solch ein Transphon, weil wir wußten, daß ihr kommen würdet. Hier sind einige spezielle Apparate für euch und eure Freunde, die uns helfen, euch zu verstehen. Es wird viel Neues und Interessantes für euch in unserer Welt geben!"
Damit reichte er Professor Sorini und Jussuf zehn der kleinen Transphone in einem durchsichtigen Kästchen, die vermutlich die menschliche Sprache in Ultraschall-Sirianisch verwandelten. Jeder der beiden hängte sich sogleich ein solches Gerät um.
Professor Sorini mußte sich erst einige Male räuspern, bevor er Worte der Entgegnung fand, so sehr hatte ihn die Bedeutung der Situation ergriffen. Nach Worten des Dankes, die

ihm fast unbeholfen über die Lippen kamen, sagte er, auf Tas Hinweise eingehend: „Wir werden in vierundzwanzig Erdenstunden mit insgesamt neun Kosmonauten wieder hier sein, die euer Volk und euren Planeten kennenlernen möchten.“

Dann fügte er hinzu: „Ta, Bruder“, er suchte nach passenden Worten, „wie ist es nur möglich, daß ihr unsere Sprache kennt und auch sprecht?“

Fast schien es, als ob wieder ein Lächeln das Gesicht des Sirianers überflog, der dann antwortete: „Das ist mit wenigen Sätzen nicht zu erklären. Es fehlt euch im Moment an Verständnis dafür. Das mag sonderbar klingen, aber es gibt viele Dinge bei uns, die für uns selbstverständlich sind, die ihr jedoch erst verstehen könnt, wenn ihr uns kennengelernt habt. Geduldet euch noch einige Zeit, dann werdet ihr vieles begreifen. Ich werde jetzt nach Aba, unserer Hauptstadt, fliegen und von euch berichten.“ Um die Beendigung des Gespräches zu unterstreichen, breitete er die Arme aus und verneigte sich nach allen Seiten.

Während Professor Sorini und Ben Jussuf die Schutzhelme schlossen, traten aus dem dunklen Hintergrund ihre beiden Begleiter wieder hervor. Sie deuteten den irdischen Besuchern durch Zeichen an, daß das Gepäck mit den Ausrüstungsgegenständen in der Kugel bleiben könne. Sie folgten ihrem Rat und nahmen nur das Tonband und die Kamera an sich. Dann schritten sie hinter den Sirianern durch die Lichtvorhänge der vier Druckschleusen und befanden sich sogleich wieder auf dem Transportband im Verbindungstunnel.

Vor der OREL angelangt, sahen sie hinter der Sichtscheibe Slabows gespanntes Gesicht. Die Begleiter bedeuteten ihnen durch Handbewegungen, daß sie mit der Rakete nach oben aus dem Hangar starten könnten. Eine beiderseitige Verbeugung war der Abschied.

In weniger als drei Stunden hatten sie die PHO 2 erreicht. Nachdem das Rendezvous-Manöver schnell und sicher vollzogen war, befanden sich außer den Diensthabenden alle in der Messe, um den Bericht über den Aufklärungsflug entgegenzunehmen, den Professor Sorini und Jussuf erstatteten.

Ben Jussuf war so jung wie die technische Disziplin, für die er auf diesem bisher weitesten kosmischen Erkundungsflug Erfahrungen sammeln sollte. Die ständig wachsende Zahl von Raumfahrunternehmungen hatte es erforderlich gemacht, hierfür eine spezielle Organisationswissenschaft zu schaffen. Ben Jussuf war auf diesem Gebiet tätig.

Der junge Ägypter stammte aus Assuanopel, einer Stadt an dem berühmten Nilstaudamm, die mit dem Wachsen dieses nordafrikanischen Großbauvorhabens erst im letzten Jahrhundert entstanden war. Die Erdbevölkerung, deren Zahl sich schon bis zum Jahr zweitausend auf sieben Milliarden Menschen erhöht hatte und weiter anstieg, vergrößerte ständig die landwirtschaftliche Nutzfläche am Rande der Sahara. Der Assuanstaudamm war ein erster entscheidender Schritt hierfür gewesen.

Al Gorim sah in Ben Jussufs Teilnahme am Flug einen Versuch, inwieweit es künftig möglich sein würde, weite interstellare Expeditionsreisen mit mutigen, aber relativ unerfahrenen Jung-Kosmonauten durchzuführen. Die Dauer kosmischer Flüge wurde einfach zu einer Frage des Lebensalters der Besatzung. Schon diese Reise zum Sirius erstreckte sich über einen Zeitraum von einem Vierteljahrhundert. An noch längeren Flügen zu noch weiter entfernten Fixsternsystemen konnten einfach nur entsprechend junge Mannschaften teilnehmen, es sei denn, man konnte die Fluggeschwindigkeit der des Lichtes noch mehr annähern. Dann würden mit Hilfe der Zeitdilatation die Kosmonauten nur ganz geringfügig altern.

Im stillen bewunderte Al Gorim den jungen Ägypter, der keine Furcht kannte. Auch jetzt wieder, bei dem risikovollen Flug zur sirianischen Raumstation, hatte er nicht lockergelassen, bis er teilnehmen durfte. Vieles an diesem erinnerte ihn an seine Jugendzeit.

Bei der jungen Generation lag die Raumfahrt in guten Händen, davon war Al überzeugt. Was für die Älteren noch als waghalsiges Unternehmen galt, war für die Jüngeren oft schon Selbstverständlichkeit. So wuchsen die Menschen mit ihren Aufgaben!

Die ersten Abbildungen von einem Sirianer, die Aufnahmen von Ta, dem Leiter der Orbitalstation, gingen immer wieder von Hand zu Hand, und seine in russischer Sprache gehaltene raumhistorische Begrüßungsrede war schon zum drittenmal abgespielt worden.

„Daß sie sehr menschenähnlich aussehen, daß sie in der Lage sind, sich durch technische Hilfsmittel schnell mit uns zu verständigen, ist schon phantastisch, doch vorstellbar. Daß sie jedoch eine irdische Sprache bereits perfekt beherrschen, dafür gibt es keine Erklärung“, sagte Al Gorim nach längerem Überlegen, fuhr dann aber fort: „Doch wir wollen über diesen Betrachtungen nicht unnötig Zeit verlieren. Drei von uns bleiben auf der PHO 2! Sie gewährleisten die Funkverbindung mit der Erde und halten das Raumschiff startbereit auf Kreisbahnkurs. Es sind dies Chefingenieur Katajew als Kommandant, Gol Parker und Ben Jussuf. Alle anderen nehmen an der Expedition zum Sirter teil.

Ferner gebe ich die Anweisung, daß der TITAN, unser gepanzertes und bewaffnetes Vielzweckfahrzeug, mit an Bord genommen wird. Trotz des bisher äußerst günstigen Verlaufs der Kontaktaufnahme mit den Sirianern weiß jeder von uns, daß bestimmte eherne Gesetze der Raumfahrt nicht außer acht gelassen werden dürfen. Wir befinden uns in einer fremden Welt. Niemand kennt die Mentalität jener unbekannten Zivilisation. Aus Sicherheitsgründen wird eine zusätzliche Atemluftanlage in der OREL mitgeführt; außerdem Proviant für sechs Monate. Sollte ein noch längeres Verweilen auf dem Sirter notwendig sein, werden Katajew, Jussuf und Parker durch Professor Sorini, Slabow und Doktor Tessin abgelöst. Wir starten in fünf Stunden. Wenn es keine Fragen mehr gibt, bitte ich, sofort die notwendigen Vorbereitungen zu treffen.“

Die nächsten Stunden vergingen in angestrengter Arbeit. Die Aufgabe von Katajew, Parker und Petit war besonders schwierig. Sie schwenkten durch die Ladeluke der OREL den TITAN ein, ein großes Raupenfahrzeug mit Kernkraftantrieb, auch für Unterwasserfahrten geeignet. Die Abwehrausrüstung bestand aus Laserjektoren und Energiewerfern. Das Fahrzeug besaß ferner eine Klima- und Atemluftanlage sowie ein kleines Speziallaboratorium. Dieser Ausrüstung

entsprach auch das stattliche Gewicht; der Koloß wog zweihundertfünfzig Tonnen.
Al Gorim sendete den vorbereiteten Spruch zur fast neun Lichtjahre entfernten Erde, dann begaben sich die Expeditionsteilnehmer an Bord der OREL. Nur Außenstehenden mochte es hart und unmenschlich vorkommen, daß drei Männer des Kosmonautenkollektivs für viele Wochen allein mit dem Raumschiff im All zurückbleiben mußten. Sternenfahrer waren bei kosmischen Flügen immer Gefangene der unendlichen Leere und Zeitlosigkeit. Sie waren daran gewöhnt, anders zu leben als Menschen auf der Erde.

Landung unter fremder Sonne

Um fünf Uhr dreißig irdischer Bordzeit trennte sich die OREL vom Mutterschiff und nahm Kurs auf die sirianische Raumstation, deren Metallhülle im grellen Siriuslicht glänzte.

Es war die wohl abenteuerlichste Reise in der bisherigen Geschichte der Raumfahrt, deren Ziel Al Gorim und seine Freunde soeben ansteuerten. Während sich die OREL mit wachsender Geschwindigkeit vom Großraumschiff entfernte, hing jeder der neun Insassen seinen Gedanken nach, in deren Mittelpunkt der unbekannte Planet und dessen rätselhafte Bewohner standen.

Seit vor nunmehr hundertfünfzig Jahren der Startdonner der Trägerrakete von Sputnik 1 das kosmische Zeitalter eingeleitet hatte, waren Hunderte, ja Tausende von bemannten und unbemannten Raumschiffen tief in die unendliche Weite des Alls vorgestoßen.

Damals wie heute fragten Kleingläubige und Skeptiker, was die Menschheit schon davon habe, wenn hie und da der Anonymität des Universums ein weiteres Körnchen Realität entrissen wurde, und dennoch war in den letzten Jahrzehnten viel erforscht, erkundet und entdeckt worden. Fast alle Planeten des heimatlichen Sonnensystems trugen Leben! Sensationell war beispielsweise die Entdeckung der Biosphäre des Jupiters, in dessen Gashülle neben Mikroinsekten und ähnlichen Kleinstlebewesen auch eine völlig neue Aerofauna gefunden wurde.

Immer umfassendere Kenntnisse der biochemischen Struktur und Funktion der Eiweißstoffe wurden als Voraussetzung für die Rekonstruktion des Lebensursprungs gewonnen. Jedoch liegen zwischen Leben und seinen primitivsten Anfängen und einer menschlichen Lebensform Milliarden von Jahren unterschiedlichster Entwicklung bei gegebenen günstigsten Bedingungen. Das Rätsel des Lebens im Kosmos blieb weiter ungeklärt.

Doch die zu Beginn des letzten Jahrzehnts eingeleiteten in-

terstellaren Flüge zum Planetensystem des Alpha-Centauri hatten auch dort sehr unterschiedliches Leben nachgewiesen.
Wer erinnert sich nicht noch an die glückliche Rückkehr der PHO 1 von ihrem zweiten Flug zum nächsten Sonnensystem. Von einer Expedition zum erdähnlichen Planeten Alquar wurden hochentwickelte Säugetiere mitgebracht: affenartige Lebewesen mit halbaufrechtem Gang. Es gelang auch, sie auf der Erde einige Jahre am Leben zu erhalten. Zweifellos stellten sie eine weit fortgeschrittene Eiweißentwicklung dar, waren aber von der Menschenähnlichkeit noch weit entfernt. Und nun war ein entscheidender Sprung in die Zukunft gelungen: Irdische Kosmonauten waren Nachbarn im All begegnet.
Die Raumstation wuchs ihnen entgegen. Mit der gleichen Präzision wie beim erstenmal tauchte die OREL in den senkrechten Zylinderhangar. Als die Düsen schwiegen und sich Gas und Rauch verzogen hatten, sahen Professor Sorini und Lew Slabow, daß sie bereits erwartet wurden, denn es standen jetzt drei Sirianer in unförmigen Schutzanzügen am Eingang des Verbindungstunnels. Einer von ihnen war Ta.
„Professor Sorini, Slabow und ich werden sie begrüßen“, legte Al Gorim fest. Alsbald fuhren die sechs Angehörigen zweier verschiedener, weit voneinander entfernter Welten zur Leitkugel der Orbitalstation. Al Gorim bemerkte mehrfach die violetten Leuchtstrahlen der sonderbaren Druckschleusen. Als die drei die fluoreszierende Kommandohalle erreichten, hatte Ta seinen Schutzanzug bereits abgelegt. Er trat auf die Sternenfahrer zu und erinnerte sie an die Transphongeräte. Dann vernahm auch Al Gorim die künstliche menschliche Stimme: „Ich war zur Berichterstattung in unserer Hauptstadt Aba. Es herrscht überall große Freude über euer Kommen. Man erwartet euch. Für den Weiterflug und die Landung auf unserem Planeten habe ich euch Lo mitgebracht!“ Bei diesen Worten trat ein Sirianer, der Ta zum Verwechseln ähnlich sah, aus dem dunklen Hintergrund.
„Lo wird euch mit seinem Kugelraumschiff zum Sirter geleiten. Folgt ihm mit eurem Flugkörper in einigen Kilometern Abstand und richtet euch genau nach seinen Anweisungen, die er euch per Funk übermitteln wird. Ihr könnt die Ober-

fläche unseres Planeten, wie ich schon sagte, nur mit seiner Hilfe erreichen. Die undurchsichtige Hülle, die den Himmelskörper umgibt, ist ein künstlicher Gravitationsgürtel zu unserem Schutz. Nichts und niemand kann ohne unseren Willen diese Schicht durchdringen, da die normalerweise ausgeglichene Gravitonendichte bei der geringsten Störung an der entsprechenden Stelle enorm zunimmt und jede Substanz zerstört. Ihr müßt also sehr vorsichtig sein und Lo gewissenhaft durch die schutzfreien Zonen folgen.“ Bei den letzten Worten des Sirianers schauten sich die irdischen Gäste fragend an. Aus welchen Motiven heraus war dieses gigantische Sicherheitssystem entstanden? Welchen Gefahren wollte man damit begegnen?

Die OREL flog in einem Abstand von vier Kilometern hinter dem Kugelraumschiff her. Nach ungefähr drei Stunden hatten sich die beiden Projektile dem Planeten auf zwanzigtausend Kilometer genähert. Sie jagten dicht über der violetten Gashülle dahin, die wolkenartig undurchdringlich, geradezu feindlich, keinen Blick auf den darunterliegenden Planeten gestattete.

Da ertönte Los Stimme: „Geschwindigkeit reduzieren! Etwa hundert Kilometer vor uns liegt das gesuchte Gravitationsfenster. Wir fliegen es an und tauchen dann ein. Bitte genau folgen!“

„Verstanden“, antwortete Al Gorim. Nach wenigen Sekunden senkte auch die OREL den spitzen Bug in die markierte kraterförmige Öffnung und war sofort von dichtem Nebel umgeben. Alle waren gespannt, wann sich endlich der Planet zeigen würde. Ihr Warten sollte auf keine lange Probe mehr gestellt werden. Die nebelartigen Wolken wurden dünner. Hin und wieder zeigten sich größere Lücken. Weiter unten erkannten sie auch wieder den sirianischen Kugelraumer.

Da endlich breitete sich in der Tiefe die unverhüllte Oberfläche des Planeten aus und gab auf die vielen Fragen und Vermutungen der letzten Tage eine klare Antwort. Unter ihnen lag, soweit man es aus dieser Höhe beurteilen konnte, ein erdähnlicher Planet, der durch gigantische Arbeit vernunftbegabter Lebewesen in geometrisch genaue Sektionen aufgeteilt war. Was man vor mehr als fünfhundert Jahren über Kanäle und ähnliche planetenumspannende Anlagen auf dem

Mars gemutmaßt hatte, das war hier Realität.
Genau um die Äquatorlinie zog sich ein gewaltiger Meeresgraben, der wohl mindestens dreitausend Kilometer breit war und den Planeten in gleichgroße Halbkugeln teilte. Mit derselben geometrischen Präzision verliefen je vier riesige Kanäle, die nicht ganz so breit schienen, von den beiden zu erkennenden Polgewässern zu diesem Äquatormeeresstreifen.
Die Kontinente des Planeten bestanden also aus acht künstlich angelegten Quadrantenstücken gleicher Größe. Und das hatten menschenähnliche Wesen geschaffen! Dagegen wirkten die irdischen Bauwerke, selbst der letztlich fertiggestellte Eismeerstaudamm in der Beringstraße, klein und unscheinbar. Weshalb jedoch hatten die Sirianer ihren Planeten in dieser gleichförmigen Weise aufgegliedert?
Inzwischen zogen der Kugelraumer und auch die OREL wieder eine Kreisbahn. Die Flughöhe betrug noch etwa dreihundert Kilometer. Auf der Planetenoberfläche konnte man schon Einzelheiten erkennen. Die Kanäle, die aus großer Höhe wie ein Netz auf einem Globus aussahen, hatten sich in riesige Meeresarme verwandelt. Die Kontinente dazwischen zeigten Hügelketten gewaltiger Ausdehnung und unübersehbare Flächen verschieden getönter, aber vorwiegend violetter Vegetation. Dazwischen waren kreisrunde helle Flecken mit symmetrisch angeordneten dunklen Unterbrechungen verstreut, vermutlich Städte oder andere Zivilisationszentren der Sirianer.
Der Umlaufbahn folgend, erreichten sie bald die Hell-Dunkel-Zone und dann die Nachtseite des Planeten. Die kreisrunden Flecken lagen dort ähnlich verstreut und konnten aber jetzt durch eine schwache Lichtwirkung ausgemacht werden. Die Zivilisation schien plötzlich zu enden. Einer der Kontinentstreifen war völlig dunkel. Entsprechend den Anweisungen von Lo hatten sie die Flughöhe weiter reduziert.
Als sie wieder im vollen Licht des Sirius flogen, waren sie nur noch zehntausend Meter hoch. Unerwartet befanden sie sich in einer dichten Wolkendecke. Über ihnen leuchtete das Firmament bis zur Gravitonenschutzhülle in einem violetten Farbton, und auch der Planet erschien in diesem Licht. Vio-

lett war die vorherrschende Farbe der sirianischen Welt.
Sie flogen jetzt am nördlichen Uferstreifen des Äquatorialmeeres entlang. Das ebenfalls violett schimmernde Meer, das vor und hinter ihnen bis zum Horizont reichte, wirkte fremd und unheimlich.
„Wir nähern uns in Kürze dem Ziel", sagte Lo durch den Bordlautsprecher, „auf dem nächsten Kontinent liegt Aba, unsere Metropole. Folgen Sie der Raumkugel in jeder Flugphase! Direkt über dem Landeplatz geben wir ein Leuchtzeichen, dann wenden Sie die Rakete und setzen neben uns auf, wie Sie es gewohnt sind und wie es die Landesituation erfordert."
Sie überquerten noch einen Meridianmeeresarm nahe seiner Mündung ins Äquatorialmeer. Auf dem Wasser pulsierte ein reger Verkehr unbekannter Fahrzeuge. Waren es Schiffe? Nein, sie schienen die Fluten gar nicht zu berühren. Doch jetzt blieb keine Zeit, darüber nachzudenken.
Etwa fünfzehn Kilometer weiter nördlich überspannte den Meeresarm eine Brücke gigantischen Ausmaßes. Die breite Straße, die hier den Fluß überwand, führte zur sirianischen Hauptstadt Aba, deren Silhouette sich jetzt gegen den fahlen Himmel abhob. Der erste Eindruck war durch die erschrekkende Eintönigkeit der Stadt ernüchternd. Soweit das Stadtbild zu übersehen war, erhoben sich gewaltige kreisförmige Wohnkomplexe von mindestens fünfhundert Meter Höhe, die sich ganz regelmäßig über ein Riesenareal verteilten. Dazwischen breite unbebaute Streifen, Zonen violetter Vegetation und großflächige runde Plätze oder Stadien.
Unter und neben ihnen flutete ein unübersehbarer Verkehr von Raumkugeln und Gleitern aller Größen. Trotzdem blieb vor ihnen ein breiter unbenutzter Korridor, auf dem die irdische Rakete dem Lotsen folgte.
Al Gorim und seine Begleiter kamen sich vor, als befänden sie sich in einem riesigen Aquarium und die vielen Graviplane und Raumkugeln wären fremdartige Fische, die sie mit runden glotzenden Fensteraugen neugierig anstarrten. Aber das waren zweifellos Bilder einer überhitzten Phantasie! Sicher waren heute mehr Sirianer als sonst unterwegs. Nicht verwunderlich, denn alle wußten von dem kosmischen Besuch, wollten die Begegnung zweier Welten miterleben.

Plötzlich blitzte es an dem Kugelraumschiff von Lo mehrmals hellrot auf, und der Graviplan schwebte senkrecht nach unten.

Slabow schaltete jetzt den Landepiloten ein, der das vollprogrammierte Aufsetzmanöver einleitete. Die OREL neigte sich sofort, und die Bremsdüsen traten in Tätigkeit. Der Höhenmesser näherte sich der roten Nullmarke, die teleskopartigen Landesporne klappten seitlich heraus, und mit sanftem Ruck setzte die irdische Rakete auf dem bewohnten Planeten eines fremden Sonnensystems auf.

Während Al Gorim und die übrigen Expeditionsmitglieder ihre Schutzanzüge und Ausrüstungen überprüften, hatte Lo sein Kugelraumschiff bereits verlassen und ging mit zwei hinzugetretenen Sirianern auf die OREL zu. Die beiden trugen kurze hosenartige Beinkleider, die metallisch schimmerten, und Blusen mit weiten Ärmeln aus dem gleichen Material. Unter breiten goldglänzenden Stirnreifen, die den Gestalten etwas Hoheitsvolles verliehen, quoll eine üppige blaue Haarpracht hervor, die bis weit über die Schultern fiel.

Unmittelbar vor der OREL blieben sie stehen. Lo verständigte die Insassen über Sprechfunk: „Meine Begleiterinnen sind Frauen unseres Volkes, die Sie begrüßen und geleiten wollen. Lassen Sie aber die Helme Ihrer Schutzanzüge geschlossen. Die Atemluft hier ist zwar von der gleichen Zusammensetzung wie in der Raumstation, allerdings nicht steril. Wie es ein alter Brauch verlangt, müssen wir jetzt den Weg zur Halle der Vergangenheit zu Fuß zurücklegen. Kommen Sie!“

Nacheinander verließen die irdischen Sternenfahrer hinter Al Gorim die vertraute Rakete. Was würde sie erwarten? Im violetten Licht des Sirius stellten sie sich nebeneinander auf. Im Hintergrund bemerkten sie eine riesige Kugel, die sie beim Anflug übersehen hatten. Vielleicht deshalb, weil sie ringsum von einer grünlich-weißen Patinaschicht überzogen war. Sicher handelte es sich bei dem ungewöhnlichen Bauwerk um die Halle der Vergangenheit, von der Lo gesprochen hatte. Sie war, wie bisher vieles auf diesem Planeten, von überdimensionalen Ausmaßen. Vor der Kugel, die wie ein Riesenspielzeug aussah, hatte sich eine unruhig wogende

Menge von vielen Tausend Sirianern versammelt.
Los sympathische Begleiterinnen hielten jetzt farbenprächtige fremdartige Blumen in den Händen, die sie vor den Sternenfahrern auf den Boden streuten. Ihre Bewegungen wirkten rituell, waren aber graziös und anmutig.
„Es sind die Blüten jener Pflanzen, die unsere Kundschafter beim Betreten dieses Planeten vor siebentausend Erdenjahren als farbenprächtige Boten einer unbekannten Natur begrüßt haben“, erläuterte Lo. „Doch nun müssen wir gehen. Je vier von Ihnen nehmen It und Us in die Mitte; ich gehe mit Al Gorim voraus.“
Die kleine Gruppe hatte sich schnell formiert. Die irdischen Kosmonauten in den weithin sichtbaren hellgelben Skaphandern und zwischen ihnen die Sirianerinnen in ihrer silberglänzenden Bekleidung, so schritten sie über den weiträumigen Landeplatz auf das kugelförmige Bauwerk der fremden Lebensform zu.
Lo erklärte ihnen: „Die Kugelhalle, die wir in Kürze betreten werden, ist ein Denkmal zur Erinnerung an die gelungene Übersiedlung unseres Volkes vor etwa fünftausendfünfhundert Erdenjahren vom Planeten des Glücks beim roten Lebensstern nach hier zum Planeten der Unregelmäßigkeit.
Die Halle entspricht einem Riesenglobus und ist ein naturgetreues Abbild des ursprünglich von den Sirianern bewohnten Heimatplaneten. Alle Einzelheiten der Oberfläche sind zehntausendfach verkleinert aufgetragen. Der Durchmesser der Kugelhalle beträgt etwa eintausendundfünfzig irdische Meter. Sie bietet mit ihren zahlreichen Sälen Platz für Veranstaltungen, birgt aber auch unzählige Erinnerungen an die alte Welt des Canip, die niemand mehr kennt von denen, die heute hier leben und Kinder einer fremden Sonne geworden sind.“
Staunend vernahmen die irdischen Kosmonauten Los knappe, aber inhaltsreiche Ausführungen. Die Sirianer waren also erst vor rund sechstausend Jahren von einer noch ferneren Sonne in das Planetensystem des Sirius gekommen. Die Übersiedlung eines ganzen Volkes über kosmische Entfernungen, unvorstellbar! Doch es war jetzt sicher nicht die Zeit, weitere Fragen zu stellen.
Die kleine farbenfreudige Kolonne schritt inzwischen durch

das dichte Spalier freundlich winkender Sirianer. Die seltsam geformten Gesichter drückten Freude und Anerkennung aus, und die irdischen Besucher gewannen den Eindruck, gern gesehene Boten einer anderen Welt zu sein. Die meisten Zurufe und Fragen verstanden Al Gorim und seine Freunde nicht, da nur wenige der hier versammelten Sirianer ein Transphon besaßen.
Die Kugelhalle verdeckte nach vorn das gesamte Blickfeld. Genau auf der Äquatorlinie des Gebäudes war ein breiter Rundgang zu erkennen. Hier wurde auch die Kugel gehalten. Sie ruhte auf einigen hundert rohrartigen Säulen, die von diesem Rundgang strahlenförmig zum Boden führten. Eine architektonisch kühne Konstruktion.
Die Gruppe hatte nun eine breite Treppe erreicht und befand sich auf einem quadratischen Vorhof. Bis zum Portal der Halle der Vergangenheit bildeten von hier an sirianische Kosmonauten ein langes Spalier. Sie trugen die bekannten wulstigen Raumanzüge, und der helle Siriusschein spiegelte sich tausendfach auf der metallischen Kleidung und den blanken Helmen.
Für einen Augenblick fühlte sich Al Gorim in einen utopischen Film aus seiner Jugendzeit versetzt. Aber was er hier sah und erlebte, war phantastische Wirklichkeit, Realität des zweiundzwanzigsten Jahrhunderts und die Krönung von fünfzehn Jahrzehnten irdischer Raumfahrt. Ein wenig Stolz kam in dem wortkargen, fast asketischen Ukrainer hoch. Die Erde würde in Zukunft mit Respekt von den kühnen Sternenfahrern sprechen, die zum Siriussystem aufgebrochen waren und dort eine hochentwickelte Zivilisation entdeckt hatten.
Die Halle, durch deren Tor sie soeben schritten und in der sie die Raumhelme wieder abnehmen konnten, war von solcher Größe, daß man in dem violetten Licht keine Begrenzungen zu erkennen vermochte. Schmerzhaft verzog Al Gorim das Gesicht, als eine fremde atonale Musik erklang. Sie enthielt Diskante, die trotz der Frequenzwandler in den Transphonen sehr unangenehm auf die menschlichen Hörorgane wirkten.
Lo bemerkte das sofort, und auf ein Zeichen von ihm wurde die Tonlawine schwächer. Die kleine Gruppe hatte unterdes-

sen die Mitte eines Halbkreises erreicht, der von Sirianern in weißen Gewändern gebildet wurde. Es war die gleiche Art Bekleidung, wie sie Ta in der Raumstation getragen hatte. Lo verharrte, und auch Al Gorim und seine Freunde blieben stehen. Einer der Sirianer informierte sie darüber, daß er der Präsident ihrer Gemeinschaft sei, trat einige Schritte nach vorn, befestigte den Sprachmodulator und wandte sich an die irdischen Raumfahrer. „Wir begrüßen euch, Tovas vom gelben Stern, den ihr Sonne nennt. Nun ist die kosmische Brücke, die Leben im All verbindet, zum zweitenmal geschlagen worden. Ihr habt von unserer Existenz bisher nichts gewußt, aber wir kennen euren blauen Planeten sowie euch und eure Ahnen schon viele Jahrtausende. Aus den primitiven Bauern und Viehzüchtern, von denen einst unsere Kundschafter berichteten, sind kühne, das All bezwingende Kosmonauten geworden, die heute vor uns stehen.
Seit einiger Zeit schon haben wir damit gerechnet, daß ihr zu uns kommen werdet. Eure Technik hat jetzt jenen Stand erreicht, der es euch ermöglicht, die lebensfeindlichen ungeheuren kosmischen Entfernungen zu überwinden.
Seid unsere Gäste und Freunde! Erdenmenschen und Sirianer sind nahe beieinander entstandene hochentwickelte Lebensformen. Wir wollen euch unsere Welt ohne Vorbehalte zeigen und uns euch gegenüber so verhalten, wie es sich für Vertreter fortgeschrittener Zivilisationen geziemt.
In Aba und allen großen Quadrantenstädten haben wir für euch besondere Häuser errichten lassen, die euren Lebensgewohnheiten entsprechen, damit ihr unabhängig seid und doch unter uns leben könnt. Wenn ihr ein Unterpfand für unsere Freundschaft braucht, dann sagt es uns, denn ihr tragt eine hohe Verantwortung und seid Sendboten einer hohen, wenn auch fremden Kultur. Noch wißt ihr nicht, ob ihr uns trauen dürft! Die Zeit, die euch euer großes Lichtboot, das im All bleiben muß, läßt, wird nicht ausreichen, um unsere Welt in allen Einzelheiten zu erkennen und zu durchforschen.
Lo, der euch hierher geleitet hat und mein und unser aller Vertrauen besitzt, wird euch in allen Fragen zur Seite stehen und euch beraten. Er wird euch helfen, das Wichtigste und Notwendigste zu sehen und die verfügbare Zeit richtig zu

nutzen. Auch It und Us werden euch wie Lo auf unserem Planeten zur Seite stehen.
Licht und Leben sind die unbesiegbaren Boten des unendlichen Universums! Ehren wir sie, weil heute ein großer Tag ist. Laßt uns im Kampf um Wissen und Erkenntnis nie müde werden! Der Sirter grüßt euch und die ferne Erde!"
Inzwischen hatten junge Sirianerinnen blauschimmernde Kristallschalen mit einer duftenden wasserklaren Flüssigkeit an die irdischen Sternenfahrer, den Präsidenten und seine Umgebung verteilt. Jener fuhr mit erhobener Stimme, das Gefäß hoch haltend, fort: „Ich erhebe die Trinkschale mit der lebenspendenden Flüssigkeit, für euch und zu Ehren des kosmischen Lebens, das Raum und Zeit bezwingt!"
Nachdem die Schalen geleert waren, sprach Al Gorim bewegte Worte des Dankes im Namen der irdischen Kosmonauten und überbrachte Grüße von der Bevölkerung der Erde. Er versäumte nicht, die Hoffnungen zu erwähnen, die die Menschheit an diesen Flug geknüpft hatte. Dann setzte gedämpft die atonale Musik wieder ein. Bald hatte sich der riesige Rundsaal in einen Schauplatz fröhlichen Treibens verwandelt. In Gruppentänzen bewegten sich Männer und Frauen mit grotesken Bewegungen zu ungewohnten Rhythmen.
„Der Gruppentanz ist bei uns auf der Erde auch modern und setzt sich langsam durch", sagte Leon Petit, der das Durcheinander interessiert beobachtete.
Nach einer Weile trat Lo auf die irdischen Sternenfahrer zu und bat sie, ihm sogleich durch das Gewühl nach draußen zu folgen.
Vor einem Nebenausgang stand ein halbkugelförmiger Gravigleiter. Nachdem alle eingestiegen waren, hob er vom Boden ab und glitt geräuschlos und sanft wie ein Luftkissenauto in knapp einem Meter Höhe über die Straße dahin. Rechts und links von ihnen standen, so weit das Auge reichte, in großen Abständen überdimensionale Wohnzylinder.
Der Gravigleiter verhielt etwas, und Lo erklärte: „Solch ein Wohnzylinder mit einer Höhe von vierhundertfünfzig Erdenmetern beherbergt ungefähr sechstausend Sirianer. Die Rundbauweise ist mit Rücksicht auf die starken Gravita-

tionsschwankungen dieses Planeten entwickelt worden. Beim nahen Vorbeigang des weißen Zwergsternes Ra bilden sich auf dem Sirter vorübergehend katastrophale Naturverhältnisse aus. Eine dieser chaotischen Erscheinungen ist die Entstehung ungeheurer Stürme, die mit einer verheerenden Wirkung vorwiegend über das flache Land hinwegrasen. Als die ersten unserer Vorfahren auf diesem Planeten einwanderten, wurden alle angelegten Siedlungen mit aufwendigen Sturmschutzmauern umgeben. In den folgenden Zeiträumen hat sich aber die jetzige Bauweise wesentlich besser bewährt. Vor allem beeinträchtigt sie die periphere Ausdehnung unserer Städte nicht.
Jeder Wohnzylinder ist mit einem Hebesystem versehen und steht über einem entsprechend großen, ebenfalls zylindrischen Schacht. Zu Beginn der Katastrophenzeit werden die Wohnkomplexe in diese Schutzschächte versenkt, und das gesamte Leben und Treiben der Stadt spielt sich, geschützt und sicher, fünfhundert Meter unter der Oberfläche ab. Jede Siedlung oder Stadt besteht daher aus einem Über- und einem Untertageteil, jeweils mit allen zum normalen Leben gehörenden Einrichtungen.
Die Wohnzylinder sind überdies drehbar aufgestellt und rotieren mit einer mäßigen Geschwindigkeit, die von den Bewohnern selbst gewählt und reguliert werden kann."
Der Gravigleiter setzte seine Fahrt fort. Einige Stunden schwebte er kreuz und quer durch die Stadt, um den Gästen ein anschauliches Bild der Hauptstadt zu vermitteln.
Gleiter aller Größen und Typen beherrschten den Stadtverkehr. Ganz selten nur waren Fußgänger zu sehen, Bodenfahrzeuge überhaupt nicht.
In der Nähe der Wohnzylinder waren überall Spielplätze angelegt, auf denen sich kleine Sirianer in grellbunter Kleidung tummelten.
Etwas abseits, in der Mitte eines ovalen Platzes mit gepflegtem violettem Rasen, befand sich ein auffällig kleiner Wohnzylinder. Über dem Eingang war in großen kyrillischen Lettern „Haus der Sonnensöhne" zu lesen. Der Gravigleiter schwebte dicht bis zur Treppe heran. Lo teilte ihnen mit, das Ziel sei erreicht, und bat alle auszusteigen. In der Empfangshalle wurden die überraschten Gäste von It und Us begrüßt,

die schon vor ihnen eingetroffen waren. Dieser kleine Wohnzylinder oder, besser gesagt, dieses runde Hotel entsprach in allen Einzelheiten irdischen Verhältnissen. Al Gorim und seine Freunde konnten es noch immer nicht fassen, woher fremde Lebewesen in der unvorstellbaren Entfernung von fast neun Lichtjahren dieses umfassende Wissen über die Besonderheiten der irdischen Lebensform besaßen, ja sogar eine irdische Sprache beherrschten.
An diesem Abend, dem ersten auf einem von vernunftbegabten Wesen bewohnten Planeten, den die Menschheit endlich gefunden hatte, kamen Al Gorim und seine Freunde erst spät zur Ruhe.

Erste Eindrücke

Am nächsten Morgen, nach Frühgymnastik und Bad, trafen sich die Expeditionsmitglieder, die sich in den klimatisierten Räumen gut erholt hatten, mit Lo und Us zum Frühstück.
Der Tisch war appetitlich, wenn auch für irdische Gaumen etwas ungewöhnlich, gedeckt.
Lo sah sich veranlaßt, eine Erklärung abzugeben: „Das Problem, Sie richtig und gesund zu ernähren, hat uns viel Kopfzerbrechen bereitet. Aber ich glaube, Sie können das hier Angerichtete probieren. Ich muß dazu erläutern, daß wir schon seit vielen Jahrhunderten zur Präparaternährung übergegangen sind. Darunter ist nicht zu verstehen, daß wir uns nur noch durch Tropfen, Pasten und Tabletten ernähren, sondern die Speisen und Nahrungsmittel haben ihre frühere spezielle Form und Farbe behalten, sie sind aber ausschließlich künstlich hergestellt, also keine Naturprodukte. Hier sehen Sie beispielsweise Fleischpräparate, die sich äußerlich von Naturfleisch nicht unterscheiden.
Der Übergang zu dieser Ernährungsart wurde eigentlich durch die Ergebnisse der Lebenserwartungsforschung ausgelöst. Die erforderlichen Vitamine, Hormone, Spurenelemente und biochemischen Reagenzien, die für eine Verdopplung der durchschnittlichen Lebensdauer dem Körper zugeführt werden mußten, bedingten Trägerstoffe bestimmter Konsistenz, die schließlich zu künstlichen Grundnahrungsmitteln vereinigt wurden. Aber ich will nicht zu lange darüber reden, greifen Sie zu, und versuchen Sie unsere für Sie ausgewählten Speisen und Getränke!"
Man ging den farbenfreudigen und durchaus appetitlichen Leckerbissen zunächst etwas zaghaft zu Leibe. Sie schmeckten jedoch gar nicht so schlecht. Professor Sorini bemerkte dabei scherzhaft: „Wenn ich durch diese Kost hundertfünfzig Jahre alt werden könnte, wäre ich nicht abgeneigt, mich ständig davon zu ernähren."
Nach dem Frühstück wurde eine weitere Stadtrundfahrt unternommen, die vor allem in die Außenbezirke führte. Das

Mittagessen brachte für die irdischen Sternenfahrer ähnliche Überraschungen wie das Frühstück. Die Speisenfolge war jedoch zumindest nicht beunruhigend. Die Autoren von Zukunftsromanen hatten sich anscheinend geirrt, als sie prophezeiten, der Mensch werde in absehbarer Zeit keine Zähne mehr besitzen, da er sich nur noch von Tabletten und Drogen ernähre.
Als über die weiteren Pläne gesprochen wurde, fand folgender Vorschlag von Lo schließlich allgemeine Zustimmung: Die Kosmonauten sollten zunächst einige allgemein interessierende Vorträge über das Siriussystem als kosmisches Objekt und über die Entstehungsgeschichte des Planeten Sirter hören. Hinzu kamen Referate über Herkunft und Entwicklung der sirianischen Zivilisation, über deren gesellschaftliche Epochen und über einige ausgewählte Gegenwartsprobleme. Anschließend war vorgesehen, daß sich die irdische Expedition entsprechend der Vielschichtigkeit der Aufgaben in Expertengruppen aufteilte, um in verschiedenen Regionen des Planeten auf Spezialgebieten ihr Wissen zu bereichern.
Alle Aufgaben sollten in dem vorgesehenen Zeitraum von sechs Monaten bewältigt werden. Dann wollte man mit einer Fülle von wissenschaftlichen Ergebnissen und Unterlagen den Rückflug zur Erde antreten.
Nach Ablauf von etwa zwei Jahrzehnten würden dann die Menschen mit einer großen Raumflotte der Freundschaft zurückkehren, um gemeinsam mit den Sirianern die interstellare Zusammenarbeit fortzusetzen.
Wie Lo vorgeschlagen hatte, teilte Al Gorim die PHO 2-Expedition in zwei Gruppen auf. Zur ersten Gruppe, die unter Leitung von Professor Untaka stand, gehörten der Kosmobiologe Pjotr Olarin, der Journalist Leon Petit und der Kosmologe Lew Slabow. Die zweite Gruppe umfaßte außer ihm selbst den Astrophysiker Professor Sorini, den Raumfahrtmediziner Doktor Tessin, den Kommunikationswissenschaftler Mahad Jarwheli und den Anthropologen MacCalcy.
In den nächsten Tagen sollte die erste Gruppe in die Stadt Iba im dritten nördlichen Land reisen, um von dort aus eine ausgedehnte Forschungsreise in den Naturschutzkontinent anzutreten.

Für die zweite Gruppe war nach der Besichtigung des modernen Raumfahrtzentrums in Eze zunächst ein Besuch der sirianischen Denkerschule in Ulo, beim Vater der Weisheit, vorgesehen.
Anschließend sollten beide Gruppen an verschiedenen Orten des Sirters mit ausgewählten Problemen technischer Grenzwissenschaften vertraut gemacht werden und Schwerpunkte der sirianischen Industrie kennenlernen.
Voll gespannter Erwartung fanden sich jedoch Al Gorim und seine Freunde zunächst am folgenden Morgen in einem spartanisch, aber dennoch fremdartig ausgestatteten Hörsaal des Instituts für allgemeine planetarische Forschung ein.
Nachdem sie bereits einige sirianische Wissenschaftler begrüßt hatten, die ihnen Lo vorstellte, betrat jetzt der Institutsleiter Mi den kleinen Raum. Er nickte den irdischen Gästen freundlich zu, befestigte sein Transphon und begann mit den Ausführungen über das Sonnensystem des Sirius. Es war eine Bestätigung und Vertiefung dessen, was die Expedition beim Anflug und bei den vielen Erkundungsflügen zu den acht Planeten schon erforscht hatte. Erstaunlich war, wie relativ genau die von irdischen Astronomen schon vor einigen hundert Jahren ermittelten Angaben über Größe und Leuchtkraft des Sirius und seiner Begleiter sowie über deren Umlaufzeiten und Bahnexzentrizitäten mit den Messungen der Sirianer übereinstimmten. Mit großem Interesse wurden spezielle Angaben über Einzelheiten der sieben außer dem Sirter noch zum Siriussystem gehörenden Planeten zur Kenntnis genommen.
Zum Schluß seines Vortrages berichtete Institutsleiter Mi über sensationelle Einzelheiten, die den Zwergstern Ra betrafen. Der Doppelsternbegleiter des Sirius und gefährliche Masseriese hatte ursprünglich eine kleinere Ellipsenbahn um das Zentralgestirn beschrieben und war damit noch wesentlich näher am Sirter vorbeigegangen.
Die Bahnveränderung des Ra sei von den Ahnen der Sirianer als kosmisches Experiment vor etwa hundertundsechs Raas künstlich vollzogen worden. Besonders die letzten Ausführungen lösten eine beachtliche Debatte aus, die erst am späten Abend zu Ende ging.
Für den nächsten Tag wurde der vom sirianischen Biophysi-

ker Da gehaltene Vortrag über die Entstehungs- und Entwicklungsgeschichte der Sirianer erwartet.
„Liebe Tovas!“ begann Da und benutzte bei der Anrede den auf dem Sirter üblichen Ausdruck für Erdenmenschen. „Sie haben sich inzwischen an das Aussehen von uns gewöhnt und sicher schon eigene Betrachtungen darüber angestellt. Sie nennen die höchstentwickelte organische Erscheinungsform der Materie Mensch. Wir wollen für die weiteren Ausführungen bei dieser Bezeichnung bleiben. Zunächst ist wichtig zu wissen, daß unsere Lebensform nicht diesem Planeten entstammt, den wir jetzt bewohnen. Die eigentliche Heimat der Sirianer ist, um bei der Ihnen geläufigen Bezeichnung zu bleiben, das Sonnensystem des Procyon. Dieser Fixstern ist von Ihrer Erde dreieinhalb Parsec oder elf Lichtjahre entfernt; sein Abstand vom Sirter beträgt knapp sieben Lichtjahre. Der Procyon ist Ihnen aus astronomischen Beobachtungen schon lange als Hauptstern des von Ihnen Kleiner Hund genannten Sternbildes bekannt. Er strahlt ungefähr mit der fünffachen Leuchtkraft Ihrer Sonne, und was besonders bemerkenswert ist, er besitzt ebenfalls, ähnlich wie der Sirius, einen weißen Zwerg als Doppelsternbegleiter.
Unser Heimatplanet, der den Namen Canip trägt, hat vom Zentralgestirn Procyon einen mittleren Bahnabstand von dreiundvierzig Millionen Kilometer. Er ist ein Himmelskörper wie der Sirter oder die Erde, jedoch etwas kleiner. Sein Durchmesser beträgt zehntausendfünfhundert Kilometer. Doch genug der Zahlen! Sie können die genauen Angaben in den von mir mitgebrachten Unterlagen später nachlesen; ich möchte Sie jetzt damit nicht länger langweilen. Gehen wir zu interessanteren Dingen über!
Die Entwicklung unseres Lebens verlief so wie überall dort im Kosmos, wo Eiweiß die Grundlage hochorganisierter lebender Materie ist. Wenn ich zeitliche Abläufe nenne, dann zum besseren Verständnis für Sie in irdischer Zeitrechnung. Auf Grund der uns bekannten Vergleichsmöglichkeiten schätzen wir ein, daß die sirianische Entwicklung der von Ihnen Mensch genannten Lebensform auf der Erde um etwa zehntausend Jahre vorauseilt. Sie werden mir bestätigen, daß eine solche Feststellung sehr schwierig ist, weil es keine ge-

nauen Maßstäbe gibt.
Man kann einmal von der rein biologischen Entwicklung ausgehen, man kann aber auch das erreichte gesellschaftlich-wissenschaftliche Niveau als Ausgangspunkt wählen. Die von mir genannten zehntausend Jahre beziehen sich auf die letztere Variante. Biologisch ist der Unterschied sicher noch größer! Wobei man nicht ausschließen kann, daß sich die Erdenbewohner in der Folgezeit wesentlich schneller entwikkeln, bezogen auf die von uns benötigte Zeitspanne. Doch hören Sie weiter!
Vor siebentausend Jahren stellten die Wissenschaftler auf dem Canip nach langer und gründlicher Beobachtung fest, daß das Zentralgestirn alle Merkmale für eine bald erfolgende Novakatastrophe zeigte. Gewaltige Protuberanzen, Zunahme von Rotationsgeschwindigkeit, Schwankungen in der Leuchtstärke und weitere Symptome ließen die zu erwartende Entwicklung des Sternes eindeutig erkennen.
Zivilisation und Technik auf unserem ursprünglichen Heimatplaneten hatten zu jener Zeit einen Stand erreicht, der vielleicht dem Ihrigen im augenblicklichen Stadium entsprach oder aber auch noch etwas höher gewesen sein mag. Die einzelnen, sich nur durch die geographisch-klimatischen Bedingungen der verschiedenen Siedlungsräume geringfügig unterscheidenden Völkerschaften des Planeten waren bereits zu einer globalen Union vereinigt. In den vielen vorausgegangenen Jahrhunderten hatten unsere Canip-Vorfahren dafür gesorgt, daß alle Glieder ihrer großen Gemeinschaft unter gleichen Bedingungen leben konnten und überall ein einheitlicher hoher Lebensstandard herrschte.
Ein hochentwickeltes bewährtes System der medizinischen Betreuung sorgte für Volksgesundheit und garantierte jedem Mitglied der Gesellschaft eine entsprechend hohe Lebenserwartung.
Schon damals und auch heute noch wird unsere Bevölkerungszahl durch eine allgemeine gesetzliche Geburtenkontrolle mit rund fünfhundert Millionen annähernd konstant gehalten, eine Regelung, die für alle volkswirtschaftlichen Zwecke eine genaue und langfristige Planung ermöglicht.
Vor dem Zeitalter der Automaten und Thropis, die der jetzigen vorausgegangenen Epoche, hatte sich nach jahrhunderte-

langen Kämpfen eine Gesellschaftsform, die Ihrem irdischen Sozialismus ähnelte, besonders in den industriellen Ballungszentren der Gebrauchs- und Nahrungsgüterwirtschaft, durchgesetzt. Damit erst waren die Voraussetzungen geschaffen, den Bund der freien Völker zu gründen.
Diese Tatsache wirkte sich ungemein fördernd auf die weitere gesellschaftliche Entwicklung aus. Durch die anschließend einsetzende Periode der umfassenden Automatisierung entstand jedoch eine völlig neue Situation. Die speziell zu diesem Zeitpunkt verfügbaren kybernetischen Einrichtungen zur Versorgung und Ernährung der gesamten Bevölkerung schränkten den Anteil unmittelbarer physischer Arbeit ständig weiter ein. Schwerpunkt aller Tätigkeiten wurde die geistige Beschäftigung, insbesondere die Erkenntnisgewinnung und der wissenschaftliche Fortschritt.
Wir sind heute der Meinung, daß diese Orientierung damals zu plötzlich und zu einseitig erfolgte. Doch darüber werden Sie zu gegebener Zeit noch genauer informiert." In den wenigen Sekunden, bis Da weitersprach, konnte Al Gorim feststellen, daß die Mienen seiner Freunde bei den letzten Worten des Sirianers nachdenklich geworden waren. Sie dachten wahrscheinlich an die Schutzhülle um den Planeten. Es mußte bei der ständigen Weiterentwicklung dieser fremden Zivilisation negative Einflüsse gegeben haben, deren Auswirkungen heute noch eine wichtige Rolle spielten.
„Mit Hilfe der damals gerade erprobten Korpuskularantriebe", fuhr Da fort, „gelang es, bei entsprechend langen Beschleunigungsperioden, die Geschwindigkeit des Lichtes fast zu erreichen, und wir stießen weit in die Tiefen unserer Welteninsel vor. Viele Sternensysteme bis zu einem Abstand von zehn Parsec wurden damals angeflogen. Es ging ja darum, möglichst schnell einen Planeten zu finden, der für eine transstellare Besiedlung durch unsere Vorfahren geeignet war.
Im Rahmen dieser einige hundert Jahre dauernden kosmischen Aufklärungsflüge haben wir auch das Planetensystem des gelben Sterns, den Sie Sonne nennen, besucht und dabei Ihre Heimat, die Erde, entdeckt. Mit ziemlicher Genauigkeit läßt sich also sagen, daß viertausendfünfhundert Jahre vor Ihrer Zeitrechnung canipische Raumschiffe auf der Erde ge-

landet sind. Darüber gibt es genaue Berichte und Aufzeichnungen.
Hochentwickeltes Leben konnte auf dem blauen Planeten zunächst nicht festgestellt werden. Ein erster Landeplatz für canipische Raumschiffe wurde in der Nähe der Äquatorlinie des Planeten, auf dem urtümlichen Kontinent Südamerika, in einer Wüste an der Westküste errichtet. Ihr Planet schien zu dieser Zeit für eine Besiedlung sehr geeignet. Sie können sich vorstellen, was für eine solche Aussage alles zu berücksichtigen war!
Die meisten der etwa sechzig Erkundungsraumschiffe, die weit in kosmische Räume vorgestoßen waren, nahmen bald Kurs in Richtung Sonnensystem-Erde.
Doch dann wurde nach einigen Jahrzehnten auf einem ganz anderen Kontinent, am Ostufer des kleinen blauen Wassers, das Sie Mittelmeer nennen, hochentwickeltes Leben, nämlich Menschen, entdeckt.
Von diesem Augenblick an schied die Erde für eine künftige Besiedlung aus, denn wir wären für Ihre Ahnen dann nur Eindringlinge, wenn nicht Unterdrücker, gewesen.
Die Caniper haben mit Ihren Vorfahren über längere Zeit in Verbindung gestanden und in der Nähe des blauen Meeres einen neuen Landeplatz angelegt. Viele Jahrzehnte hindurch wurde der Planet Erde von unseren Aufklärungsraumschiffen als Zwischenlandeplatz benutzt. Es hat auch nicht an Versuchen gefehlt, jenen Menschen am Mittelmeer Wissen zu vermitteln, aber es war noch zu früh und stiftete Verwirrung. Auf späteren Flügen wurde deshalb nur noch der früher angelegte Großlandeplatz in Südamerika benutzt.
Bei weiteren Erkundungen fanden wir geeignete und bewohnte Planeten am Alpha-Eridani und im Sonnensystem des Alpha-Centauri. In beiden Fällen war aber die Entfernung für einen Transport der Caniper zu groß, gemessen an der Zeit, die nach den Berechnungen der Astronomen bis zum Eintritt der Novakatastrophe noch blieb.
Unsere Verfahren mußten daher notgedrungen einen weniger günstigen, aber näher gelegenen Planeten zur neuen Heimat wählen. Das war der Sirter, der dritte Planet im Siriussystem. Wir nennen ihn auch heute noch den Planeten der Unregelmäßigkeit.

Wie Sie selbst feststellen konnten, liegen die acht Planeten des Sirius, genau wie beim Procyon, zwischen Doppelsternen. Die Umlaufzeit der beiden Zentralgestirne beträgt knapp fünfzig Jahre. Der periodisch nahe Vorbeigang des weißen Zwergsternes Ra schafft auf dem Sirter für viele Monate katastrophale Naturverhältnisse."

„Ist es für Außenstehende überhaupt möglich, sich ein Bild von jenen Naturkatastrophen zu machen?" warf Al Gorim ein.

„Vielleicht vermittelt Ihnen ein uralter Original-Kundschafterbericht von Tu, dem Entdecker und ersten Opfer des gefährlichen Tierbaumes, einen entsprechenden Eindruck", entgegnete Da und übersetzte den Text:

„‚Wir befinden uns mit dem Kugelraumer seit hundert Ratus in der ersten Sicherheitshöhe über dem Breitengrad 5. Unter uns tobt die Hölle! Die Oberfläche des Planeten ist nicht mehr zu erkennen. Riesige Sandstürme haben die Atmosphäre gelb und braun gefärbt. Manchmal jagen entwurzelte Waldstücke unter uns dahin. Die Seen, Meeresarme und großen Flüsse, die sich nördlich und auch noch weit südlich von uns befanden, sind wasserlos, doch nicht etwa ausgetrocknet. Das gesamte Wasser des Planeten sammelt sich in der Äquatorzone und bildet einen riesigen Flutgürtel mit einer Höhe von zweitausendfünfhundert Metern ...'

Ich habe die Angaben in Ihre Maßeinheit übersetzt", bemerkte Da beiläufig und fuhr dann fort: „‚... Dieser Flutberg befindet sich auf der dem Zwergstern Ra zugewandten Seite. Aber nicht nur das Wasser folgt diesen ungeheuren Anziehungskräften, auch die Atmosphäre bildet seit mehreren Tagen eine exzentrische Kugelhülle um den Planeten. Auf der zum Sirius zeigenden Halbkugel ist die Luftschicht so dünn geworden, daß das Zentralgestirn mit fast dreifacher Leuchtkraft die Oberfläche erwärmt. Wir haben dort Temperaturen bis zum Siedepunkt des Wassers gemessen. Dabei entstehen fürchterliche Luftwirbel. Soeben meldet der Kybernet, daß wir unsere Position nicht mehr halten können, wir gehen zum zweiten planetaren Sicherheitsabstand über.

Wir messen in unserer Höhe Luftgeschwindigkeiten von dreihundert Kilometern pro Stunde. Doch nicht nur die Gewässer und die Lufthülle verändern ihre ursprüngliche Lage,

auch der flüssige Kern im Inneren verschiebt sich. Auf der Ra-Seite des Planeten macht sich ein immer stärker werdender Vulkanismus bemerkbar. Es wird für die Zukunft nötig sein, auch dem Sirterinnern neue, künstliche Austrittsmöglichkeiten zu schaffen.
Ich muß meinen Bericht für einige Stunden unterbrechen. Ein großer Stein aus dem Kosmos hat unsere Raumkugel getroffen. Das ist bereits der fünfte Treffer in den letzten zwei Ratus. Der Gravitationsschwerpunkt Sirius-Sirter-Ra löst vermutlich eine unvorstellbare Aktivität der interplanetaren Materie aus. Wir senken jetzt unseren Flugkörper langsam zur Planetenoberfläche ab. Das ist der gefährlichste Teil der täglichen Arbeit; aber es müssen auch die notwendigen Bodenmessungen durchgeführt werden. Es wird immer dunkler um uns herum. Jetzt befinden wir uns vermutlich im Zentrum eines riesigen Sandwirbels. Wir müssen die Bordlautsprecher, die die Außengeräusche übertragen, ausschalten. Es ist einfach nicht mehr auszuhalten. Nun haben wir den Boden fast erreicht. Sich überschlagende Riesenbäume torkeln, mit dem kräftigen Wurzelwerk nach oben, an uns vorüber. Um uns herrscht Halbdunkel und Chaos. Übermorgen ist der Punkt der größten Annäherung zwischen Sirter und Ra erreicht. Der Kugelkommandant befiehlt höchste Alarmstufe. Wir hatten gestern einen tiefen Schutzschacht angelegt und abgedeckt, um unsere Raumkugel darin unterzubringen. Die Oberfläche unseres Landeplatzes hat sich im weiten Umkreis völlig verändert. Es ist keine Orientierung möglich! Der Schacht ist verschwunden, zugeschüttet, nie dagewesen. In drei Stunden befinden wir uns auf der Nachtseite des Planeten. Es wird kritisch. Die angeseilten Kosmonauten, die eben unseren Kugelraumer verlassen haben, werden weggerissen und in die Luft geschleudert, sie hängen wie Kleinstgleiter an den Schnüren. Vorsichtig werden sie wieder eingeholt. Wir müssen im Flugkörper bleiben; draußen besteht höchste Lebensgefahr.
Soeben hat sich ein gehetzter verängstigter Schwarm von Raubvögeln im Sturmschutz unserer Gravitonenkugel niedergelassen.
Was geschieht mit diesen und anderen Lebewesen? Wir steigen wieder auf. Die Nacht werden wir in der dritten Sicher-

heitshöhe verbringen und Strahlungsmessungen durchführen. Weiße und auch dunkle Zwergsterne sind nicht nur Gravitationsfallen, sie senden auch gefährliche Materiewellen aus. Ich bin froh, die zweite Sicherheitshöhe haben wir bereits ohne größeren Schaden wieder erreicht. Doch was werden die beiden nächsten Tage bringen ...?‘

Trotz dieses und anderer bedenklicher Berichte blieben unsere Vorfahren dabei, den Sirter zu besiedeln. Es gab keine Alternative. Selbst für unsere damalige, schon beachtlich fortgeschrittene Technik und Wissenschaft war es ein phantastisches Unterfangen, fünfhundert Millionen Caniper über die ungeheure Entfernung von sieben Lichtjahren in einer festgesetzten Frist nur mit Hilfe großer Raumschiffe zu transportieren.

Die Astronomen hatten bis zur Katastrophe des Procyon einen verbleibenden Zeitraum von zwölfhundert Jahren genannt.

Der Bau einer Transportflotte von zweitausend Raumschiffen, von denen jedes zehntausend Caniper an Bord nehmen konnte, wurde mit allen technischen Mitteln vollendet. Für die kosmische Übersiedlung der gesamten Bevölkerung waren also fünfundzwanzig Flüge dieser Flotte während eines Zeitraumes von ungefähr tausend Jahren notwendig. Das phantastische Unternehmen glückte!

Die Voraussagen der Astronomen trafen ziemlich genau ein: Im zweiunddreißigsten Jahrhundert vor Ihrer Zeitrechnung wurde die canipische Heimatsonne mit gewaltigen Protuberanzen, ungeheuren Gasexplosionen und enormer räumlicher Ausdehnung zu einem neuen helleren Stern. Dieser Zustand dauerte etwa hundertzwanzig Jahre an, dann stabilisierten sich die Verhältnisse langsam wieder. Doch noch heute ist die Leuchtkraft des Procyon doppelt so groß wie ursprünglich. Aus den Canipern wurden in der neuen kosmischen Heimat im Lauf der Jahrhunderte und Jahrtausende die Sirianer. In der ersten Zeit des neuen Lebens auf dem unwirtlichen Planeten ging es zunächst darum, erträgliche und dann immer bessere Umweltbedingungen zu schaffen.

In diese erste Periode fällt der Bau der planetenumspannenden Meereskanäle zur Beseitigung der Flutkatastrophen.

Beim nahen Durchgang des Masseriesen Ra, Sie haben vorhin den Augenzeugenbericht gehört, sammelte sich alles Wasser zu einem riesigen Flutgürtel, unter dem sich die Sirteroberfläche hinwegbewegte. Bei Abnahme der gewaltigen Anziehungskräfte wurde fast alles Land bis zu den Polen von den zurückströmenden Wassermassen überschwemmt."
Zu den Ausführungen von Da hatten die irdischen Sternenfahrer viele spezielle Fragen. So zeigte er noch eine Anzahl Bildberichte aus der Zeit der jahrhundertelangen Raumflottenflüge und führte Modelle der Riesenbagger und Fördereinrichtungen vor, mit denen die zyklopischen Erdarbeiten beim Ausbau der Kanäle bewältigt worden waren.
Auf die verständliche Frage von Al Gorim, wie sich die viele Generationsfolgen betreffende Raumwanderung in eine völlig neue und fremde Welt auf die gesellschaftliche Entwicklung der Sirianer ausgewirkt hätte, gab Da nur eine ausweichende Antwort. Kein Wunder, daß sich bei den irdischen Kosmonauten der Eindruck verstärkte, daß auch diese weit fortgeschrittene Zivilisation Probleme haben mußte, über die niemand gern sprach. Würde es ihnen in der kurzen Zeit ihres Aufenthaltes auf dem Planeten gelingen, auch darüber mehr zu erfahren?

Intermezzo

Professor Untaka, Olarin, Petit und Slabow hatten ihren bisherigen Aufenthalt in Iba, einer Stadt im dritten nördlichen Land, gründlich genutzt. Sie waren in den vier Wochen, die jetzt hinter ihnen lagen, tief in die Entwicklungsgeschichte und den derzeitigen Artenreichtum von Flora und Fauna dieses seltsamen Planeten eingedrungen. Die Sirianer, davon mußte man immer ausgehen, waren ja nicht die höchste Form der natürlichen Lebensentwicklung dieses Himmelskörpers. Sie hatten vor fast zehntausend Jahren von den vorhandenen Naturverhältnissen Besitz ergriffen. Zwar wurde von ihnen das Antlitz des Planeten völlig verändert, aber durch die Anlage eines riesigen Naturschutzgebietes hatten sie dort die weitere natürliche Entwicklung der Pflanzen- und Tierwelt nicht mehr beeinflußt.
Die vier Freunde konnten sich bei der Sichtung des umfangreichen Materials, wie Filme, Bilder, Skelette, Luftaufnahmen, Bücher, und dank der freundlichen, unaufdringlichen Hilfe durch den Biologen Su und seine Mitarbeiter, ein umfangreiches Bild der derzeitigen Entwicklungsphase der Natur des Planeten machen. Wenn man die ursprüngliche Biosphäre des Sirters mit erdgeschichtlichen Verhältnissen verglich, entsprach sie etwa dem Känozoikum.
In der Pflanzenwelt waren die nacktsamigen bereits durch die bedecktsamigen Gewächse verdrängt worden. Es gab auf dem Sirter, so wie auf der Erde, Wälder, Gräser, Buschwerk, Kräuter und Moose, wenn auch jede Gattung beachtliche Unterschiede zu den entsprechenden irdischen Pflanzen aufwies. Neben dem Riesenwuchs war es besonders die Wuchtigkeit, die sofort ins Auge fiel. Die Stämme der Bäume waren gedrungen, verstärkten sich nach unten beachtlich und verfügten über ein geradezu riesiges Wurzelwerk. Die für irdische Wälder so typischen, zur Sonne emporragenden schlanken Stämme der Nadel- und Laubbäume fehlten völlig.
Während die vor Jahrtausenden angelegten künstlichen

Meereskanäle die Anlagen und Bauten der sirianischen Zivilisation vor den periodischen sintflutartigen Überschwemmungen zu schützen vermochten, die auftraten, wenn sich der Sirter alle 49,9 Jahre dem weißen Zwergstern Ra näherte, hatte sich die dem Planeten entstammende Tier- und Pflanzenwelt in den Jahrmillionen der Höherentwicklung auf diese grausame Naturerscheinung eingestellt. Bestimmte Wirbeltiere konnten sogar ihre äußere Gestalt den Naturgegebenheiten sehr unterschiedlicher Schwerkraftverhältnisse beliebig anpassen.
Es gab eine Vielzahl solcher Absonderlichkeiten und Kuriositäten, und die vier irdischen Wissenschaftler drängte es, die Sirternatur an Ort und Stelle kennenzulernen.
Professor Untaka, der durch die lange Anabiosezeit während des Raumfluges wenig persönliche Berührungspunkte mit den übrigen Besatzungsmitgliedern hatte, war ein routinierter Zoologe, der es verstand, schnell die Voraussetzungen für aussagekräftige Querschnitte dieser gänzlich unbekannten Tierwelt zu schaffen. In den letzten Jahrzehnten waren die Institute seiner japanischen Heimat zum Mittelpunkt zoologischer Prognostik geworden. So war es nicht verwunderlich, daß auch die spärlichen Ergebnisse von bisher gefundenem außerirdischem tierischem Leben in Japan ausgewertet wurden. Man hatte dort bereits mit enormem Aufwand besondere Biotope für Lebensformen von fremden Planeten errichtet. Die Hauptaufgabe dieser Einrichtungen war, die jeweiligen Naturverhältnisse genau nachzubilden. Besondere Schwierigkeiten bereitete dabei die Erzeugung äquivalenter Gravitationskräfte. Das hierfür geläufige Rotationsprinzip war auf die Dauer nicht geeignet, da zu viele unerwünschte Randbedingungen auftraten.
Vor mehr als sechzehn Jahren war der Name von Professor Untaka durch die Zeitungen der ganzen Welt gegangen, weil es ihm als Leiter des japanischen Mars-Biotops gelungen war, erstmalig positive Fortpflanzungsergebnisse bei den berüchtigten, auf dem Planeten Mars beheimateten Panzerkäfern zu erzielen. Er stand damals seinen eigenen Erfolgen skeptisch gegenüber, weil sie ihm nur unter Zuhilfenahme von intensiven Psi-Strahlen geglückt waren, nachdem er viele Monate Untersuchungen an den primitiven Gehirnen

dieser außerirdischen Insekten durchgeführt hatte. Obwohl es zu den ganz seltenen Ereignissen zählte, im Kosmos hochentwickeltes Leben zu finden, war er vom Sirter und dessen Pflanzen- und Tierwelt etwas enttäuscht. Für eine zweite Lichtreise in das Universum würde er sicher keine Gelegenheit mehr haben, und so konnte sich sein geheimer Wunsch, irgendwo im All auf nichteiweißgebundenes Leben zu stoßen, wohl nie erfüllen.

Doch von diesem Wunsch wußte nur seine Frau, mit der er schon über zwei Jahrzehnte glücklich verheiratet war. Ossina war eigentlich diejenige gewesen, die ihn immer wieder beschworen hatte, doch diese einmalige Gelegenheit zu nutzen, damit er auf Planeten eines anderen Sonnensystems seinen Forscherdrang vielleicht endlich befriedigen könne.

Bei den monatlichen persönlichen Laserfunksprüchen sandte Frau Ossina ihre Grüße so in die unvorstellbare Ferne, als wäre ihr Mann nur auf einer längeren Dienstreise und nicht durch Lichtjahre von ihr getrennt.

In den letzten Tagen hatte sich Professor Untaka vorwiegend damit beschäftigt, für die sonderbaren, zum Teil für menschliche Begriffe grotesken Tierarten, mit denen sie in den folgenden Wochen und Monaten in Berührung kommen würden, für irdische Ohren geeignete und dennoch typische, einprägsame Namen zu finden. Es gab viel Spaß, als er mit Olarin und Petit die Wortkreationen aus der Taufe hob.

Su, seine Mitarbeiterin Ag und der Botaniker Me planten für ihre irdischen Freunde eine mehrwöchige Expedition. Das war gar nicht so einfach, handelte es sich bei dem Naturschutzkontinent, dem vierten nördlichen Land, doch immerhin um ein Gebiet von fünfundsiebzig Millionen Quadratkilometern, eineinhalbmal so groß wie Asien und Europa zusammen.

Ausgangspunkte für die zoologischen und botanischen Studien der Sirianer waren die nach einem genauen Rastersystem über den gesamten Naturschutzkontinent verteilten mehrere Tausend Beobachtungsstationen. Es handelte sich dabei um etwa einhundert Meter hohe, pyramidenförmige Spezialgebäude, die von Großgraviplanen im Fertigzustand an geeigneten und vorbereiteten Stellen abgesetzt worden waren.

Der Kontakt dieser Stationen mit der Außenwelt war nur auf dem Luftwege möglich und nur selten gestattet. Die dort arbeitenden Naturwissenschaftler führten für die Zeit ihres Aufenthaltes ein Eremitendasein; trotzdem gab es genügend Interessenten für diese Tätigkeit.
Ag, die junge sympathische Zoologin, hatte bereits den genauen Plan für die Route der irdischen Expertengruppe aufgestellt. An vier klimatisch sehr unterschiedlichen und räumlich weit voneinander entfernten Stationen sollte jeweils einen Monat lang beobachtet und geforscht werden. Ag hatte sich bei der Auswahl der Beobachtungspunkte auch vom Vorhandensein bestimmter typischer Lebewesen leiten lassen.
Die erste Beobachtungsstation lag jenseits eines Meridiankanals fast fünfzig Kilometer landeinwärts, in einem subtropischen Gebiet. In dem Dschungel des Mündungsdeltas gab es noch viele Rasas, wie die riesenwaranähnlichen Ungetüme von den Sirianern genannt wurden. Vermutlich waren es Überreste einer aussterbenden Reptiliengattung aus einer vorausgegangenen tertiären Sirterformation.
Zwei weitere für Besuche vorgesehene Stationen lagen fast im Zentrum des Naturschutzkontinents. Die eine inmitten eines unermeßlichen Sumpfgebietes, die andere über fünfhundert Kilometer entfernt auf einem Hochplateau.
Als letzte Station war die Küste des polaren nördlichen Zentralmeeres vorgesehen, eine kalte, unwirtliche Wüste. Dafür gab es aber gerade dort ganz ungewöhnliche Vegetationserscheinungen.
Während Su, Ag und Me das Vorhaben in allen Einzelheiten vorbereiteten und organisierten, waren Professor Untaka und seine drei Begleiter damit beschäftigt, ihre Ausrüstung zusammenzustellen.

Tage später saßen die sieben Naturfreunde im Kabinett des „Hauses der Sonnensöhne“ und besprachen noch einmal gründlich das Unternehmen.
Ag hatte sich salopp gekleidet und trug zur Feier des Tages strohgelbe Haare. Sie hatte nämlich inzwischen erfahren, daß sich die Besucher von der Erde nur schwer an grünes oder blaues Haar gewöhnen konnten.

Leon Petit, ein Franzose aus Algerien, das zum Afrikanischen Staatenbund gehörte, war in erster Linie Raumfahrtjournalist. Die Weltöffentlichkeit schätzte seit vielen Jahren seine packenden, nie ohne humoristischen Unterton verfaßten Reiseberichte über gefährliche Expeditionen in den Kosmos.
Trotzdem zählte er bei allen Raumflügen als vollwertiges Besatzungsmitglied, weil er vor der Spezialausbildung als Weltraumjournalist umfangreiche wissenschaftliche Studien als Planetologe absolviert hatte. Leon Petit gewann dem Leben, ganz gleich, in welcher Situation er sich befand, immer die besten Seiten ab. Oft wirkte seine ursprüngliche Jungenhaftigkeit ansteckend, und gerade während des jahrelangen Fluges zum Siriussystem hatte ihn die PHO 2-Besatzung schätzen gelernt, weil seine sprichwörtliche gute Laune vielen über psychische Krisen hinweggeholfen hatte.
Er war ein passionierter Leichtathlet, mehrfacher Teilnehmer an Olympischen Spielen. Wenn ihm nichts anderes einfiel, dann animierte er die dienstfreien Kollegen zu halsbrecherischen Übungen im Rahmen der obligatorischen Konditionsgymnastik. Er hieß trotz seines Namens allgemein „der Lange“ und überragte mit der respektablen Größe von hundertfünfundneunzig Zentimetern den nicht gerade als klein zu bezeichnenden Kommandanten um Haupteslänge. Mit neununddreißig Jahren war er noch immer Junggeselle, weniger aus Passion als aus Mangel an Gelegenheit. Die Reise zum Sirius war sein achtes großes Raumfahrtunternehmen. Die wenigen Monate, die er in den letzten siebzehn Jahren auf der Erde verbracht hatte, waren meist mit der Überarbeitung von Manuskripten und dem Training für neue Vorhaben so ausgefüllt, daß ihm für persönliche Belange die wenigste Zeit blieb.
Vielleicht trug auch sein großer weiblicher Bekanntenkreis mit dazu bei, daß er bisher noch nie die Möglichkeit einer Einzelbindung erwogen hatte. Sicher, er hätte das jederzeit tun können, aber warum? Ihm genügte es, wenn er sich in den Expeditionspausen einige Tage lang von seiner Mutter verwöhnen lassen konnte. Geschwister hatte er nicht. Als unverheirateter Kosmonaut bezeichnete er sich gern als den idealen Weltraumreisenden.

Gerade zur Problematik der günstigsten Zusammensetzung von Raumschiffbesatzungen hatte er kurz vor dem Start der PHO 2 noch eine umfangreiche Abhandlung veröffentlicht. Vielleicht wäre es besser gewesen, die Erfahrungen dieses doch fast ein Vierteljahrhundert währenden Raumfluges abzuwarten. Trotzdem, Leon Petit stand noch immer zu seiner Meinung!
Er vertrat den Standpunkt, daß Raumschiffbesatzungen entweder nur aus Männern oder nur aus Frauen bestehen sollten, wobei er einer männlichen Besatzung aus physischen Gründen den Vorrang gab. Damit hatte er ein heißes Eisen angerührt! Die Auswahl der PHO 2-Besatzung bestätigte im Grunde seine Theorien. Man hatte bevorzugt solche Kosmonauten ausgewählt, die entweder so jung waren, daß noch keine ehelichen Bindungen vorlagen, oder die bereits so alt waren, daß sie und ihre Frauen an das Los langer Trennungen gewöhnt waren.
Vielleicht würde die Zukunft auch neue Maßstäbe für die Empfindungen und Psyche setzen. Noch wurde die Menschheit, mit ganz wenigen Ausnahmen, die nicht unbedingt als fortschrittlich gelten mußten, von dem Gefühl beherrscht, den geliebten Menschen nicht in Gefahr zu wissen.
Leon Petit ertappte sich dabei, wie er wieder einmal mit den Gedanken abschweifte. Er konzentrierte sich auf seine Arbeit, die darin bestand, aus den vielen Unterlagen herauszuarbeiten, wie die Naturverhältnisse auf dem Sirter zur Zeit der Besiedlung durch die Sirianer beschaffen waren.
Hin und wieder riskierte er einen verstohlenen wohlgefälligen Blick auf Ag, die in der anderen Ecke des Raumes Material für die Expedition zusammenstellte. War es nun Gewöhnung, war es das Fehlen irdischer Frauen, er fand sie einfach hübsch.
Vorsicht, alter Junge, warnte ihn eine innere Stimme, wie schon häufig, wenn er sich bei solchen oder ähnlichen Gedanken ertappte.
Die junge Sirianerin schien weder Leons Blicke zu spüren noch seine ihr geltenden Gedanken zu erraten. Das Adjektiv jung war zweifellos angebracht, denn Ag stand noch im ersten Lebensviertel, das bei den Sirianerinnen mit einer Lebenserwartung von hundertzwanzig bis hundertsechzig Jah-

ren etwa vierzig Jahre umfaßte.
Leon Petit betrachtete ihr Gesicht. Schon bei der Begrüßung durch It und Us in Aba hatte ihn der den Erdenmenschen vertrautere Gesichtsschnitt der fremden Begleiterinnen überrascht. Sicherlich hatten die Sirianer andere Vorstellungen von Schönheit und Ästhetik. Warum auch nicht? War nicht auch bei den Menschen das weibliche Schönheitsideal einem ständigen Wandel unterlegen? Bei den Sirianern kam zweifellos die zeitlich wesentlich längere natürliche Entwicklung hinzu. Während die männlichen Vertreter dieser Lebensform kantig wirkten und strenge, fast asketische Züge trugen, die durch den besonderen Haarschnitt noch unterstrichen wurden, wirkten die Frauen zierlich und wohlproportioniert. Leon wußte auch nicht, ob ihre Begleiterinnen nach bestimmten Gesichtspunkten ausgewählt worden waren. Ja, was wußte er überhaupt?
Ag, die heute zur Abwechslung schwarzes Haar trug, erinnerte ihn mit ihren großen mandelförmigen Augen entfernt an eine indonesische Schönheit. Der kräftige Bronzeton ihrer Haut unterstrich diesen Eindruck noch.
Leon gab sich einen Ruck! Er war zwar kein Kommunikationswissenschaftler, aber ein persönliches, unkonventionelles Gespräch mit einer ausgesprochen schönen Sirianerin würde das bisherige, doch recht mangelhafte Wissen über „Land und Leute“, wie es so schön in einer alten irdischen Redewendung hieß, sicherlich nicht unwesentlich bereichern.
„Ag, ich dachte ...“, der sonst so weltgewandte Leon kam leicht ins Stottern, als die Angeredete jetzt den Kopf hob und zu ihm herübersah.
„Ja, Tova Petit, was dachten Sie?“ schnarrte der Modulator ihre übersetzte Frage.
Leon zuckte zusammen. Wie schön müßte es sein, dieses hübsche und doch einer anderen Welt entstammende Mädchen direkt zu hören. Nicht die gleiche Sprache zu sprechen war seiner Meinung nach absolut kein Hinderungsgrund für eine mögliche Annäherung, aber in verschiedenen Frequenzbereichen Worte und Sätze zu bilden, das war schon ein rechtes Handikap.
„Ich wollte Sie fragen“, fuhr er jetzt gefaßter fort, „ob es

möglich und statthaft ist, daß wir uns heute abend nach dem Essen in einem der Rekonditionszimmer noch ein wenig unterhalten?"

„Sie meinen, nur wir beide allein?" Das war eine typisch weibliche Frage, die ihm auch auf der Erde hätte gestellt werden können.

„Ja, liebe Ag, Sie müssen mir viel erzählen! Ich weiß so wenig von Ihnen, und ich höre Sie so gern sprechen", antwortete Leon galant.

„Gut, wenn ich es ermöglichen kann, bin ich ...", sie blickte ziemlich hilflos zur Wanduhr mit irdischer Zeiteinteilung, „beim dreiviertel Kreis im Zimmer der Fische." Leon Petit war erfreut und überrascht zugleich. Komisch, er kam sich wie ein Oberschüler vor, der sein erstes Rendezvous zustande gebracht hat. Und das passierte ihm, fast neun Lichtjahre von Mutter Erde entfernt. Als man sich zum Abendessen traf, nutzte er den Augenblick der Abwesenheit von Lo und Ag, um seine beiden Freunde über das geplante harmlose „Abenteuer" zu informieren.

Professor Untaka hob lächelnd den Zeigefinger, aber Leon winkte entrüstet ab. Nach dem Essen bat er Lo ganz unbefangen, ihm das Zimmer der Fische zu zeigen. Wenn er dessen Mienenspiele richtig beobachtet hatte, dann mußte Ag diesen ebenfalls eingeweiht haben. Aber Lo erlaubte sich taktvoll nicht die geringste Bemerkung.

Das Zimmer der Fische war einer der vielen Entspannungsräume der Station, ganz in Blau gehalten. Zwei der Wände waren aus Glas und bildeten großflächige Aquarien. Indirekt mattblau angeleuchtet, tummelten sich in dem klaren Wasser bizarr aussehende kleine Fische. Leon hatte den Eindruck, als würden diese in ihren Bewegungen den Rhythmen der leisen atonalen Musik folgen, die den Raum stereophonisch erfüllte. Die beiden anderen Wände waren mit langen Buchreihen bedeckt. Vier kleine Tische mit bequemen Sesseln ergänzten die Einrichtung.

Leon Petit fand die Atmosphäre wohltuend und entspannend. Er nahm Platz und griff wahllos eines der vielen Bücher aus dem Regal. Es war ein Bildband mit Großaufnahmen von einer sirianischen Stadt. Was ihn sofort wieder störte, war die bis zur Eintönigkeit gesteigerte Regelmäßig-

keit aller Anlagen und Bauwerke.
Doch jetzt näherten sich schnelle, leichte Schritte, und er legte das Buch beiseite. Fast hätte er in seiner lässigen Art ein Ah oder Oh ausgerufen, als Ag freundlich lächelnd auf ihn zukam. Sie trug ein enganliegendes dunkelblaues Trikot, in dem das Ebenmaß ihres fast zu schlanken Körpers gut zur Geltung kam, und darüber einen weitärmligen Mantel aus goldglänzendem Gewebe. Ihre Füße steckten in absatzlosen Opanken. Leon freute sich ehrlich und machte aus seinem Gefühl auch keinen Hehl, was von Ag zweifellos honoriert wurde. Sie fühlte sich als Gastgeberin und servierte mit Hilfe des Präparatautomaten zwei Trinkschalen mit einem stark aromatischen Getränk.
„So, Tova Petit", eröffnete sie dann die Unterhaltung, „Ihr Wunsch war, mich sprechen zu hören; was soll ich Ihnen erzählen?"
Leon beugte sich zu ihr hinüber. „Wir wissen zum Beispiel noch sehr wenig darüber, wie Ihre jungen Generationen heranwachsen, wie sich die Vorbereitung auf das spätere Leben gestaltet und welche Ausbildung Ihre Jugend durchläuft."
„Gut, ich will versuchen, Ihnen darüber Auskunft zu geben. Es vergeht ein halbes Ra oder, in Ihrer Zeitrechnung ausgedrückt, fünfundzwanzig Jahre, bis die persönliche Ausbildung in der Gesellschaft beendet ist. Sie beginnt mit dem fünften Lebensjahr und umfaßt zehn Jahre Grundausbildung. Mit ihrem Beginn wird bereits die spätere Tätigkeit in der Gesellschaft festgelegt. Da jeder Sirianer nach dem fünfundzwanzigsten Lebensjahr eine sinnvolle Arbeit ausübt, ist es einfach notwendig, daß die jungen Sirianer unmittelbar nach der Geburt in speziellen Nachwuchszentren aufgezogen werden. Ein solches Zentrum befindet sich in jedem der großen Wohnzylinder. Die junge Generation zu betreuen ist eine Auszeichnung und genießt höchste Wertschätzung. Durch diese Art der Erziehung ist gewährleistet, daß jeder Sirianer von Anfang an als bewußtes Mitglied unserer großen Gemeinschaft aufwächst. Trotzdem ist die Bedeutung der Hola, wie heißt es bei Ihnen ...?" Sie schaute schnell in dem kleinen Wörterbuch nach, das jeder Sirianer, der mit den irdischen Kosmonauten zu tun hatte, immer bei sich führte. „... der Familie keineswegs eingeschränkt. Sie um-

faßt vielmehr alle Nachkommen eines Elternpaares, sobald die gesellschaftliche Bildung beendet ist. Auch wenn die Tätigkeit weit vom Familienkreis entfernt ist, und das ist sehr häufig der Fall, bleibt die Zusammengehörigkeit erhalten. Dies wiederum ist möglich und gegeben, weil jedem Sirianer in bestimmten zeitlichen Abständen die gleiche Anzahl von Ratus, also Tagen, die er tätig war, für seine persönlichen Zwecke zur Verfügung steht.
Die normale sirianische Familie umfaßt zehn Mitglieder. Voraussetzung dafür, daß zwei erwachsene Sirianer eine eigene Hola bilden können, ist die Geburt eines Kindes. Mehr als zwei Kinder sind nur mit der Genehmigung der Gesellschaft gestattet. Jeder Sirianer muß sich spätestens bis zu einem Alter von acht Zehntel Ra entscheiden, ob er an einer Holabildung interessiert ist. Es liegt dies in der freien Entscheidung jedes einzelnen. Eine spätere Zeugung von neuem Leben ist nicht erstrebenswert. Das hängt mit den Einflüssen auf die Gene durch die Ra-Gravitation zusammen. Eine Geburtenregelung, das kann man in den alten Überlieferungen lesen, gab es schon immer, nur die besonderen Lebensbedingungen auf dem Sirter haben zu neuen, härteren Bestimmungen geführt. Haben Sie alles verstanden, was ich bisher gesagt habe?"
Leon Petit nickte zustimmend, war aber in Gedanken noch bei den harten, aber durchaus verständlichen Festlegungen, über die Ag mit einer Selbstverständlichkeit plauderte, die ihn stark beeindruckte. Aber er mußte noch mehr erfahren! Er wollte einiges über die Intimsphäre dieser den irdischen Menschen so ähnlichen Wesen wissen. Vermutlich würde Ag, die, wenn sie sprach, sein Mienenspiel sehr genau beobachtete, auch über diese Dinge ohne Vorbehalt sprechen. Er hob seine Trinkschale und lächelte ihr zu.
„Liebe Ag, was Sie soeben erzählt haben, war für mich äußerst interessant, Sie haben aber einige Probleme nicht erwähnt. Wie ist nun zum Beispiel das Verhältnis zwischen Sirianer und Sirianerin bevor, ja, ehe es zur Holabildung kommt?"
Wenn er richtig beobachtet hatte, lächelte Ag jetzt ihrerseits unergründlich.
„Tova Leon", antwortete sie unbefangen, „ich glaube zu wis-

sen, was Sie fragen wollen. Beim Studium Ihrer Sprache, anhand umfangreicher Teleinformationen, bin ich bereits auf diese psychologischen Besonderheiten der Erdenbewohner gestoßen. Es handelt sich um den ausgesprochen individuellen Bereich der Liebe zweier vernunftbegabter Wesen. Sicherlich werden Sie meine Ausführungen hierzu enttäuschen. Da das, was von den Erdenbewohnern in dieser Hinsicht bekannt wurde, stark vergleichbar war mit den Lebensgewohnheiten unserer Vorfahren vor fünfzehn- bis zwanzigtausend Jahren Ihrer Zeitrechnung, sind wir zu der Erkenntnis gekommen, daß diese Eigenart und Betonung des Gefühlslebens eine Frage der zivilisatorischen Entwicklung ist. Sie verstehen mich sicher nicht falsch, wenn ich sage, daß unserer heutigen Gesellschaft der psychische Überschwang fremd ist. Das stark entwickelte Triebleben, das körperliche Begehren sind zweifellos natürliche Instinkte, die aber entwicklungsgeschichtlich einer fallenden Tendenz unterliegen. Ja, unsere Wissenschaftler gehen bereits so weit, für die ferne Zukunft dem Sirterindividuum eine mögliche Zweigeschlechtigkeit zu prophezeien. Doch das liegt nun wirklich noch in weiter Ferne. Trotzdem sind uns heutigen Sirianern Empfindungen nicht fremd. Jede Vorgeschichte einer Holabildung enthält psychische Aspekte. Aber soviel läßt sich mit Sicherheit sagen, daß die Verbindung zweier Sirianer vorwiegend von gesellschaftlichen Gemeinsamkeiten bestimmt ist, zu denen natürlich auch die individuellen Affinitäten gehören. Verstehen Sie mich richtig. Betrachtet man die gesellschaftliche Entwicklung über große Zeiträume, ich spreche jetzt nur von unserem Volk, dann verliert die Erhaltung der Art und all das, was im weitesten Sinne dazu gehört, an Individualität und verlagert sich in die Sphäre der Gemeinschaft. Der Übergang vollzieht sich jedoch so langsam, daß niemand die Veränderung empfindet. Sie könnten ohne Liebe und Begehren sicher schwerlich leben. Ich weiß, Sie sind jetzt enttäuscht, aber Evolutionsamplituden sind nicht transponierbar!"

Leon Petit war wirklich enttäuscht und erstaunt zugleich, wie sachlich Ag mit ihm sprach. Ihm als Wissenschaftler kam in diesem Augenblick mit aller Konsequenz zu Bewußtsein, daß die Menschen und Sirterbewohner nicht nur Welten, sondern auch beachtliche Entwicklungszeiträume trennten.

Sie plauderten noch eine Weile über Mode, wobei Leon nicht versäumte, die aparte Kombination von Ag zu bewundern. Auch die Fragen des Journalisten im Hinblick auf weibliche Schönheitspflege und Kosmetik konnte die hübsche Sirianerin ausgiebig beantworten. Leon Petit war sehr froh, daß er den Mut gefunden hatte, dieses private Zusammentreffen zu arrangieren. Er fand Ag sympathischer denn je und bedauerte schon jetzt, daß der Aufenthalt in ihrer Nähe nur wenige Wochen dauern würde.

Ag kredenzte noch eine zweite Trinkschale. Während sie ihm auffordernd zunickte, sagte sie: „Mir hat diese Unterhaltung mit Ihnen Spaß gemacht! Ich würde sehr gern Ihren Planeten beim gelben Stern und seine unterschiedlichen Völker persönlich kennenlernen. Wer weiß, vielleicht liegt diese Möglichkeit in gar nicht allzu weiter Ferne. Was meinen Sie?“

Leon mußte gestehen, daß daran noch keiner der PHO 2-Besatzung gedacht hatte. Sicher war es möglich, daß beim Rückflug einige Sirianer sie begleiteten. Trotzdem konnte er Ag nur eine unverbindliche Antwort geben. Er nahm sich vor, Al Gorim umgehend von dieser Möglichkeit zu informieren.

Dann deutete Ag mehrmals auf die Uhr an Leons Handgelenk. Es war Zeit, sich zur Ruhe zu begeben! Er geleitete sie noch ein Stück den langen Korridor entlang, dann verabschiedeten sie sich. Es war zweifellos das eigenartigste Rendezvous seines Lebens gewesen.

Im Känozoikum

Auf dem Naturschutzkontinent durften keine bodennahen Fahrzeuge benutzt werden. Zuwiderhandlungen wurden streng bestraft, um die kontinuierliche Entwicklung der Natur in diesen Gebieten in keiner Weise zu beeinflussen oder zu stören.

„In unserer Beobachtungsregion gibt es noch vorzeitliche gigantische Rasas, die kaum zu bekämpfen sind. Schußwaffen dürfen nicht verwendet werden. Sie würden in den Fällen, wo man sie plötzlich brauchte, auch kaum ausreichen", erläuterte Su. „Unsere Bewaffnung", damit hielt er eine recht unförmige doppelläufige großkalibrige Pistole hoch, „werden diese kleinen Schwerkraftwerfer sein. Auf Grund der jahrmillionenlangen Einwirkung von sehr unterschiedlichen Schwerkräften wirkt der gezielte Gravitonenstoß dieser Pistole bei entsprechender Dosis lähmend, wenn er das Gehirn eines angreifenden Tieres trifft. Die Energiereserve einer solchen Waffe reicht für zweihundert Schwerkraftimpulse. Die Reichweite beträgt achtzig bis hundert irdische Meter. Wir müssen die Handhabung dieser sicheren, aber völlig unschädlichen Schutzwaffe noch ausreichend üben. Doch nun zum Ablauf unserer Exkursion. Wir werden übermorgen hier in Iba an Bord eines Unterwassergleiters gehen. Die erste Beobachtungsstation, deren Umgebung wir erforschen wollen, liegt am Ufer eines großen Flusses, so daß wir während der etwa zwanzigstündigen Unterwasserfahrt für bestimmte Studien im Äquatorialmeer genügend Zeit haben. Unser Gepäck wird heute noch verladen. Ruhen Sie sich noch einmal gründlich aus!"

Der Unterwassergleiter war eine Spezialkonstruktion aus zwei miteinander verbundenen Zylindern. Der nach vorn abgerundete Bugteil bestand aus durchsichtigem Material und diente ausschließlich der Beobachtung und Forschung. In der hinteren zylindrischen Hälfte waren die Antriebsaggregate, die Wohn- und die Arbeitsräume untergebracht. Es gab genügend Platz in dem Wasserfahrzeug, neben der dreiköpfi-

gen Besatzung konnten noch zwölf Personen einschließlich der Ausrüstung transportiert werden.
Professor Untaka und seine Freunde trugen wie die sie begleitenden Sirianer Overalls aus metallhaltigem Gewebe und robustes Schuhwerk aus ähnlichem Material. Zur vollständigen Schutzausrüstung gehörten noch breitrandige weiche Helme mit einem Überzug aus einer Metallfolie gegen die besonders gefährlichen fleischfressenden Pflanzen, die, im Urwald getarnt, ihre beweglichen Fangäste auf Lebewesen aller Art herunterschnellen ließen.
Bis zum Mündungsdelta des Flusses, an dem die Stadt Iba lag, fuhren sie mit mäßiger Geschwindigkeit auf der Wasseroberfläche. Erst als sie den Meridiankanal erreichten, gingen sie auf Tauchstation und gewannen schnell an Tiefe.
Die vier Kosmonauten staunten, als der Tiefenmesser nach wenigen Minuten schon fünfhundert Meter anzeigte. Petit fragte, mit welchen Abmessungen diese künstlichen Kanäle angelegt worden seien.
„Die maximale Uferhöhe beträgt achttausend Meter", antwortete Su, „der Äquatorialmeeresgraben kann sogar einen Wasserstand von zwölftausend Meter erreichen. Unsere Vorfahren mußten damals Tiefe und Breite so wählen, daß das gesamte auf dem Sirter vorhandene Wasser in den künstlichen Meeren Platz fand."
Während der Unterhaltung hatte er an die vier Sternenfahrer Infrarotbrillen verteilt, und plötzlich zeigte sich draußen in der schwarzvioletten Finsternis vielfältiges Leben. Der Unterwassergleiter leuchtete nach allen Seiten mit starken Infrarotscheinwerfern, was vorher niemand bemerkt hatte.
Gerade wollte Su mit allgemeinen Erläuterungen beginnen, da faßte ihn Leon Petit erschrocken am Arm. „Was sind das für Ungeheuer?" stieß er hervor.
Aus der unergründlichen Tiefe stiegen riesige Schlangen in dem Infrarotkegel empor. Sie zuckten dabei nervös hin und her und schienen die langwelligen Lichtstrahlen als unangenehm zu empfinden, denn sie wichen langsam ins Dunkel zurück. Jetzt erst wurde ein schwarzer Körper mit einem tellergroßen Auge sichtbar, ein krakenartiger Tiefseebewohner mit mindestens dreißig Meter langen Fangarmen.
„Es gibt Exemplare, die noch wesentlich größer sind!" be-

merkte Ag, als handele es sich um harmlose Tintenfische. „Sie werden sich vielleicht wundern, wieso hier nur wenig Kleinfische existieren. Das ist jedoch lediglich eine Frage der Wassertiefe. Fische sind in weit größerer Zahl und entsprechender Vielfalt in den oberen Wasserschichten beheimatet. Schauen Sie bitte auf den Tiefenanzeiger! Wir befinden uns fast neunhundert Meter unter der Wasseroberfläche."

Im gleichen Augenblick schoß ein Reptil an ihnen vorbei, das einem Ichthyosaurier ähnelte. Doch es war bei dieser Geschwindigkeit nicht richtig zu erkennen. Dafür hatten sie jetzt eine Riesenschildkröte im Lichtkegel. Allerdings erinnerte nur der Kopf an diese Tiergattung, der übrige Körper steckte in einem elliptischen flachen Panzer von mindestens zehn Meter Länge. Die vier kräftigen Beine waren flossenartig ausgebildet und verliehen dem Tier ausgezeichnete Schwimmeigenschaften.

„Ein harmloser Tiefseeriese", bemerkte Su, „wir nennen ihn Wumbu."

Petit hatte auch von diesem interessanten Exemplar der Sirtertierwelt gerade einige Infrarotaufnahmen gemacht, als ein kräftiger Stoß das Unterwasserfahrzeug erschütterte. Die vier irdischen Gäste beobachteten, daß der Kapitän im gleichen Augenblick einen rot markierten Knopf betätigte. In geringer Entfernung neben dem submarinen Forschungsfahrzeug war im Infrarotlicht ein walartiger Fischkörper von gewaltigen Dimensionen zu erkennen.

„Was Sie dort sehen", erläuterte Lo, „ist das größte Säugetier unseres Planeten und gleichzeitig die intelligenteste animalische Lebensform. Man kann das Tier sehr gut mit den irdischen Delphinen vergleichen. Der Koloß wird bis zu achtzig Meter lang und gilt als der ungekrönte König unserer Meere; dabei ist er friedfertig und freundlich. Der Stoß, den wir eben verspürt haben, war eigentlich eine Begrüßung! Wegen seiner beachtlichen Intelligenz ist das Tier sehr neugierig. Da es aber über relativ schlechte Sehwerkzeuge verfügt, muß es sehr nahe an die Objekte heranschwimmen. Daß wir dieses hochentwickelte Säugetier im Wasser finden, hängt vermutlich mit den periodischen Überschwemmungen zusammen, die jahrmillionenlang auftraten.

Besonders erwähnenswert ist, daß dieses Tier, als eine Ausnahme in der Sirterfauna, über zwei Nervenzentren verfügt, die sich an den beiden Körperenden befinden. Diese organische Kuriosität erhält den Giganten gegenüber seiner Umgebung reaktionsfähig. Der Kapitän hat vorhin zu unserem Schutz sofort Schwerkraftwerfer ausgelöst, um uns den neugierigen Koloß vom Leibe zu halten, was mit anderen Mitteln gar nicht möglich ist.
Sie können leider nicht mehr sehen, wie das enteilende Tier, sobald es die Gravitationsimpulse wahrnimmt, seine Gestalt verändert und den Verhältnissen anpaßt. Während sein Körper normalerweise zylinderförmig rund ist, zeigt er jetzt eine typische Fischform, sehr hoch und schmal. Ein Chamäleon der Gestalt!"
Nach mehreren Stunden hatten sie das vierte nördliche Land und das Mündungsgebiet des Flusses, an dem die Station lag, erreicht. Lo ließ auftauchen. Jetzt war erst richtig zu erkennen, wieviel Wasser die künstlichen Meere noch aufnehmen konnten. Die Wände des Steilufers ragten mindestens zweitausend Meter aus dem Wasser. Man kam sich vor wie auf dem Grund eines riesigen Cañons. Lo hatte das Erstaunen der Gäste bemerkt und sagte: „Sie müssen immer bedenken, daß es sich nicht um Wasserregulierungsanlagen schlechthin handelt, sondern um maritime Schutzeinrichtungen, die in Katastrophenzeiten wahre Flutberge bewältigen müssen, die durch die Ra-Anziehungskräfte entstehen."
Rechts von ihnen breitete sich ein dichtes Nebelgebiet aus, und sie hatten den Eindruck, ein immer stärker werdendes Donnern zu vernehmen. Ag erklärte es ihnen: „Was wir rechts vor uns sehen und hören, ist der Fluß, auf dem wir nordwärts weiterfahren wollen. Sein Bett endet in einem gewaltigen Wasserfall, der mehr als tausendfünfhundert Meter Höhenunterschied überwindet. Das ist auch die Ursache für die schlechten Sichtverhältnisse. Die Wassermassen zerstäuben zum Teil, wenn sie auf die Meeresoberfläche treffen. Alle Flüsse, die in die Äquatorial- und Meridianmeere münden, bilden, je nach der Höhe der Uferböschung, mehr oder weniger gewaltige Katarakte."
Auf ein Zeichen von Lo hob sich der Unterwassergleiter be-

hutsam aus der Meeresströmung. Nach wenigen Minuten hatten sie die Zone des undurchdringlichen Wasserdampfes verlassen und flogen mit ausreichendem Abstand neben dem schäumenden und brodelnden Wasserfall das Steilufer hinauf.
Etwa zwei Kilometer landeinwärts setzte der Gleiter wieder auf dem noch ruhig dahinziehenden Fluß auf. Nur ein fernes dumpfes Grollen erinnerte noch an das Naturschauspiel!
Zur Linken erstreckte sich ein dichter Dschungel unbekannter Gewächse bis unmittelbar ans Ufer, rechts war ein ausgedehnter Sandstrand, der bis weit in das flache Land reichte.
Es dunkelte bereits, als sie mit wachsender Geschwindigkeit flußaufwärts fuhren. Nach Ablauf einer knappen Stunde hatten sie den kleinen Hafen der vorgesehenen Beobachtungsstation erreicht.
Am nächsten Morgen fand auf allgemeinen Wunsch ein gemeinsamer Orientierungsflug mit einem kleinen Gravigleiter statt. Gi, der Leiter dieser Station, gab während des langsamen Fluges zwanglose Schilderungen der unterschiedlichen Vegetationen und der Tierarten. Dank der intensiven Studien in Iba waren die vier Gäste gut vorbereitet.
Ein großer See mit ausgedehntem flachem Sanduferstreifen, auf dem sich seltsame Lebewesen tummelten, sollte in einigen Tagen Ziel einer besonderen Expedition sein.

Der Weg zum See der Rasas, wie das Gewässer hieß, erwies sich als ein schmaler Pfad durch den dschungelartigen Urwald, der häufig unter freiragenden Wurzeln dickstämmiger Nadel- und Laubbäume hindurchführte. Der Urwaldboden war feucht und weich. Bis auf wenige Stellen bedeckte ihn ein glitschiges violettes Moos von fast zehn Zentimeter Höhe. Die siebenköpfige Expedition, die sich aus Lo, Ag, Gi und den vier Sternenfahrern zusammensetzte, kam nur mühsam vorwärts.
Für Untaka, Olarin, Slabow und Petit war der Marsch eine große Strapaze, weil sie nicht nur Waffen und Ausrüstung schleppten, sondern auch noch die metallhaltige Schutzkleidung trugen. Die Atmung machte ihnen ebenfalls zu schaffen.
Die Entfernung von der Station zum Rasasee betrug in der

Luftlinie zwar nur neun Kilometer, aber sie befanden sich bereits seit drei Stunden in dem unwegsamen Gelände. Allmählich jedoch lichteten sich die dichtbelaubten Bäume und das Gestrüpp.

Gi hob und senkte den Arm – das verabredete Zeichen stehenzubleiben. Von einer kleinen Bodenerhebung aus konnten sie in der Ferne den violetten Spiegel des Sees erkennen.

Ein schriller Pfeifton, der entfernt an das Signal einer Dampflokomotive des zwanzigsten Jahrhunderts erinnerte, ließ die Wissenschaftler zusammenzucken. Im gleichen Augenblick brachen mit lautem Getöse ungefähr fünfzig Meter von ihnen zwei riesige graue Kolosse durch das Unterholz. In der Eile sah man nur unförmige Köpfe, die mit großen Sprüngen in Richtung See verschwanden.

Pjotr Olarin griff schnell zum Fernglas und kletterte auf einen umgebrochenen Baumstamm. Genauer als die anderen konnte er die flüchtenden Tiere beobachten.

„Es sind gigantische, mindestens acht bis zehn Meter große Känguruhs", hatte er gerade ausgerufen, da unterbrach er sich: „Nein, jetzt wendet eines der Tiere den Kopf! Nein, sie sehen aus wie Saurier mit Krokodilrachen!" „Warten Sie", beruhigt ihn Gi, „wir werden diese Tiere gleich aus der Nähe sehen können. Aber es ist größte Vorsicht geboten! Die Reptilien liegen meist im Schatten am Rande des Urwaldes und sind schlecht zu erkennen. Es handelt sich um primitive, aber sehr gefährliche Lebewesen, deren Sinnesorgane, bis auf das Gehör, schlecht entwickelt sind. Wo Rasas auch nur das geringste Geräusch wahrnehmen, stürzen sie sich mit Riesensprüngen auf die Lärmquelle, und ihre mit messerscharfen Zähnen gespickten Rachen zerreißen alles, was sich dort in der Nähe befindet. Deshalb bitte ich Sie, von hier aus nur noch mit impulsbreiter Schwerkraftpistole vorzugehen. Das schrille Pfeifen entsteht übrigens unbeabsichtigt bei der Bewegung der Tiere. Der gigantische Fleischberg drückt beim Springen die Luft stoßweise aus den Lungen, wobei diese sonderbaren Töne hörbar werden."

Nach einigen weiteren hundert Metern, die mit größter Vorsicht zurückgelegt wurden, hatten sie eine Gruppe von hohen Stämmen erreicht, die irdischen Mammutbäumen äh-

nelten. Ein besonders starker Stamm war mit einer Leiter versehen. Gi deutete seinen Begleitern an, sie sollten nach oben steigen. In etwa fünfundzwanzig Meter Höhe befand sich eine solide umwandete Beobachtungsplattform, auf der sich die Wissenschaftler aufatmend niederließen.
Offensichtlich hatte der Lärm der sich dort oben ziemlich sicher fühlenden Expedition ein weiteres Reptil aufgescheucht. Es knackte und brach verdächtig unter ihnen. Die urtümliche Echse erhob sich ganz in ihrer Nähe. Ihr gefährlicher zähnegespickter Rachen war kaum dreißig Meter von ihnen entfernt. Jetzt konnte man das Tier ganz genau erkennen! Es zeigte eine große Ähnlichkeit mit dem vorgeschichtlichen irdischen Tyrannosaurier. Der riesige aufgerichtete Körper ruhte auf kräftigen Hinterbeinen, die in Krallen endeten, und auf einem noch stärkeren langen Schwanz.
Die Vordergliedmaßen wirkten an dem wuchtigen Leib wie verkümmert, waren aber ebenfalls mit Klauen bewehrt und besaßen einen abgespreizten drehbaren Stoßdaumen.
Die Bestie saß hochaufgerichtet. Der krokodilartige Kopf war nach vorn gereckt, und die hervorstehenden Reptilaugen drehten sich nach allen Seiten. Vor ihr lagen Fetzen von einem Tierkadaver. Anscheinend war die Echse bei der Mahlzeit gestört worden.
„Vorsicht!" stieß Gi hervor.
Sicher hatte das Reptil die Gruppe auf der Plattform gehört und kam nun langsam mit leicht geöffnetem Rachen witternd näher.
„Achten Sie auf die Wirkung der Schwerkraftpistole!" rief Lo den irdischen Gästen zu. Im gleichen Augenblick hatte Gi die Schutzwaffe auf den noch kaum fünfzehn Meter entfernten Kopf des Ungeheuers gerichtet und mehrere Impulse ausgelöst.
Wie von einer gigantischen Faust getroffen, brach der Fleischkoloß zusammen, ohne einen Laut von sich zu geben. Er war jedoch nur betäubt, denn der auf der Unterseite weiße Leib hob und senkte sich im Rhythmus der Atemzüge.
„Die Bewußtlosigkeit hält nur einige Minuten an! Die Dauer der Schockwirkung hängt von dem Verhältnis der Gehirnmasse zum Gesamtkörpergewicht ab, und diese Riesentiere haben im Vergleich zu ihrer Größe nur ein winziges Gehirn-

volumen“, erläuterte der Stationschef.
Es dauerte auch gar nicht lange, da zuckten die Gliedmaßen des Urtieres schon wieder. Es richtete sich schwerfällig auf, machte einige unsichere Sprünge und verschwand mit grellem Pfeifgeräusch in den Sanddünen am See.
„Sonderbare Tiere!“ sagte Professor Untaka, „ich fühle mich in die irdische Kreidezeit versetzt.“
Nachdem sie sich gemeinsam davon überzeugt hatten, daß sich in der näheren Umgebung keine Rasas mehr verbargen, verließen sie die luftige, aber sichere Beobachtungsplattform.
Zumindest die vier Kosmonauten waren gar nicht so sprichwörtlich froh, daß sie wieder festen Boden unter den Füßen hatten. Die Gruppe schlug jetzt einen anderen Pfad ein, der parallel zum Urwaldrand verlief. Gi machte darauf aufmerksam, daß sich etwa einen Kilometer weiter südlich das Sandufer weit in den Urwald hinein erstreckte und daß man dort neue Beobachtungsprojekte finden würde.
Als die kleine Expedition, Gi und Lo gingen weit voraus, ein Stück des Weges in der neuen Richtung zurückgelegt hatte, war in der Luft plötzlich ein metallisches Klirren zu vernehmen, das schnell lauter wurde. Ag rief Gi einige Worte zu und hielt gleichzeitig Professor Untaka und seine Begleiter zurück. Als alle dicht beieinander standen, ließ sie aus einem mitgeführten Behälter einen dicken weißen Nebel entweichen, der die Gruppe in kurzer Zeit völlig einhüllte.
Das klirrende Geräusch wurde immer lauter. Ag erklärte: „Über uns fliegt ein Schwarm der tückischen und räuberischen Geibellen, wie Tova Untaka diese schmalen, etwa einen Meter langen Fluginsekten mit den schnabelartigen Beißwerkzeugen bezeichnet hat. Das Geräusch entsteht durch die Bewegung der starken Hornflügel.“
Während Ag noch mit den Kosmonauten sprach, hatte Gi mit der Schwerkraftpistole eines der vorbeischwirrenden Tiere betäubt. Mit vernehmlichem Krachen stürzte es in der Nähe der Freunde ins Unterholz.
Gi sprang hinzu und schleppte die Beute mit einiger Anstrengung herbei. Als Petit das Tier aus nächster Nähe sah, rief er unwillkürlich: „Das ist doch eine Riesenlibelle!“ Es handelte sich in der Tat um eine überdimensionale Abart

dieser Insektengattung, die da vor ihnen lag. Der lange zylindrische Insektenrumpf mit den vielen Einkerbungen glänzte farbenprächtig. Die großen Netzaugen starrten ins Leere. Gefährlich jedoch sahen die einem Raubvogelschnabel ähnlichen Beißwerkzeuge aus. Wehe dem Lebewesen, das von einem Schwarm dieser Räuber angefallen wurde!
Sie lebten stets in größeren Schwärmen, die von Leittieren angeführt wurden. Beim Beutemachen und bei der Verteidigung gingen sie nach bestimmten taktischen Gesichtspunkten vor.
Gi, der das Tier beobachtete, bat die anderen, beiseite zu treten. „Sie wird gleich weiterfliegen!" sagte er.
Nach einigen Minuten regte sich das sonderbare Tier, bewegte zögernd die Flügel, die dann immer schneller rotierten, bis schließlich der klirrende, metallische Ton zu hören war. Auf einmal schoß es davon, Pjotr Olarin im Vorbeifliegen ein Stück aus dem Rand des metallüberzogenen Schutzhelmes heraushackend. Verstört blickte er dem Räuber nach.
Petit fragte Ag beiläufig, ob der Planet noch viele solcher gefährlichen Überraschungen biete.
„Wir haben unsere Expedition doch gerade erst begonnen", antwortete sie etwas von oben herab. Doch diesen Ton sofort bedauernd, ergänzte sie: „Keine Angst, für uns sind es keine Überraschungen mehr, und Sie wollen doch viel sehen und kennenlernen!"
Die Gruppe hatte unterdessen den weit in den Wald hineinreichenden Sandstreifen erreicht und beeilte sich, erneut eine Beobachtungsplattform zu erklimmen.
Die Tageszeit war günstig. In einem großen Umkreis waren, einzeln und in Gruppen, Raubsaurier zu sehen. Es kam den Forschern entgegen, daß sich die Tiere parallel zu ihnen bewegten. So konnten sie die Sprung- und Fortbewegungstechnik dieser Tiergiganten gut beobachten. Nach einem nicht minder strapazenreichen Rückmarsch erreichte die Gruppe wohlbehalten, bis auf den Schnabelhieb in Olarins Kopfbedeckung, gegen Abend wieder die Beobachtungsstation.
Die nächsten Tage verliefen ohne Zwischenfälle. Die Expeditionsziele wurden zunächst mit dem Gravigleiter aufgeklärt und von oben besichtigt.

Beim Überfliegen eines Geländestreifens, wo lichter violetter Baumbestand den Boden bedeckte, machte Gi seine Begleiter auf eine Naturerscheinung aufmerksam. Er betätigte einen Knopf, worauf ein tiefer, lauter Brummton zu hören war.

Die Freunde wollten ihren Augen nicht trauen: In einem beachtlichen Umkreis lagen plötzlich alle Bäume, wie umgesägt, flach am Boden.

Gi sagte: „Bitte haben Sie Geduld, morgen werden wir es Ihnen erklären!“

Am nächsten Tag wurde diese Gegend bei einem Fußmarsch genauer inspiziert. Nach einer Zwischenrast war in einiger Entfernung jener violette Wald zu erkennen. Nun erklärte Ag den Sternenfahrern die Besonderheiten dieser Gewächse. „Die Bäume dieses Waldes gehören zur Gattung der Rasaliten, welche auf dem Sirter sehr verbreitet sind und in den unterschiedlichsten Größen gedeihen. Es sind besondere Bäume, die auf jedes laute Geräusch hin sofort ihre Höhe vermindern, indem sie sich flach dem Boden anzupassen suchen. Der Stamm, oder bei kleineren Arten der Halm, besitzt unmittelbar über dem Wurzelstock eine elastische Stelle, die das Umknicken ermöglicht. Es handelt sich um eine uralte Pflanzengattung. Die Entwicklung dieser Gewächse hat in Jahrmillionen den Naturverhältnissen auf dem Sirter Rechnung getragen. Die Katastrophenzeiten, die mit dem Gebrüll der Stürme und dem Grollen der Gewitter eingeleitet wurden, hat die Pflanze dadurch überdauert.“

Die Forschergruppe untersuchte die Stämme sehr genau, es war jedoch nichts Besonderes zu erkennen. Gi ließ, wie tags zuvor im Gravigleiter, eine mitgeführte spezielle Geräuschquelle ertönen, und jetzt konnten die Freunde aus unmittelbarer Nähe beobachten, wie sich ringsum die Bäume langsam neigten und nach wenigen Minuten, wie von einem Orkan gebrochen, mit den Kronen den Erdboden berührten.

„Den Mechanismus dieses schnellen Reaktionsvermögens und den speziellen Aufbau dieser Sirter-Altpflanzen diskutieren wir zu Hause“, sagte Gi und drängte zum Aufbruch, als er merkte, daß sich bei den irdischen Gästen eine starke Müdigkeit bemerkbar machte.

Flug in die Unendlichkeit

Lo war zur zweiten Gruppe geeilt, um sich auch dort davon zu überzeugen, daß die vorgesehenen Exkursionen planmäßig durchgeführt wurden. Zusammen mit It hatte er Al Gorim, Professor Sorini, Doktor Tessin und Mahad Jarwheli nach Eze, einer Stadt im ersten nördlichen Land, begleitet, wo sich das moderne sirianische Raumfahrtzentrum befand. Nur Calcy war in Aba zurückgeblieben.
Nachdem sie die Stadt und ihre Besonderheiten, dazu gehörten auch die Reste eines Raumschiffes aus der Zeit der kosmischen Wanderung, besichtigt hatten, führte sie Fu, der Leiter des Raumfahrtzentrums, am nächsten Morgen in eine der vielen Astrovisionsanlagen, die in der Umgebung der Stadt errichtet worden waren.
Entgegen der inzwischen geläufigen zylindrischen Form der Rundhochhäuser, handelte es sich hierbei um langgestreckte Gebäude in Flachbauweise mit metallischen Überzügen auf den Dächern und an den Wänden. Die halbrund gewölbten Dächer waren an verschiedenen Stellen durch besondere Aufbauten, die an Observatorien erinnerten, unterbrochen.
Al Gorim, Professor Sorini, Doktor Tessin, Mahad Jarwheli, Lo und It hatten in einem Raum Platz genommen, der wie ein Hörsaal aussah. Dort stellte ihnen Fu zunächst vier Wissenschaftler vor, die mit ihnen zusammenarbeiten würden.
„Ich denke, es ist in Ihrem Sinne“, begann Fu seine Ausführungen, „wenn ich Ihnen zu Anfang einige allgemeine Informationen über die sirianische Raumfahrt und Kosmosforschung gebe.
Es wird Ihnen nicht entgangen sein, daß wir zwar verschiedene Typen von Schwerkraftgleitern und größere, ebenfalls durch Gravitonen angetriebene Kugelraumschiffe einsetzen, daß jedoch auf unserem Planeten die Raumfahrt in der Ihnen geläufigen Form, mit Hilfe von Großraketen für interstellare oder gar intergalaktische Reisen, nicht mehr üblich ist. Auch wir sind bis vor etwa dreitausend Jahren, in der

gleichen Weise wie Sie, mit Korpuskular- und Photonenraumschiffen tief in die Weiten des Alls vorgestoßen, doch diese Zeiten sind vorüber. Es waren phantastische Unternehmungen mit einem enormen materiellen Aufwand und großen Opfern an Lebenden. Wir sind zu vielen benachbarten Sonnensystemen gelangt. Sie werden noch Gelegenheit haben, das in vielen Jahrhunderten gesammelte Material zu sichten und auszuwerten.
Es gibt da einen Grund, warum wir seit so langer Zeit keine praktische interstellare Raumfahrt mehr betreiben, aber er hat mit unseren unmittelbaren Betrachtungen nichts zu tun."
Professor Sorini blickte seine Freunde bei diesem Satz von Fu fragend an. Was mochte das für ein Grund sein, der die Sirianer zwang, die praktische Raumfahrt aufzugeben? Aber noch war es zu früh, Fragen zu stellen.
Fu fuhr fort: „Diese Ära der Kosmoserforschung wurde damals im Zusammenhang mit den enormen wissenschaftlichen und technischen Anstrengungen bei der Suche nach einem neuen Wohnplaneten eingeleitet. In jener Zeit schon war es im Rahmen umfangreicher Experimente gelungen, völlig neue Verhaltensweisen der Materie in ihrer höchstorganisierten, nämlich erkennenden und denkenden Funktion nachzuweisen. Diese Ergebnisse resultierten aus der immer komplizierteren Programmierung von Elektronenhirnen, der Weiterentwicklung von Computern und der Konstruktion perfekter Roboter.
Es ging bei den Untersuchungen vorwiegend um jene Elementarteilchen der materiellen Welt, die nicht an der Übertragung oder Ausbreitung von Energievorgängen beteiligt sind. Übrigens nehmen wir an, daß auch Ihre Wissenschaft unmittelbar vor solchen oder ähnlichen Erkenntnissen steht!
Für unsere heutige Demonstration praktischer Möglichkeiten, die aus dieser Theorie erwachsen sind und die Ihnen zuerst unglaubhaft erscheinen mögen, müssen wir uns kurz mit einem dieser neuen Teilchen, dem Mnemoson, beschäftigen.
Mnemosonen sind frei werdende Denkkorpuskeln oder Informationsquanten hochorganisierter Materie, die als organi-

sche Lebensform bereits das Niveau von Bewußtseinsvorgängen erreicht hat. Wenn das Gehirn arbeitet, werden beispielsweise fortwährend Neuronenpartikel emittiert. Sie sind nachweisbar, meßbar und, was besonders wichtig ist, sie können beeinflußt, beschleunigt und gelenkt werden. Die Mnemosonen umgeben das erzeugende Gehirn wie beispielsweise eine Elektronenwolke die Katode nach dem Emissionsvorgang.

Die Besonderheit der Mnemosonen liegt jedoch darin, daß sie dem sie erzeugenden Gehirn eindeutig zugeordnet sind und daß sie nach beliebigen Bewegungsabläufen immer wieder dorthin zurückkehren. Jedoch können sie durch starke Spannungsfelder eines anderen Bewußtseins beeinflußt werden. Es ist Ihnen sicher nicht unbekannt, daß zwei nahe beieinander stehende Menschen, die scharf und konzentriert nachdenken, sich ungünstig beeinflussen, ja geradezu stören.

Bei entsprechender Beschleunigung können Mnemosonen mit einer physikalisch unvorstellbaren Geschwindigkeit zu den entferntesten Zielen gelangen, dort Informationen aufnehmen und ebensoschnell zum Ausgangspunkt zurückkehren.

Es ist auch der irdischen Wissenschaft schon lange bekannt, daß die Vakuum-Lichtgeschwindigkeit nur die Grenzgeschwindigkeit für energietragende Teilchen der materiellen Welt ist. Für Mnemosonen und weitere Ultrateilchen, die keine Energie übertragen, sondern energielose Funktion der Materie sind, ist die Maximalgeschwindigkeit oder Hypergeschwindigkeit von dreimal zehn hoch dreiundfünfzig Meter pro Sekunde möglich."

Fu legte eine kurze Pause ein und sprach ohne Frequenzumformer mit den im Hintergrund stehenden Mitarbeitern, die zustimmend nickten. Dann fuhr er fort: „Seit der Entdekkung der Mnemosonen vor etwa dreitausend Jahren sind vom Sirter aus keine interstellaren Raumschiffe mehr gestartet. Von dieser Zeit an können wir darauf verzichten, weil wir in der Lage sind, durch psychophysische Teleportation Gedankenreisen in die Tiefen des Weltalls durchzuführen.

Wenn wir nochmals davon ausgehen, daß Mnemosonen beschleunigt und gelenkt werden können, daß sie in der Lage

sind, Informationen aufzunehmen und schließlich zum Ort der materiell-ideellen Erzeugung zurückkehren, dann ist damit in ganz groben Zügen das Prinzip unseres kosmischen ‚Gedankenfluges' umrissen.
Das sind jedoch nur die theoretischen Gegebenheiten! Problematisch ist die subjektive Seite, weil der kosmische Gedankenflug als Versuch einer Widerspiegelung der objektiven Realität nur von hochintelligenten Lebewesen durchgeführt werden kann.
Die Eignung für diese Zwecke wird durch umfangreiche Untersuchungen ermittelt. Die Testpersonen, es handelt sich ausschließlich um Eidetiker – um Leute mit einem optischen Gedächtnis –, werden einem langjährigen Training unterworfen.
Bei einer ‚kosmischen Reise' muß sich das Medium zunächst im Zustand der Bewußtseinsneutralität befinden. Über einen mnemotechnischen Inhibitor wird das lange vorher bekannte Reiseziel nun unmittelbar auch dem Unterbewußtsein vorgegeben.
Das mag alles sehr einfach klingen, ist aber in der Verwirklichung ein umfangreiches, kompliziertes Zusammenwirken biophysischer, chemotechnischer und quantenphysiologischer Aktivitäten.
Schließlich ist die Versuchsperson dann für den Vorgang der Widerspiegelung vorbereitet, das Gehirn sendet Mnemosonen aus. Diese werden beschleunigt und in einem entsprechend kräftigen Feld einer zentrifugalen Fazilität auf das Ziel gerichtet. Die zentrifugale Fazilität ist die Gegengröße zu der Ihnen bekannten zentripedalen Gravitation.
Die große, metallabgeschirmte Anlage, in der wir uns hier befinden, dient vorwiegend zur Erzeugung der notwendigen Fazilitätskräfte. Damit möchte ich meine Erläuterungen zunächst abschließen. Wir legen eine kurze Pause ein und wenden uns dann mit Ihnen gemeinsam Beispielen für die praktische Anwendung der psychologischen Teleportation zu."
Anschließend sagten die irdischen Kosmonauten ihren Gastgebern, daß sie nun endlich verstehen könnten, warum die Sirianer so gut über die Verhältnisse auf der Erde informiert seien, warum sie die Lebensgewohnheiten, die Entwicklungsgeschichte und auch die Sprachen so gut beherrschten, als

wären sie jahrhundertelang unmittelbar zu Gast auf der Erde gewesen.
Und trotzdem, Al Gorim und seine drei Begleiter konnten sich die Praxis des psychophysischen Gedankenfluges noch nicht so recht vorstellen!
Nach einem kleinen Spaziergang im angrenzenden Park, wo stark duftende Blumen die violetten Rasenflächen schmückten, fühlten sie sich erstaunlich erfrischt, und so konnte Fu in seinen Erläuterungen fortfahren. Sie hatten sich dazu in eines der vielen Tele-Laboratorien begeben. Es begrüßte sie dort ein hochgewachsener Sirianer, dessen markantes Gesichtsprofil sofort auffiel. Fu stellte ihn als einen seit langen Jahren tätigen Teleporteur vor.
„Ein besonderes Problem, das ich vorher nicht erwähnte", sagte Fu weiter, „ist die Rückgewinnung der Mnemosoneninformation. Zu Anfang der televisuellen Arbeiten war dies nur so möglich, wenn die Testperson nach dem Experiment mit Hilfe des natürlichen Erinnerungsvermögens über das Wahrgenommene berichtete. Daher auch die Bedingung, daß für die Widerspiegelungsflüge nur Eidetiker geeignet sind!
Inzwischen ist es uns jedoch gelungen, mit Hilfe mnemophysischer Konverter während des Experimentes weitere Personen, parallel zum Teleporteur, anzukoppeln, die dann die gleichen unmittelbaren Beobachtungseindrücke erhalten. Eine direkte Projektion der Abbilder während des Fluges ist noch nicht möglich, auch können wir noch keine künstlichen Gehirne als Mnemosonenerzeuger einsetzen und deshalb nicht auf Teleporteure verzichten.
Ich vergaß zu erwähnen, daß solch ein Gedankenflug immer nur einige Minuten dauert. Für längere Beobachtungen am gleichen Ort wird mit Rücksicht auf das beschränkte Mnemosonenemissionsvermögen des Gehirns mit je einer Stunde Unterbrechung gearbeitet. Doch beginnen wir mit dem ersten Experiment! Ich glaube, es ist in Ihrer aller Sinn, wenn wir zunächst einmal Ihrem Heimatplaneten einen Besuch abstatten." Er wechselte einige Worte mit No, dem Teleporteur, der zustimmend nickte, und sagte dann: „Tova Gorim, wollen Sie als erster No bei seinem Flug begleiten? Ich frage deshalb, weil ich erst an Ihnen erproben möchte,

ob die irdische Hirnstruktur überhaupt für derartige Versuche geeignet ist."
No hatte auf einer besonderen Apparatur eine liegende Stellung eingenommen. Eine metallische Haube mit einer Vielzahl von Anschlüssen bedeckte seinen Kopf. Al Gorim wurde aufgefordert, in einem der bequemen Teleportationssessel Platz zu nehmen. Eine Quarzschleife, die mit No in Verbindung stand, umschloß wie ein Band seine Stirn.
„Al Gorim, schließen Sie bitte die Augen und warten Sie, bis der Mnemosonenadapter wirkt. Sie merken es daran, daß Sie in Ihrer Vorstellung bestimmte Bilder wahrnehmen. Versuchen Sie dann uns das, was sie sehen, fortlaufend mitzuteilen!"
Einer von Fus Mitarbeitern meldete: „Antenne gerichtet; die erforderliche Fernfazilität ist vorhanden!"
Al Gorim spürte plötzlich, wie sein Bewußtsein und sein Wille durch fremde geistige Potenzen beeinflußt wurden. Er empfand ähnlich wie bei einem Rausch oder bei starker Müdigkeit. Sekunden später hatte er den Eindruck, mit geschlossenen Augen Bilder eines Breitwandfilmes zu sehen. Er suchte gegen diese Beeinflussung anzukämpfen; ja, er sträubte sich mit aller Macht, willenloser Zuschauer zu sein.
Die drei irdischen Kosmonauten beobachteten mit gemischten Gefühlen, wie ihr Kommandant unter dem Einfluß ihnen zunächst noch unbekannter Kräfte psychophysischer Art in einen Trancezustand versetzt wurde. Die unter dem Helm mit der Adapterschleife gerade noch sichtbaren Augen waren starr ins Leere gerichtet, und sein Körper wurde hin und wieder von krampfartigen Bewegungen geschüttelt.
„Hoffentlich ist das Experiment nicht gefährlich! Bei allem Interesse für diese unglaubliche Teleportation ist schließlich Al Gorim ein zu kostbares Medium!" Professor Sorini wandte sich leise an den neben ihm stehenden Doktor Tessin.
Auch Doktor Tessin war beunruhigt. „Fu, sagen Sie uns ehrlich, besteht irgendeine Gefahr für unseren Kommandanten? Kann es bei Nichteignung zu Komplikationen führen?" fragte er jetzt den Sirianer, der mit gespanntem Gesichtsausdruck beobachtete, wie Al Gorims unbewußter Widerstand

nach und nach erlahmte.
Fu konnte ihn beruhigen. „Nein, Tova Tessin", erwiderte er, „Ihr Kommandant wird nicht mehr beansprucht als bei der diagnostischen Hypnose durch einen Psychiater. Sehen Sie, jetzt scheint die Anpassung zu wirken!"
Al Gorim hatte den Eindruck, als befände er sich in einem unvorstellbar schnellen Raumschiff, das auf die Erde zuraste. Wie in einem Trickfilm stürzte die vertraute, blauschimmernde Erdkugel auf ihn zu. „Bitte sprechen!" Er vernahm aus einer unendlichen Ferne Fus Stimme. Al Gorim berichtete monoton: „Ich kann die einzelnen Erdteile unterscheiden. Der Norden des afrikanischen Kontinents kommt immer näher. Am Horizont erkenne ich das Mittelmeer. Ich sehe das Stadtbild von Kairo, jetzt Schiffe im Wasser! Es entsteht der Eindruck, als würde ich einige hundert Meter über dem geschäftigen Treiben des Hafens schweben. Ich falle auf ein Schiff, nein, doch!
Ich befinde mich in einer Kapitänskajüte, Stimmen sind zu vernehmen, es wird arabisch gesprochen, ich höre es ganz deutlich. Der Kapitän heißt Chaoui, er gestikuliert, ich übersetze sinngemäß, er unterhält sich mit zwei Männern, anscheinend Wissenschaftler, die einen Spezialauftrag haben. Es geht um eine Forschungsfahrt. Das Schiff von Kapitän Chaoui ist ein schwimmendes Laboratorium.
In der Bucht von Bizerta sind Taucharbeiten abgeschlossen worden, bei denen in großer Tiefe die versandeten Eingänge von unterirdischen transkontinentalen Strömen freigelegt wurden.
In etwa dreihundert Meter Tiefe ist Nordafrika von riesigen Wasseradern durchzogen, die das Mittelmeer mit dem Atlantik und Pazifik verbinden. Kapitän Chaoui hat den Auftrag, einige kleine U-Boote ins Schlepp zu nehmen, die versuchen sollen, in die Kanäle einzudringen. Chaoui will das zunächst nicht glauben, Karten werden ausgebreitet." Fu hatte unterdessen an einer Kugel, die wie ein Globus aussah, gedreht.
Al Gorim berichtete weiter: „Ich eile über das östliche Mittelmeer, Zypern, viele kleine Inseln, den Bosporus. Jetzt befinde ich mich über dem Schwarzen Meer, am Horizont die Krim. Weiße Schaumkronen, Badende, Erholungsheime. Ich werde weggerissen, die Erde ist wieder eine blauschim-

mernde Kugel mit Wolkenfetzen, ich unterscheide Land und Wasser. Die Erde wird kleiner und kleiner, sie verschwindet."

Als Al Gorim schwieg, verharrten die irdischen Besucher einige Minuten unbeweglich, es war unglaublich und phantastisch zugleich!

Nachdem Fu dem Kommandanten die mnemophysische Ankopplungsschleife abgenommen hatte, blickte dieser noch ganz benommen in die Runde. Dann war der Bann gebrochen.

Al Gorim gestand: „Das waren die abenteuerlichsten Augenblicke meines bisherigen, bestimmt nicht alltäglichen Lebens!"

Sofort wurde er mit Fragen bestürmt. Fu sah an den Gesichtern der drei anderen Kosmonauten, daß auch sie darauf brannten, einen Blick auf die ihnen so vertraute Erde zu werfen, die sie vor zwölf Jahren zum letztenmal gesehen hatten.

Nachdem sich No, der Teleporteur, etwas erholt hatte, wurde er von Fu informiert, daß noch eine zweite psychophysische Reise zur Erde nötig sei. No lächelte verständnisvoll.

Professor Sorini war schon einigemal nervös aufgestanden, es schien ihn etwas zu bewegen. Endlich wandte er sich an Fu: „Ich weiß nicht, ob es überhaupt möglich ist: Mein Wunsch wäre, einen Blick auf meine Arbeitsstätte in den Alpen zu werfen. Vielleicht findet No das Observatorium, wenn ich ihm auf dem Richtglobus den ungefähren Standort zeige?"

Fu nickte, und gemeinsam mit No wurde die Möglichkeit der televisuellen Auffindung des gewünschten Objektes besprochen. No versprach, der Bitte des irdischen Astrophysikers zu entsprechen.

Diesmal wurden alle drei Begleiter gleichzeitig mit der Testperson verbunden, denn der Versuch mit dem Kommandanten hatte gezeigt, daß die menschliche Neuronenstruktur sehr positiv auf die Mnemosonenbeeinflussung reagierte.

Nachdem die Fazilität zugeschaltet war, Professor Sorini, Doktor Tessin und Jarwheli in den Sesseln mit den Anpassungsschleifen Platz genommen hatten, bat sie Fu, die Augen zu schließen. Bald erkannte man an ihrem Gesichtsaus-

druck, daß das gewünschte Ziel erreicht war.
Die Sirianer freuten sich mit ihren Gästen über die wirklich gelungene technisch-psychologische Überraschung, obwohl die Abbild-Teleportation für sie eine alltägliche, wenn auch sehr strenge Disziplin wissenschaftlicher Arbeit war.
Nach wenigen Minuten wurde auch diese zweite Reise auf ein Zeichen von Fu hin beendet. Im Anschluß an das Experiment stellten die Kosmonauten fest, daß die sirianische Technik auf diesem Gebiet selbst den kühnen Voraussagen irdischer Zukunftsforscher um Jahrhunderte vorauseilte.
Doch nun kamen die Fragen! Wie erfolgte beispielsweise die genaue Ansteuerung des vorgesehenen Zieles?
Fu gab darüber Auskunft: „Bis zu einer Entfernung von etwa zwanzig Parsec sind unsere optischen Einrichtungen in Verbindung mit Photonenverstärkern noch in der Lage, das Zielobjekt – relativ unabhängig von seiner Größe – annähernd genau anzuvisieren. Die Richtantennen, die in der Einstellung nur um wenige Millionstel Bogensekunden abweichen dürfen, sind Meisterwerke der Präzision! Für wesentlich weiter entfernte Objekte und auch für fremde Galaxen, die nur punktförmig oder nur radioastronomisch wahrgenommen werden können, gilt das gesamte System als anzuvisierendes Ziel. Das genaue Auffinden hängt dann von den Fähigkeiten des Teleporteurs ab.“
Eine weitere Frage betraf die gegebenen Möglichkeiten, die es gestatteten, am Teleportationsort ganz bestimmte, vorher festgelegte Beobachungsziele aufzufinden. „Diese Frage“, antwortete Fu, „berührt das Kernproblem der psychophysischen Teleportation! Ich hatte Ihnen bei meinem Einführungsvortrag bereits gesagt, daß wir für diese Zwecke auf bestimmte Typen von Testpersonen angewiesen sind und daß sie jahrelang auf ihre Aufgaben vorbereitet werden müssen. Ziel dieser komplizierten Ausbildung ist es, daß die Testperson auf Grund von Widerspiegelungsreflexen in jeder Entfernung bewußt handeln und sich orientieren kann. Der Televisiteur bewegt sich also auf ihm unbekannten Sternen und Planeten ausschließlich mit Hilfe seines individuellen psychophysischen Vermögens. Außerdem ist noch eine längere Gewöhnungszeit erforderlich, um das Gefühl des psychischen Unbeteiligtseins und der notwendigen absoluten phy-

sischen Unempfindlichkeit zu beherrschen."
Das Gespräch wurde noch fortgesetzt; doch sah sich Fu nach einiger Zeit veranlaßt, die erste teleportative Demonstration zu beenden, und vertröstete die wißbegierigen Sternenfahrer auf noch folgende, ebenso interessante Experimente.

Als nächste Telereise war ein Besuch des Andromeda-Nebels vorgesehen, der der Milchstraße in dem unvorstellbaren Abstand von über fünfhunderttausend Parsec nächsten Galaxis.
Die über ein riesiges Areal weit verstreuten sirianischen Astrovisionsanlagen waren nach einem ausgeklügelten System spezialisiert. Jede hatte ganz bestimmte Aufgaben zu erfüllen und beobachtete einen besonderen Abschnitt oder ein ausgesuchtes Objekt des Universums.
Ein Gleiter brachte Fu und dessen Mitarbeiter sowie Al Gorim und seine drei Begleiter zur Astrovisionsanlage für die Erforschung des Andromeda-Nebels.
„Sie sehen schon rein äußerlich", erklärte Fu beim Betreten des ausgedehnten Gebäudekomplexes, „daß diese Anlage um ein vielfaches größer ist als diejenige, von der aus das System des gelben Sternes und seiner Planeten, also auch Ihre Erde, beobachtet wird. Wesentlichster Grund für die unterschiedlichen Dimensionen sind die Fazilitätsgeneratoren. Die Entfernung des Beobachtungsobjektes bestimmt, welche Fazilitätskräfte zur Beschleunigung der Mnemosonen notwendig sind. Die noch im Bau befindliche Anlage dort drüben wird die bisher größte unseres Institutes sein! Sie ist für die Beobachtung von Radionebeln vorgesehen, die weiter als zwanzig Milliarden Lichtjahre von uns entfernt sind."
Der Teleporteur, den die irdischen Gäste bei seinem Flug zum Andromeda-Nebel begleiten sollten, hieß La. Was mochte dieser Sirianer schon alles gesehen haben?
„Es hat wenig Zweck", sagte Fu, „Ihnen vorher irgendwelche Details zu erläutern oder Verhaltenshinweise zu geben! Was sollte ich Ihnen z. B. sagen, wenn ich Ihnen Einzelheiten eines Fluges quer durch unsere Milchstraße schildern wollte? Doch soviel steht als Ergebnis vieler tausend Astrovisionen fest: Der Andromeda-Nebel in seiner Gesamtheit ist eine der unseren sehr ähnliche Galaxis, aber vermutlich eine Anti-

welt. Letzteres kann ich Ihnen vielleicht noch näher erläutern."

La hatte sich inzwischen vorbereitet und war „flugfertig". Al Gorim, Sorini, Tessin und Jarwheli hatten in den bereitgestellten bequemen Astrovisionssesseln Platz genommen und die Adapterquarzschleifen für die mnemosonische Ankopplung um die Stirn gelegt. Das phantastische Abenteuer konnte beginnen!

Kurz vor dem Experiment überkam die vier ein sonderbares Gefühl. War es Furcht? War es die Angst vor dem Unbegreiflichen? Doch physische Angst konnte es nicht sein! Da gab es in der Kosmonautik, der sie sich verschrieben hatten, realere, unmittelbarere Gefahren! Nein, es war vielleicht ein unterbewußter, winziger Überrest primitiven kreatürlichen Empfindens, das den Menschen davor zurückschrecken ließ, Zeit und Raum zu verlassen, Strecken und Entfernungen zu überspringen, die außerhalb seines Vorstellungsvermögens lagen.

Leise Befehle ertönten. Der Raum vibrierte leicht, als die gewaltigen Fazilitätskräfte zugeschaltet wurden. Dann hatte ihr Bewußtsein die Umwelt verlassen und stand nur noch unter dem Einfluß des verstärkten Widerspiegelungsvermögens eines fremden Gehirns. Für den Bruchteil von Sekunden hatten sie die Vorstellung, mit der PHO 2 durch den Kosmos zu rasen, dann gab es nur noch einen einzigen hellen Punkt. Das Universum mit den unzähligen Sternen war zu einem winzigen Punkt zusammengeschrumpft. Und schon wuchs ihnen ein grelleuchtender Feuerball aus der endlosen Leere entgegen, der riesige Protuberanzen aus einem schmerzendhellen Plasma hervorschoß.

Kaum jemand kann sich vorstellen, über brodelnde Lava zu schreiten. Vielleicht wenige. Aber durch das Zentrum einer Kernexplosion als unbeteiligter Zuschauer zu rasen, das übersteigt das menschliche Vorstellungsvermögen.

Der feurige Gasball wird kleiner. Die kosmische unendliche Leere davor und dahinter erscheint als vertrautes Bild mit näher kommenden, mehr oder weniger hellen, unregelmäßig verteilten Lichtpunkten. Jetzt wieder ein Himmelskörper, ganz nahe! Grellweiße, tödlich strahlende Gashülle! Wie Leuchtspurgeschosse rasen die roten und gelben Sonnen, die

weißen Zwerge und die Kohlenstoff-Dunkelriesen vorbei. Da, eine mattleuchtende Gashülle, Nebelfetzen, vielleicht eine Atmosphäre, Farben, ein Planet!
Sie fallen auf ihn zu; Kontinente, Wasser? Nein, kein Wasser; ein glänzender Flüssigkeitsspiegel, vielleicht erstarrtes Quecksilber. Keine Vegetation. Eine trostlose Einöde. Keine Erhebungen, noch nicht einmal eine Mondlandschaft.
Toter, kalter Planet! Auch er entschwindet in der Unendlichkeit des Alls. Da, eine Kugel! Hell beleuchtet von einem fernen flammendroten Zentralgestirn. Der Planet jagt ihnen entgegen, wird immer größer. Diesmal Wolken, Kontinente und Wasserflächen mit Schaumkronen, gelbgrüner Boden, bizarre Berge und Felsen. Auf einer Insel stehen große gläserne Prismen nahe beieinander. Sind es Bauwerke?
Wo sind die Bewohner? – Ein Spalt öffnet sich auf einer der riesigen, glatten Pyramidenflächen. Ein fluoreszierender Nebelfetzen quillt hervor, ballt sich zur Kugel, verharrt, wird länglich, sinkt langsam zu Boden; ein zweiter folgt! Unmittelbar über dem Boden, am Fuß der Pyramide, sind viele solcher transparenten Gasbälle versammelt. Sie wogen lebhaft hin und her. Ein größerer, dunkler Gasball nähert sich der Anhäufung, die anderen weichen auseinander, als ob sie ihm Platz machen würden, und schließen sich hinter ihm wieder zusammen. Ist es denkende, hochorganisierte Materie?
Der Planet wird kleiner, das Universum schrumpft punktförmig zusammen. Die Zeit enteilt. Die Reise ist zu Ende! Schade, warum dauert der Besuch immer nur Minuten? Vorsichtig öffnen die vier Entrückten die Augen. Ja, sie sitzen noch in den Sesseln! Einer faßt nach dem anderen. Sie sind noch da!
„Nun, was haben Sie gesehen?“ brach Fu das minutenlange Schweigen. Noch immer hatten Al Gorim, Professor Sorini, Doktor Tessin und Jarwheli nicht in die Wirklichkeit zurückgefunden! Die Eindrücke hatten sie überwältigt.
Al Gorim konnte Fu zunächst nur wortlos die Hand drükken. Dann, ganz langsam und zaghaft, kamen die Fragen. Es ging, wie zu erwarten war, vorwiegend um den zuletzt besuchten Planeten. War der Quantenflug zum Sirius, der zwölf Jahre gedauert hatte, für menschliche Begriffe schon ein Besuch in einer anderen Welt, was war er gegen diese

Mnemosonenreise in eine unendliche weit entfernte vermeintliche Antiwelt!

„Wir haben schon an anderen Stellen des Andromeda-Nebels ähnliche Lebensformen vorgefunden. Mehrere Auswertungsinstitute versuchen dem Problem auf die Spur zu kommen. Es muß sich um in einer uns unbekannten Richtung weiterentwickelte Materie handeln. Die Lebensform besitzt einen hohen Intellekt; in einigen Fällen wurden Informationsmnemosonen in der Nähe dieser gasförmigen Lebewesen völlig neutralisiert, zum Teil sogar absorbiert. Diese Wesen müssen folglich Anti-Mnemosonen ausstrahlen!"

Nach relativ kurzer Zeit machte sich die gewaltige geistige Beanspruchung bei der Teleportation bemerkbar. Fu beendete die Exkursion. „Es tut mir zwar leid, aber ich muß für Sie eine längere Pause einlegen. Es war schon fast zuviel, was ich Ihnen in diesen Tagen zugemutet habe. Sie werden sicher einige Zeit über Kopfschmerzen klagen!" sagte er bei der Heimfahrt.

Die vier Kosmonauten standen noch immer unter dem Eindruck des unfaßbaren Geschehens. Diese psychophysischen Teleportationen waren für das irdische Erkenntnisvermögen einfach unbegreiflich. Und doch, die gegebenen Erläuterungen leuchteten ein. Die Annahme vieler Kybernetiker und Mediziner, daß im menschlichen Gehirn noch eine Fülle ungenutzer Funktionsmöglichkeiten schlummerten, schien sich hier in einer kühnen Variante zu bestätigen.

„Noch stehen wir ganz am Anfang unserer Expedition in diese fremde Welt des Sirters", gab Doktor Tessin seinen Gedanken laut Ausdruck, „welche Überraschungen werden wir in den nächsten Wochen erleben?"

„Ob wir nicht doch über unsere Freunde in der PHO 2 einen Zwischenbericht an die Erde geben sollten?" warf Al Gorim ein; dann übermannte sie der Schlaf.

Beim Vater der Weisheit

Doktor Tessin führte die plötzlichen Kreislaufstörungen von MacCalcy auf den langen Anabiosezustand zurück. Der Patient mußte alle seine Überredungskünste aufwenden, um Al Gorim und die drei anderen Freunde der Gruppe endlich davon zu überzeugen, daß es gar nicht im Sinne ihres Auftrages sei, die Exkursion noch länger aufzuschieben und tatenlos in Aba auf ihn zu warten. Die sirianischen Mediziner taten alles für die Genesung des stämmigen rothaarigen Iren. Ein Diagnosecomputer untersuchte den Erkrankten mehrmals, legte bestimmte Behandlungen fest, schrieb Rezepte aus und nannte sogar den genauen Genesungstermin.
Man beging eigentlich einen Fehler, wenn man MacCalcy als Iren bezeichnete. Seine Vorfahren waren bereits gegen Ende des neunzehnten Jahrhunderts nach Australien ausgewandert. In der neuen Heimat hatten die Calcys stets darauf geachtet, daß die Sitten und Gebräuche von der fernen grünen Insel nicht in Vergessenheit gerieten. MacCalcy war von großer vierschrötiger Gestalt, sein rotblondes Haar und das sommersprossige Gesicht paßten dazu! So hieß er schon immer unter Freunden und nun auch bei der PHO 2-Besatzung einfach der Ire. In dieser Hinsicht war er auch gar nicht empfindlich. Nur wurde er stets ungehalten, wenn man seine in der Grundhaltung meist skeptische Einstellung zu vielen Dingen und Problemen mit seiner irischen Abstammung in Verbindung brachte.
Das kam jedoch nur selten vor, weil alle den lebensfrohen und etwas schwerfälligen Menschen, der ein äußerst zuverlässiger und gründlicher Wissenschaftler war, gut leiden konnten. Sein Fachgebiet war, allgemein gesehen, die Anthropologie. In den Jahren unmittelbar nach seinem Studium in Melbourne hatte er sich ausschließlich mit Theorien über extraterrestrisches humanoides Eiweißleben beschäftigt, mit einem zunächst zwar rein hypothetischen Gebiet der Wissenschaft, für das er sich jedoch brennend interessierte. So hatte er sich beispielsweise während des langen

kosmischen Fluges mit den Arbeiten des japanischen Professors Kuati über Quantenbiologie und den Ladebergschen sogenannten universellen Lebensformeln auseinandergesetzt. Nur zu gern waren die dienstfreien Kosmonauten stille Zuhörer gewesen, wenn er sich scherzhaft-kritisch mit solchen Problemen in Form von Selbstdialogen herumplagte. Im Grunde interessierte sich jeder für die Frage, ob es irgendwo im Universum noch anderes höher entwickeltes Leben geben würde. Das Zusammentreffen mit der Sirterzivilisation war MacCalcys großes und sicher auch einmaliges Erlebnis.
Als Al Gorim vor mehr als zwölf Jahren Verbindung mit ihm aufnahm und ihn bat, an der „Vierteljahrhundertreise“ zum Sonnensystem des Sirius teilzunehmen, hatte MacCalcy als junger Wissenschaftler, er war damals siebenundzwanzig Jahre alt, begeistert ja gesagt.
Er hatte es nicht bereut! Gehörte er doch nun zu den wenigen Kosmonauten, denen es zum erstenmal in der Geschichte der Raumfahrt geglückt war, einen Planeten mit menschlichem Leben zu finden.
Nun wartete er darauf, endlich wieder gesund zu werden, denn auch er hatte sich viel vorgenommen. Am liebsten hätte er die Diagnosecomputer neu programmiert, um den Genesungstermin vorzuverlegen. Es berührte ihn angenehm, daß sich neben den Freunden auch Los Mitarbeiterin Us, die seit der Landung zur ständigen Begleitung der irdischen Kosmonauten gehörte, um ihn bemühte.
Über seine Behandlung konnte er nicht klagen; alle Sirianer waren freundlich und zuvorkommend, wenn seine Gefährten auf Expeditionsreisen waren. Und doch fühlte er sich einsam. Erst wenn Us in seiner Nähe war, wurde er ruhiger und das Gefühl des Alleinseins wich von ihm. Wie froh hatte es ihn gestimmt, als sie einfach, aber bestimmt sagte, daß sie bis zu seiner endgültigen Genesung im Hospital wohnen werde.
Er kam zu der Feststellung, daß man bei längerer Betrachtung die Sirianer durchaus voneinander unterscheiden konnte. Dies war ihm besonders aufgefallen, als vor einigen Tagen It zu Besuch kam und die beiden Sirianerinnen nebeneinander vor seinem Bett saßen.
It war größer als Us, ihr Gesichtsausdruck härter. Us gefiel

ihm besser. Ihn störten nur diese Frequenzmodulatoren, wenn er sich mit ihr unterhalten wollte!
MacCalcys Genesung machte in den folgenden Tagen beachtliche Fortschritte. Us begleitete ihn bei den ersten zaghaften Gehversuchen und den anschließenden Spaziergängen. Die beiden sprachen viel miteinander, und das sirianische Mädchen konnte nicht genug über die Erde, die Menschen und ihre Lebensweise erfahren. Manchmal sann sie über eine MacCalcy völlig belanglos erscheinende Bemerkung lange nach und sagte dann meist: „Es muß sehr schön auf eurer Erde sein, so ganz anders als hier bei uns."
Heute hatten sie wieder einen langen Spaziergang, fast einmal rund um den ganzen Park, unternommen und saßen jetzt auf einer bequemen Bank inmitten eines dickblättrigen blaßvioletten Gehölzes. Us schien ihm wortkarg und nachdenklich. Er mußte sie aufheitern!
„Sehen Sie, Us", begann er das Gespräch, „Sie finden unsere Erde schön, weil ich Ihnen nur von schönen und erfreulichen Dingen erzähle. Ich könnte dasselbe auch vom Sirter behaupten. Zugegeben, an die Verhältnisse beim nahen Ra-Vorbeigang, die ich nur aus Berichten kenne, könnte ich mich schlecht gewöhnen. Aber ansonsten gibt es doch für Ihr Volk keine Probleme. Sie haben wie wir eine ideale Gesellschaftsordnung, und Ihre Technik ist viel weiter als die unsere. Sie betätigen sich auf wissenschaftlichen Gebieten, die wir noch gar nicht kennen. Sie müssen sich darüber Gedanken machen, wie Sie Ihre Bevölkerung bei absolutem Wohlstand beschäftigen, körperliche Arbeit als Dienstleistung ist Ihnen ungeläufig. Ich muß sagen, die Sirianer haben es gut, und es ist schön, hier zu leben!" Us hatte MacCalcys Worten mit wachsendem Interesse zugehört und blickte mehrmals nach rechts und links, als ob sie jemanden suche oder bemerkt habe. Dann wandte sie sich dem Kosmonauten zu: „Tova MacCalcy, wir kennen uns nun schon eine ganze Zeit, und sicherlich haben die anderen Vertreter unserer beiden Welten noch nicht so oft und so viel miteinander gesprochen wie wir. Ich spüre, daß Sie ehrlich und aufrichtig sind und nichts verbergen, daher muß ich Ihnen sagen, daß es auch in der Welt des Sirters Probleme gibt. Es war eigentlich festgelegt, darüber nicht mit den irdischen Besuchern zu sprechen.

Lo hat uns darauf besonders hingewiesen. Vielleicht wäre es auch besser, ich würde schweigen und dieses Verbot beachten."

Jetzt war es MacCalcy, der aufhorchte. „Bitte, Us, sprechen Sie! Ich werde schweigen, auch gegenüber meinen Freunden!"

Konnte er das wirklich? Hatte er da in der ersten verständlichen Regung nicht zuviel versprochen? Kamen jetzt vielleicht Enthüllungen, die mit der überdimensionalen und für die irdischen Kosmonauten noch immer unerklärlichen Energieschutzhülle dieses Planeten zusammenhingen? Oder ging es um jene Andeutungen, die von den sirianischen Wissenschaftlern bei den Einführungsvorträgen gemacht worden waren? Womöglich handelte es sich gar um völlig neue und den irdischen Gästen unbekannte Probleme?

Wie dem auch sei! Die Offenheit des fremden Mädchens rührte den feinfühligen MacCalcy. Es war anzunehmen, daß sich ein solches mit beiderseitiger Zuneigung gepaartes Vertrauensverhältnis zwischen Angehörigen der beiden Welten in den wenigen verbleibenden Monaten des Aufenthaltes nicht noch einmal ergeben würde. Als er Us das Gesicht wieder zuwandte, stand für ihn fest, daß er, ganz gleich, was ihm die Sirianerin auch mitteilen sollte, sein gegebenes Versprechen halten würde, es sei denn, der Kosmonauten-Delegation drohe eine unmittelbare Gefahr. Er spürte, daß die Augen von Us forschend auf ihm ruhten und sie sich noch immer nicht schlüssig war, ob sie mit dem Sendboten einer fremden Zivilisation über ein wesentliches Problem ihrer Sirterwelt sprechen dürfe. Doch dann faßte sie sich ein Herz.

„Noch immer weiß ich nicht, was mich bewegt, mein Wort zu brechen", begann sie zu sprechen. „Aber bestimmt fühle ich mich erleichtert, wenn ich mit Ihnen darüber geredet habe. Ich kann Ihnen zwar keine genauen Auskünfte geben, ich kann das Geschehene nur andeuten. Die Archivliteratur ist nur wenigen zugänglich. Schon auf dem Canip, besonders in der Vorbereitungsphase zur großen kosmischen Wanderung, aber auch noch nach der Landung hier auf dem Sirter, gab es unzählige universell einzusetzende Roboter mit synthetischen Primitivhirnen, wahre kybernetische Wunder-

werke, die Thropis. Sie haben für unsere Vorfahren alle schweren und unangenehmen Arbeiten verrichtet. Sie wurden immer vollkommener programmiert. Überlieferungen zufolge, es handelt sich also nicht um exakte Berichte, sind die Thropis immer selbständiger geworden, während unsere Bevölkerung im gleichen Maße stärker zu Bequemlichkeit und Tatenlosigkeit neigte.
Durch Disproportionen in der Automation kam es zu einem bedenklichen Thropisunwesen, und bei einem zweiten Experiment zur Veränderung der Ra-Umlaufbahn sind Zehntausende dieser Roboter unter dem Befehl weniger uneinsichtiger Wissenschaftler mit der alten Raumschifftransportflotte zum ehemaligen Heimatplaneten Canip geflohen, wo sie heute noch existieren sollen. Bei dieser Flucht wurden auch viele hundert Besatzungsmitglieder der Raumflotte entführt. Es gibt keine Verbindungen mehr zum Canip. Seit dieser Zeit sind in unserem Land die Entwicklung und der Bau von Thropis untersagt, und es werden auch keine interstellaren Raumschiffe mehr gebaut."
Als Us geendet hatte, glaubte MacCalcy Zuhörer eines modernen technischen Märchens gewesen zu sein. Was konnte er tun? War Us zu Unrecht besorgt? Sollte er sie trösten, wie er es vielleicht bei einem ängstlichen Mädchen auf der Erde getan hätte? Oder steckte hinter der Geschichte doch die Tragödie einer durch kybernetische Disproportionen gefährdeten Zivilisation? Bedenklich, daß gerade Lo um Schweigen gebeten hatte!
Auf alle Fälle würde er nicht über das eben Gehörte sprechen. Das verboten das Vertrauen, das ihm die Sirianerin geschenkt hatte, und die Gastfreundschaft auf einem fremden Planeten.
Us erinnerte ihn noch einmal an sein Versprechen, gegen jedermann Stillschweigen zu bewahren, dann schritten sie hinüber zum Hospital.
An einem der nächsten Tage wurde MacCalcy, der sich bei der vorbildlichen Behandlungsweise, zu der auch die ausgedehnten Spaziergänge gehörten, gut erholt hatte und wieder kräftig fühlte, von einer Gruppe sirianischer Mediziner gründlich untersucht. Das Ergebnis war erfreulich. Die Ursache für die Kreislaufstörungen, die durch die lange Funk-

tionsreduzierung während der Anabiose eingetretene Herzmuskelerschlaffung, war beseitigt. Bemerkenswert blieb die Tatsache, daß MacCalcy genau an dem Tag aus dem Hospital entlassen wurde, den der Diagnosecomputer bei Behandlungsbeginn vorausberechnet hatte. Trotz der Freude über seine Gesundung und darüber, daß er nun auch an den interessanten Exkursionen teilnehmen konnte und wieder mit den Freunden vereint sein würde, mußte er immer wieder an das inhaltsschwere Gespräch mit Us denken.
Wenige Tage nach seiner Entlassung aus dem Hospital bestieg MacCalcy gemeinsam mit Us den schon lange bereitstehenden Ferngravikopter, einen kugelförmigen Flugkörper mit dem typischen die Kugelkabine horizontal umgebenden Ring, in dem die Gravitonentriebwerke untergebracht waren. Das Fahrzeug sollte sie nach Ulo ins zweite südliche Land bringen. Dort wurden sie von Zi, dem Vater der Weisheit, wie er traditionell genannt wurde – praktisch war er Rektor einer sirianischen Denkerakademie –, schon seit Tagen erwartet.
Da MacCalcys Genesung zeitlich mit der Beendigung der Teleportationsversuche der zweiten Kosmonautengruppe zusammenfiel, flog der Kugelraumer zunächst nach Eze, um Al Gorim und seine Freunde an Bord zu nehmen. Der Abend nach der Zwischenlandung endete mit einer zünftigen Wiedersehensfeier!
„Unsere heutige Flugreise“, sagte Us den Sternenfahrern am anderen Morgen zur Begrüßung, „wird Ihnen wieder andere, zum Teil völlig neue Eindrücke von unserem Planeten vermitteln. Wir überfliegen zunächst den Äquatorialozean und folgen dann einem nach Süden zum Pol verlaufenden Meridiankanal. In etwa drei Stunden werden wir unser Ziel, die Hochschulen von Ulo, erreicht haben.“ Al Gorim, Professor Sorini, Doktor Tessin, MacCalcy und Mahad Jarwheli hatten inzwischen in den bequemen Hängesesseln Platz genommen. Die transparente Kugelkabine des Gravikopters gewährte eine ideale Sicht nach allen Seiten. Auf ein Zeichen von Us startete der Pilot das Flugzeug. Es löste sich geräuschlos vom Boden und erhob sich in einem steilen Winkel mit wachsender Geschwindigkeit zum violetten Himmel. Nachdem eine Flughöhe von etwa fünftausend Meter er-

reicht war, schoß die Kugel im Geradeausflug dahin.
„Wie hoch können sich diese Flugapparate über die Planetenoberfläche erheben?“ fragte Doktor Tessin.
Us, die unmittelbar neben ihm saß, erwiderte: „Bis an die Grenze der Schwerkraftwirkung unseres Planeten. Da die beiden Nachbarplaneten fast gleich weit entfernt sind und der Sirter keine natürlichen Trabanten besitzt, etwa einhundertsechzigtausend Kilometer.“
Unterdessen hatten sie einen der großen von Pol zu Pol führenden Kopterflugkorridore erreicht. Us machte die Freunde auf die Besonderheiten der Sirteroberfläche, die sie überflogen, aufmerksam. Sie nannte die Städte und deren spezielle Bedeutung für die Sirterzivilisation. Häufig wies sie auf große Industriekomplexe hin. Bald hatten sie die Peripherie von Ulo erreicht. Sie mußten jedoch die weiträumig angelegte Großsiedlung überfliegen, weil die Denkerakademie, eine Satellitenstadt, weiter im Süden lag.
Auf dem Gravikopterlandeplatz herrschte reger Verkehr. Trotzdem wurde dem Fahrzeug, das die Besucher aus einem fernen Sonnensystem brachte, große Aufmerksamkeit geschenkt.
Zi und einige andere Wissenschaftler begrüßten Al Gorim und dessen Freunde.
Nachdem sich die Gäste einige Tage eingelebt und akklimatisiert hatten, letzteres war notwendig, weil sie sich weit im Süden des Planeten befanden, drängte Zi, nun endlich den wissenschaftlichen Gedankenaustausch zu eröffnen.
Im zentralen Demonstrationskabinett für Ultronik des Instituts begann Zi seine Ausführungen: „Einige Ihrer Freunde sind beim Studium unserer Kosmoserforschung auf der Basis der psychophysischen Teleportation bereits mit dem Ihnen noch unbekannten Wissensgebiet der Ultronen in Berührung gekommen. Mit Ultronen, um dies kurz vorauszuschicken, bezeichnen wir eine Vielzahl von verschiedenartigen Elementarteilchen, die sich jenseits der Lichtgeschwindigkeit bewegen und keine Energieform sind. Wir sehen in einer gezielten Anwendung dieser besonderen Teilchen echte Möglichkeiten, das humanoide Erkenntnisvermögen – der normalen Evolution vorauseilend – ganz beachtlich zu steigern.

Noch stehen wir am Anfang dieser völlig neuen Wissenschaft, die die Zusammenhänge zwischen Materie und Bewußtsein näher untersucht und Methoden für eine Intensivierung der Gehirntätigkeit erforschen soll.
Wir wissen, daß auch Ihre irdischen Neurokybernetiker sehr genau die Grenzen für anorganisches Denken, sofern man es überhaupt als solches bezeichnen kann, erkannt haben. Wir sind auf diesem Gebiet verhältnismäßig weit vorgestoßen, aber es ist nur möglich, mit künstlichen Neuronenassoziationen bestimmte, ich möchte sagen primitive Denkprozesse zu realisieren, die sich ausschließlich auf determinierte oder logische Schlüsse beschränken. Schöpferisches Denken, das Aktivitäten auslöst und die hochorganisierte Materie ständig veranlaßt, auf die objektive reale Umgebung einzuwirken, kann nur von vernunftbegabtem organischem Leben ausgehen.
Wir sind verwundert und eigentlich auch enttäuscht, daß in dem Teil des Universums, den wir mit Hilfe der psychophysischen Teleportation bis zu Tiefen von Hunderttausenden von Lichtjahren durcheilen und erforschen konnten, die höchstorganisierte Materieform mit Abbildungsfunktion sehr selten ist.
Es gibt dafür zunächst nur eine einleuchtende Erklärung, und zwar eine zeitliche. Das Weltall besteht einfach noch nicht lange genug in der uns bekannten Form, um der Materie, von der es ausgefüllt wird, ausreichende Möglichkeiten zur Erreichung der höchsten Organisationsform gegeben zu haben!
Eine andere, mehr spekulative These ist die der Materieselbsterhaltung. Sie geht davon aus, daß eben nur ein verschwindend winziger Anteil der die Welt ausmachenden Gesamtmaterie das Niveau der schöpferischen und damit willkürlichen Einflußnahme erreichen darf, weil sonst die ehernen Gesetze des Universums, die für seinen ewigen Bestand unerläßlich sind, in Frage gestellt werden könnten.
Doch ich schweife etwas vom eigentlichen Thema ab, wobei ich betonen möchte, daß mein heutiger Vortrag nur bestimmte Probleme anreißen soll, um Ihnen die Möglichkeit zu geben, später einige Komplexe selbst auszuwählen oder andere Problemkreise vorzuschlagen. Seit vielen Jahrtausen-

den bewegt unsere Wissenschaftler und Denker die Grundfrage nach der Erkennbarkeit der Welt. Es soll für Sie nicht entmutigend klingen, wenn ich Ihnen berichten muß, daß wir keine wesentlichen Fortschritte erzielt haben. Selbstverständlich gelang es uns, die Erkenntnismöglichkeiten in einigen Bereichen zu steigern. Ich erinnere beispielsweise an die Entdeckung und Anwendung der Mnemosonen.
Genau genommen sind dies aber alles noch Bestrebungen auf dem üblichen und geläufigen Gebiet der umfassenden Wahrnehmung. Wobei eine maximale Wahrnehmung die wichtigste Voraussetzung für wachsende Erkenntnis ist! Die Erkennbarkeit der Welt ist eng verknüpft oder überhaupt nur zu behandeln im Zusammenhang mit ihrer Dimensionalität. Der Zahl Sechs ist von der Natur eine besondere Bedeutung zugedacht. Nicht nur wegen der Stellung des Elementes Kohlenstoff mit der Kernladungsziffer Sechs in der gesamten organischen und anorganischen Chemie und der Rolle, die die Zahl Sechs in der Theorie der Kristallstrukturen spielt, sondern weil wir auch der Meinung sind, daß sich die Natur in einer sechsdimensionalen Welt verwirklicht.
Die unserer Erforschung zugängliche Welt der Erscheinungen und Wahrnehmungen ist dreidimensional. Wir sind zu der Überzeugung gelangt, daß sich die Materie in drei Wahrnehmungs- und vier Erkenntnisdimensionen manifestiert. Von den Grenzen her ist das Universum nur möglich und existent in einer unteren Dimensionsgrenze von drei und einer oberen Grenze von sieben Dimensionen, so daß der gesamte Dimensionalitätsbereich der Welt die Zahl Vier nicht überschreitet. Ich möchte Sie jetzt nicht mit den mathematischen Extremwertuntersuchungen langweilen. Mit Hilfe geeigneter Gleichungen läßt sich nachweisen, daß die Erwartung, daß eine Welt von mehr als sieben Dimensionen verwirklicht wird, eine um so geringere Wahrscheinlichkeit besitzt, je höher die Dimensionalität liegt.
An dieser Stelle muß man den Begriff der Zeit in die Betrachtungen einbeziehen. Auch wir haben schon wesentlich früher, ähnlich wie Sie, den Versuch unternommen, die Zeit in Form einer vierten Dimension zu interpretieren. Aber es war und ist dies ein Trugschluß!
Die Zeit ist keinesfalls die sogenannte vierte Dimension,

aber sie gehört zweifellos zu den vier Dimensionen der Erkenntniswelt. Die Zeit ‚wirkt nicht'. Sie liegt genau an jener Grenze, wo Wahrnehmung und Erfahrung in Erkenntnis übergehen. Aus diesen noch relativ einfachen Zusammenhängen kann man weitere interessante Probleme ableiten. Zum Beispiel die auf der gleichen Ebene liegende Abhängigkeit von Zeit und Lichtgeschwindigkeit. Auch die Lichtgeschwindigkeit bewegt sich an der Grenze der dreidimensionalen Erfahrungswelt und ist die maximal mögliche Geschwindigkeit, bei der sich ein reales Wirken noch ereignen kann.
Ein Beobachter, der sich jedoch mit Lichtgeschwindigkeit bewegen würde, wäre nicht mehr in der Lage, in unserer dreidimensionalen Welt irgendwelche Wirkungen wahrzunehmen oder Erfahrungen zu sammeln. Die Zeit wird für ihn gleich Null. Wir haben in diesem Zusammenhang mit Hilfe der psychophysischen Teleportation interessiert die Arbeiten Ihres Gelehrten Einstein verfolgt und ausgewertet.
Vielleicht sei an dieser Stelle erwähnt, daß die sirianische Wissenschaft bisher drei spezielle Ultronen nachweisen kann: das Mnemoson, das ϙ-Arrivon und das Teleson.
Gerade mit dem letzteren konnten wir wesentlich größere Entfernungen im All ausloten."
Die anschließende Aussprache war sehr lebhaft und zog sich in die Länge. Zi und seine Mitarbeiter waren erstaunt, wie gut die irdischen Kosmonauten über die angeschnittenen Problemkreise informiert waren. Diese Menschen aus dem benachbarten Sonnensystem hatten sich in den letzten zwanzig Raas geradezu unvorstellbar weiterentwickelt.

Mahad Jarwheli grübelte seit Tagen. Der Verlauf der Begegnung mit den Sirianern befriedigte ihn einfach nicht. Er fand die Situation speziell für sich geradezu grotesk. Da hatte er nun im Anschluß an sein philologisches Studium jahrelang mit großem Eifer Spezialkurse für die möglichen und unmöglichsten Kommunikationsfälle, die irgendwo im unendlichen Kosmos einmal Wirklichkeit werden könnten, besucht und erfolgreich absolviert, und nun war das erste langersehnte Zusammentreffen mit einer fremden Zivilisation für ihn so völlig anders, so ganz und gar problemlos verlaufen. Es war verständlich, daß er mit sich und seiner Tätigkeit nicht zufrieden war und das Gefühl einer Enttäuschung nicht unterdrücken konnte.

Welcher mit Wissen und Theorie ausgestattete junge Mensch hätte nicht darauf gebrannt, dieses Wissen anwenden zu können, Erfolgserlebnisse zu haben, sich bestätigt zu finden.

Mahad Jarwhelis Heimat war der indische Subkontinent, der nach der Bildung der Südostasiatischen Union zu Beginn des einundzwanzigsten Jahrhunderts auf allen Gebieten einen erstaunlichen Aufschwung verzeichnen konnte.

Die Vergesellschaftung der Landwirtschaft und deren Umgestaltung auf Großflächenbewirtschaftung in Verbindung mit nach territorialen Gesichtspunkten errichteten Industriekomplexen hatte wesentlich dazu beigetragen.

Es war Mahad Jarwheli, dem jungen Wissenschaftler eines sozialistischen Staatenbundes, einfach unverständlich, daß Generationen seiner Vorfahren in den Elendsvierteln der großen, von den Kolonialherren beherrschten Städte ein menschenunwürdiges Dasein geführt hatten. Doch diese Vergangenheit lag weit zurück.

Für ihn war das Sprachstudium in Lahore eigentlich nur die notwendige wissenschaftliche Grundlage für seine weitere berufliche Entwicklung gewesen. Die Sprache als Verständigungsmittel vernunftbegabten Lebens, aber auch als Kennzeichen und notwendige Funktion der Materie zur Erreichung der höchsten Organisationsstufe, hatte dann im Mittelpunkt seiner Weiterbildung gestanden. So war er schließlich Mitarbeiter des Instituts für extraterrestrische Kommunikation in Wien geworden. Eine Zeitlang hatte er geschwankt, ob er die kybernetische Richtung der nichtphonetischen Kommunikation einschlagen sollte, war dann aber nach Wien übergesiedelt. Seine von Experten als utopisch bezeichnete Dissertation über die Entwicklung der menschlichen Sprache in den nächsten fünfzigtausend Jahren hatte in der internationalen Fachwelt Aufsehen erregt.

Die eigenwillige Darstellung und der Mut zur persönlichen Identifizierung mit neuen Hypothesen hatten gezeigt, welche wissenschaftliche Kämpfernatur in dem schlanken, mittelgroßen Inder steckte.

Durch mehrere Veröffentlichungen von Ausschnitten seiner Arbeiten war auch Al Gorim auf den „Kommunikationsprognostiker" aufmerksam geworden und hatte ihn kurzerhand von Wien angefordert.
Al Gorim konnte bestätigen, daß sich Mahad Jarwheli neben seinem praktischen Training auch fachwissenschaftlich umfassend auf den Flug zum Sirius vorbereitet hatte. Wie ein militärischer Taktiker hatte er mögliche Verständigungssituationen immer wieder durchgespielt und Art und Menge des von ihm mitzuführenden Materials festgelegt. Kein Wunder also, daß Jarwheli jetzt unzufrieden war! Er erläuterte Zi sein wissenschaftliches Spezialgebiet und bat um geeignete sirianische Diskussionspartner für die nächsten Tage. Zi war darüber sehr erfreut und erklärte sich bereit, selbst an den Aussprachen teilzunehmen. Wenn es schon im Moment keine unmittelbaren Kommunikationsprobleme gebe, sagte Jarwheli, dann wolle er wenigstens Einzelheiten über die Entwicklung ihrer Sprache und ihrer Schrift in Erfahrung bringen.
Tags darauf hatte Zi die Gesprächspartner versammelt. Man hatte sich zunächst über allgemeine Dinge unterhalten, als Jarwheli mit der Frage, ob die Phonetik der Urcaniper auch schon im Bereich des Ultraschalles gelegen habe, die eigentliche Debatte auslöste.
Zi antwortete als erster: „Die von Ihnen getroffene Unterscheidung der Lautgabe im Schall- und Ultraschallbereich ist natürlich eine – Sie nehmen mir die Bemerkung bitte nicht übel – spezifisch menschliche Klassifizierung. Wichtig scheint mir, die natürlichen Ursachen für solche unterschiedlichen Entwicklungsergebnisse zu ergründen. Zunächst möchte ich aber Ihre Frage konkret beantworten. Die Sprache der Caniper hat schon immer in diesem von Ihnen als Ultraschall bezeichneten Frequenzgebiet gelegen! Ich möchte es als einen bedingten Zufall bezeichnen, welche grundsätzliche phonetische Richtung eine planetare Lebensentwicklung einschlägt. Bestärkt wird unsere Vermutung in dieser Hinsicht durch die vom Canip durch Lichtjahre getrennte Lebensform auf dem Sirter.
Die meisten höherentwickelten Tiere gaben Laute von sich, die zwischen den von Ihnen und uns genutzten Frequenz-

breiten liegen. Die schrillen Pfeiftöne der Rasa-Ungeheuer beispielsweise werden von Ihnen und uns gleichzeitig wahrgenommen. Die Sprache, um wieder auf das Kernthema zu kommen, als Verständigungsmittel denkender und bewußter Lebensform unterliegt natürlich gewissen Veränderungen, die parallel zur gesellschaftlichen Entwicklung verlaufen. Hier haben und hatten wir vielleicht den großen Vorteil gegenüber Ihrer Zivilisation, daß schon sehr früh bei der umfassenden Vereinigung der regionalen canipischen Völkerschaften unter anderem auch eine gemeinsame Sprache als Einigungselement eingeführt wurde. Diese sprachliche Vereinheitlichung bei uns hängt sicher auch damit zusammen, daß unsere prähistorische Gesamtbevölkerung des Planeten Canip nicht auf weit entfernten, durch große Wasser voneinander getrennten Kontinenten leben mußten. Ein weiterer wichtiger Punkt ist, daß wir die sirianische Sprache vor etwa zweitausend Jahren gründlich ‚rationalisiert' haben. Das sehr schnell anwachsende Wissen in der nahen Vergangenheit machte es unumgänglich, viele überholte Redewendungen, Begriffe und Formulierungen zu streichen oder zu modernisieren. Auch grammatikalische Übertreibungen, die zum Teil noch aus uralten Zeiten stammten, da die Sprache Selbstzweck herrschender Gesellschaftsschichten war, wurden nach Gesichtspunkten der Notwendigkeit und Zweckmäßigkeit überarbeitet."
Mahad Jarwheli bedankte sich für die Erläuterungen und ging zum zweiten Diskussionspunkt über: die Geschichte und Entwicklung der sirianischen Schrift.
Für diese Runde übernahm Ot, eine junge Sirianerin, die Gesprächspartnerschaft.
Eine ähnliche Antwort auf seine Frage hatte Mahad fast erwartet, als Ot jetzt sagte: „Liebe Tovas, im Grunde fragt ihr mich nach einer Tätigkeit oder besser nach einer Kunst, die der Mehrheit der sirianischen Bevölkerung gar nicht mehr geläufig ist. Von einer bestimmten erreichten gesellschaftlichen Entwicklungsstufe an ist die Verständigung durch handgeschriebene Zeichen überholt, ja unnötig. Selbstverständlich haben wir noch eine Maschinenschrift, die man aber besser als Kommunikationszeichenfolge charakterisieren sollte. Diese ist aber ausschließlich nach logischen, infor-

mationsoptimalen Gesichtspunkten aufgebaut. Das Schreiben von Hand ist bei uns seit der letzten Sprachbereinigung nicht mehr üblich; es wird nur noch als künstlerische Betätigung ausgeübt. Ich selbst bin ausnahmsweise noch schreibkundig und kann Ihnen daher sirianische Schriftzeichen vermitteln."

Sie ließ sich von Mahad Jarwheli einen Schreibstift und ein Blatt Papier geben. Mit beachtlicher Geschwindigkeit glitt ihre Hand in geschickten Bewegungen über die weiße Fläche, aber nicht in der gewohnten Links-Rechts-Richtung, sondern von oben nach unten. Jarwheli hatte dies vermutet, da auch die von ihm bisher betrachteten Bücher und Aufzeichnungen in einer solchen Anordnung gedruckt waren. Ot hatte aufgehört zu schreiben, das Blatt Papier wanderte von Hand zu Hand. Mahad Jarwheli betrachtete es länger und bat Ot, ihm das Geschriebene zu übersetzen. „In grauer Vorzeit war Schreiben ein Privileg, heute ist diese Fingerfertigkeit eine Kunst", stand auf dem Zettel. Mahad war überrascht, die Schriftzeichen erschienen völlig fremd, zeigten aber einen ausgeprägten weichen, zügigen Verlauf. Es überwogen runde Formen, die den senkrecht verlaufenden Sätzen das Aussehen von kleinen Girlanden verliehen.

Ot lächelte und stimmte zu, als der Inder fragte, ob er das Blatt als Andenken behalten dürfte.

„Die gedruckte sirianische Schrift sieht ja völlig anders aus, man erkennt überhaupt keine Zusammenhänge", sagte Jarwheli und brachte das Gespräch wieder in Gang. „Ja", erwiderte Ot, „ich sagte ja bereits, daß die Maschinenzeichen nach logischen und rationellen Gesichtspunkten neu gestaltet wurden. Sie sind eine Kombination aus Kreisbogen und Punkten. Ich hatte vorhin, als ich zum Ausdruck brachte, daß die Mehrheit unserer Bevölkerung des Schreibens nicht mehr kundig ist, vergessen zu erwähnen, daß jeder Sirianer stets ein kleines Sprech-Schreibgerät mit sich führt", fügte sie hinzu und legte ein etwa streichholzschachtelgroßes Kästchen auf den Tisch. Sie hob es in Mundhöhe, und während sich ihre Lippen bewegten, schob sich an der Unterseite des kleinen Quaders ein engbedruckter Streifen heraus.

„Das ist ein technisches Wunderwerk! Ich glaube, wir haben uns viel zuwenig mit dem Alltagsleben unserer neuen

Freunde beschäftigt“, sagte Doktor Tessin leise zu dem neben ihm sitzenden, ebenfalls verblüfften Sprachforscher Jarwheli.
Er mußte dem Arzt recht geben. „Es wird sicher noch viele Jahre dauern, bis wir Menschen uns einen umfassenden Einblick in die gesamte Lebenssphäre dieser außerirdischen Zivilisation verschafft haben“, antwortete Mahad sehr nachdenklich.
Dann wandte er sich an Zi: „Ot sprach vorhin im Zusammenhang mit der Handschrift von künstlerischer Betätigung. Aber obwohl wir uns schon an mehreren Orten Ihres Landes umgesehen haben, konnten wir nirgends eigentlich nur mit Ausnahme der Halle der Vergangenheit Kunstwerke, wie Skulpturen, Bilder und Reliefs, in der Öffentlichkeit ausmachen. Sind künstlerische Produkte bei Ihnen eine ausschließliche Angelegenheit der individuellen Sphäre?“
„Sie haben völlig recht“, bemerkte Zi, „die Halle der Vergangenheit ist, um in Ihren Begriffen zu sprechen, das einzige öffentliche Denkmal. Sie werden aber bestimmt bemerkt haben, daß wir unsere Städte sehr stark durch Parks und Grünanlagen, also ‚Kunstwerke‘ der Natur, aufgelockert und verschönert haben. Die persönliche künstlerische Betätigung füllt viele Stunden des sirianischen Alltags aus. Da die Arbeitszeit nur wenige Stunden dauert, bleibt sehr viel Zeit für individuelle Beschäftigungen, die wiederum zur Pflicht gemacht werden, um Körper und Geist unserer Bevölkerung anzuregen. Diese Probleme hängen auch eng mit der an irdischen Verhältnissen gemessenen hohen Lebenserwartung auf unserem Planeten zusammen.“
Am Ende des Gespräches wurde beschlossen, die Woche in Ulo mit ausgiebigen Besichtigungen der Akademie und mit Hospitationen in interessanten Spezialinstituten zu verbringen.

Kuriose Natur

Professor Untaka mußte sich mit seiner Gruppe, da die Zeit drängte, von Gi verabschieden. Der für ihre Weiterreise bereitgestellte Gravigleiter brachte sie zur nächsten Beobachtungsstation in ein zweitausend Kilometer entferntes riesiges Sumpfgebiet.
Ho, der dortige Stationsleiter, freute sich sehr über den Besuch aus einer anderen Welt.
Das gesamte Gebiet ähnelte, wenn man von der Art und Farbe der Vegetation absah, stark den subtropischen Regionen der Erde. Überall waren Wasser und Sumpf, und es gab nur wenige begehbare Pfade. Zur Beobachtung dienten kleine, durch Sichtglocken abgedeckte Wassergleiter, mit denen die tückische Umgebung gefahrlos passiert werden konnte.
Nachdem ihnen Ho auf einer wandgroßen Karte die Besonderheiten seines Schutzgebietes in groben Zügen erläutert und sie auf die Gefahren hingewiesen hatte, wurde ein abwechslungsreiches Expeditionsprogramm für die kommenden Wochen festgelegt.
An einem der nächsten Tage glitten Su und Me, die Begleiter der Gruppe, sowie Ho und Professor Untaka lautlos über die unübersehbare Wasseroberfläche eines weitverzweigten Flußsystems, während die Sirianerin Ag und die Kosmonauten Petit, Olarin und Slabow unterdessen im Laboratorium der Station Forschungsunterlagen über eine giftige Insektenart studierten, die den Gästen von der Erde während des weiteren Aufenthaltes in dieser Gegend gefährlich werden konnte.
„Wir befinden uns hier im Lebensbereich einer fast ausgestorbenen Flugschlangenart“, erläuterte Ho, während sie an einer Stelle, wo sich der Fluß seeartig erweiterte, unter dem dichten Laubdach des überhängenden Ufergebüsches getarnt anhielten. „Das nur hier lebende Reptil – Sie, Professor Untaka, haben ihm den Namen Hydronda gegeben – bevorzugt Gebiete mit geringer Wassertiefe, die seinen körperlichen

Besonderheiten am besten entsprechen. Die Schlange wird bis zu zehn Meter lang. Ihr Körperquerschnitt ist flach, dafür aber sehr breit. Beim Beutemachen nimmt sie eine typische Lauerstellung ein: Ihr flacher, breiter Kopf befindet sich nur mit den Augen über der Wasseroberfläche, während sich der zum Absprung bereite, in vielen Schleifen hintereinander zusammengerollte Körper im Wasser befindet. Indem sie sich im Bruchteil von Sekunden streckt, startet sie senkrecht in die Luft. Der flache, breite Körper, der wie eine Tragfläche wirkt, gestattet ihr, fast hundert Meter weit zu fliegen, bis sie wie ein Pfeil auf ihr Opfer hinunterstößt. Bemerkenswert ist es, wie sie ihre Beute kampfunfähig macht. Sie besitzt keine Giftzähne, sondern entlädt einen elektrischen Stromstoß, der alle größeren Lebewesen sofort betäubt, kleinere tötet. Ein Mensch überlebt die Berührung mit einer Hydronda nicht. Diese elektrische Ladung entsteht während des Fluges, oder genauer gesagt, während des Streckvorganges zu Beginn des Fluges. Wir haben dieses Tier ..."

Plötzlich faßte ihn Professor Untaka am Arm. „Dort!" stieß er erregt hervor und zeigte mit der anderen Hand auf einen Flußarm inmitten des Sumpfes. Tatsächlich, dort hatte sich eine dieser sonderbaren Springschlangen gerade aus dem Wasser katapultiert und schwebte bereits in fast fünfzig Meter Höhe über dem Fluß.

„Sie steuert auf uns zu", schrie Ho, selbst ein wenig erschrocken, „schnell, wir wollen vorsichtshalber den Gleiter noch etwas weiter unter das Ufergebüsch fahren!"

Das geschah keine Sekunde zu früh, die Hydronda hatte wirklich das Fahrzeug der kleinen Forschergruppe als ihre Beute auserwählt, denn sie schoß, als sie sich fast senkrecht über dem Versteck befand, wie ein Pfeil darauf zu. Dicht über der Wasseroberfläche krümmte sich ihr Körper plötzlich, und der Sturzflug ging in einen Gleitflug über. Sie hatte ihr Opfer verfehlt!

Die erschrockenen Wissenschaftler sahen die Schlange nur wenige Meter von dem Gebüsch entfernt, hinter dem sie versteckt waren, parallel zum Ufer vorbeischweben.

„Ein gefährliches Tier", fuhr Ho in seinen Erläuterungen fort. „Nach unseren jährlichen Zählungen leben hier noch etwa tausend solcher Exemplare, aber eben nur in diesem

eng begrenzten Gebiet. Ich wollte Ihnen vorhin noch erklären, daß der elektrische Hochspannungsimpuls, den das Tier abgeben kann, durch Reihenschaltung einer Vielzahl biogalvanischer Stromquellen entsteht, die sich in der Außenhaut des Reptils befinden. Diese Schaltung erfolgt in dem Augenblick, in dem sich das Tier streckt."
Es war spät geworden, und Ho bestand darauf, daß der Heimflug angetreten wurde. „Wir kehren in den nächsten Tagen in diese Gegend zurück, um einen speziellen Feind der Springschlange kennenzulernen", sagte er beschwichtigend zu seinen enttäuschten Begleitern.
In der zunehmenden Dunkelheit, von der sie während der Rückfahrt überrascht wurden, erinnerte Professor Untaka die Umgebung unwillkürlich an den Amazonas mit seinen unzähligen Nebenflüssen.
Nachdem sie sich einige Tage mit den Untersuchungsergebnissen von Slabow, Petit und Olarin beschäftigt hatten, starteten sie mit einem größeren Gleiter erneut in das Sumpfgebiet der Hydronda. Sie waren auf der Suche nach dem Magent, einem kuriosen Riesenlaufvogel. Das Tier war neben seiner Größe und seinem Aussehen insofern eine Besonderheit, weil hier die natürliche Entwicklung – trotz sichtbarer Ausweichversuche – in eine Sackgasse geraten war.
Während die unteren Extremitäten vogelartig ausgebildet waren, glich der Oberkörper dem eines Raubtiers. Es fehlten jedoch die vorderen Gliedmaßen. Die ursprünglichen Flügel waren verkümmert; sie hatten sich nicht, wie entwicklungsgeschichtlich üblich, in Greifwerkzeuge verwandelt, sondern in hornartige Auswüchse. So hatte Ho den eigenartigen Laufvogel seinen irdischen Gästen mit Hilfe einer naturgetreuen Nachbildung geschildert.
Der Magent schien von allen Absonderlichkeiten, die ihnen die Fauna der Sirterwelt schon geboten hatte, das bisher interessanteste Objekt zu sein, und die Kosmonauten waren auf eine Begegnung mit ihm gespannt.
Unterdessen hatten sie die vielarmigen Flußverzweigungen wieder erreicht. Ho ging auf Höhe, blieb aber dann unbeweglich stehen, um Bewegungen von Tieren im Dschungel oder auf dem Wasser besser erkennen zu können. Jeder der sieben Insassen beobachtete in einer bestimmten Richtung.

„In ungefähr dreihundert Meter Entfernung fliegt eine Hydronda!" meldete Ag. Alle hatten das Reptil sofort erkannt. Nach einer Flugstrecke von einigen hundert Metern setzte es zum Sturzflug an und verschwand wieder im Wasser; vermutlich war ein Schwimmvogel seine Beute geworden.
Ho veränderte den Standort des Gleiters in dieser Richtung, um für seine Gäste bessere Sichtverhältnisse zu schaffen. Während die Freunde noch interessiert die Wasseroberfläche betrachteten, wo eben die Hydronda eingetaucht war, öffnete sich links das fast undurchdringliche Ufergebüsch, und es wurde das mächtige Haupt eines Magenten sichtbar. Sicherlich hatte er es auf die Flugschlange abgesehen, die sich nichtsahnend mit ihrer Beute beschäftigte.
Der Magent, ein kapitaler Bursche von mindestens drei Meter Höhe, war vorsichtig ins Wasser geglitten. Jetzt sah es fast so aus, als schwämme ein riesiger Tiger im Wasser. Gleich mußte er an der Stelle sein, wo sich eben noch das Wasser von den Bewegungen der Hydronda gekräuselt hatte! Doch die schien das gefährliche Raubtier rechtzeitig bemerkt zu haben, denn im nächsten Augenblick schnellte sie, wie von einer Tarantel gestochen, in die Lüfte.
Alle im Gleiter, auch Ho, erwarteten jetzt einen erbitterten Kampf, aber die Flugschlange ließ sich weit entfernt in einem schilfartigen Dickicht nieder, das den Magent in seinen Bewegungen stark behindern mußte; er zeigte auch keine Absicht, der Schlange zu folgen, und schwamm noch ein Stück in entgegengesetzter Richtung, wo eine kleine Insel aus Schlick und treibendem Gehölz entstanden war. Dort ging er an Land, und die vier Kosmonauten hatten jetzt ausgiebig Gelegenheit, das „Wundertier", wie sie es im stillen nannten, zu filmen. Es schien, als wüßte der Koloß davon, denn er schritt gravitätisch auf und ab, wobei sein obskurer Körperbau erst richtig zur Geltung kam. „Diese seltsamen Tiere sind nur noch durch ganz wenige Exemplare vertreten", bemerkte Ho. „Kaum ein Jungtier überlebt die ersten Monate, um zum selbständigen fortpflanzungsfähigen Magenten heranzuwachsen. Eine solche Lebensform ohne Vordergliedmaßen ist entwicklungsgeschichtlich überholt und kann sich nur schwer behaupten!"
Nachdem sie behutsam noch näher an das Tier herangeglit-

ten waren, machte Su darauf aufmerksam, daß der Himmel typische Farben für ein schnell heraufziehendes Unwetter zeige und es höchste Zeit sei, die sichere Beobachtungsstation anzufliegen. Nur ungern beendeten die irdischen Wissenschaftler die Exkursion. Am Abend in der Station gab es noch lange Debatten um „Fehlkonstruktionen" der Natur. Pjotr Olarin wies darauf hin, daß beispielsweise die gesamte Gattung der Vögel unserer Erde ebenfalls nur eine zwischenzeitliche sinnvolle Entwicklungsrichtung darstelle, an der sich heute keine progressive Weiterentwicklung mehr vollziehen könne.
Die von dem rasch aufkommenden Unwetter eingeleitete Schlechtwetterperiode zwang die Freunde für viele Tage an die Mikroskope und in die Laboratorien.

Nach wenigen Tagen anhaltender Trockenheit, die dem Unwetter folgte, rüstete sich die Expedition zu einem längeren Fußmarsch in östlicher Richtung, wo innerhalb dichter Baumbestände einzelne Exemplare des gefährlichen Bioarbus zu finden waren.
Diese fleischfressenden Tierpflanzen, so konnte man sie nennen, die die Größe von Bäumen erreichten, gehörten zu den heimtückischsten Gebilden der Sirternatur. Schon den eingewanderten Canipern hatten sie vor Jahrtausenden viel zu schaffen gemacht.
Diese Tierpflanze war aus Sicherheitsgründen überall auf dem Planeten ausgerottet worden, nur hier in dieser Zone des Naturschutzkontinentes war sie noch anzutreffen.
Bevor sich die Gruppe in Marsch setzte, um einem der begehbaren Pfade zu folgen, hatte Ho noch einmal gründlich die Ausrüstung überprüft, insbesondere die Metallanzüge, weil sie der wirksamste Schutz gegen die „Fleischfresser" waren. Er hatte ferner einen Gravigleiter auf dem kleinen Flugplatz der Beobachtungsstation startbereit aufstellen lassen, für den Fall, daß die lange Regenperiode die Umgebung unpassierbar gemacht hatte. Ein Funksprechgerät gewährleistete die direkte Verbindung mit dem Gleiterpiloten.
Nach drei Stunden beschwerlichen Marsches hatten sie die Randzone des in Frage kommenden Waldgebietes erreicht. Nun war größte Vorsicht geboten. Ein Teil der Ausrüstung

blieb hier zurück Nur mit Kameras und Schwerkraftpistolen bewaffnet, ging es weiter. Der Pfad war jetzt etwas breiter geworden. Leon Petit nutzte die Gelegenheit und ging dicht neben Ag. Sie waren inzwischen gute Freunde geworden. Petit mußte sich gestehen, daß er für die Sirianerin längst mehr als nur Freundschaft empfand. Rechts von ihnen lichtete sich der Baumbestand zu einer Schneise. Über die Lichtung hoppelte ein hasenartiges Tier, zumindest hatte es lange Ohren.

„Ein harmloses Nagetier, das sich von Wurzeln ernährt!" sagte Ag leise zu Leon. Plötzlich stieß das Tier in höchster Not einen Schrei aus. Zwei, drei Äste schlugen wie Riesenfäuste auf den Nager ein, der sofort verstummte.

Ho rief die kleine Expedition zu sich. „Sie haben soeben das Verhalten des Bioarbus mit eigenen Augen gesehen! Wir wollen uns dem ‚Schrecken der Wälder' vorsichtig nähern!" sagte er.

Langsam schritt die Gruppe auf die Bäume am Rande der Schneise zu; noch war kein Unterschied zwischen den einzelnen Arten festzustellen. Doch jetzt, sie waren kaum noch zehn Meter weit entfernt, konnte man deutlich den Bioarbus erkennen. Seine Farbe entsprach genau den Bäumen der Umgebung, aber die starken astartigen Arme erinnerten an Schlangen. An den Enden waren knollige Auswüchse zu sehen.

„Darunter verbergen sich giftige Stacheln, die das Opfer sofort betäuben", erklärte Ho. „Dort oben, wo die Äste kranzförmig ansetzen, ist das Maul des Aasfressers. Die bewußtlose oder schon getötete Beute wird von den Astfangarmen dort hineingeworfen. Das Eiweiß verfault, und dann erst beginnt der Räuber sich davon zu ernähren. Das Wurzelwerk, das unten im Laub verschwindet, besteht ebenfalls aus beweglichen Gliedmaßen, die es dem Baumtier ermöglichen, seinen Standort beliebig zu wechseln. Das ist auch dringend erforderlich, weil die Umgebung, in der sich solch eine tödliche Falle postiert hat, von allen Lebewesen bald ängstlich gemieden wird. Der Nager, der eben über die Lichtung wechselte, ist der Beweis dafür, daß der Bioarbus seinen Fangplatz erst vor kurzem hierher verlegt hat. So ein Platzwechsel konnte jedoch bisher von unserer Station noch nicht beobachtet werden, da sich der Bioarbus nur in tiefer Dunkelheit bewegt."

Die Gruppe hatte sich dem sonderbaren, aber äußerst gefährlichen Wesen genähert. Die Beute, das tote Nagetier, lag noch am Boden. Sicher hatte die Annäherung der Menschen den Aasfresser bei der Nahrungsaufnahme gestört.

Da geschah das Unglück! Noch bevor Ho hinzuspringen konnte, hatte sich Petit über den toten Nager gebeugt und dabei die ungeschützte Stelle seines Nackens dargeboten. Blitzschnell fuhren zwei der gräßlichen Fangarme herunter, und die giftigen Krallen umschlossen den Hals des Kosmonauten. Alle waren starr vor Schrecken!

Nur Ag hatte in Sekundenschnelle mit einem Hieb ihres machetenähnlichen Dschungelmessers die beiden tödlichen „Äste" durchschnitten. Röchelnd sank Petit zu Boden und wurde sofort von der verstörten Gruppe aus dem Fangbereich des Baumes getragen. Ag löste die spitzen Krallen und bestrich die blutenden Stellen mit einer Tinktur, die sie einer besonderen Flasche entnommen hatte, während Ho über Sprechfunk bereits den Gravigleiter anforderte. Es war höchste Eile geboten!

„Wird er am Leben bleiben?" fragte Professor Untaka und blickte ratlos auf die Anwesenden.

„Er schwebt in großer Lebensgefahr!" antwortete Ag und konnte dabei nicht verhehlen, daß ihr der Unfall gerade dieses Erdenbewohners besonders naheging. „Hier hilft nur ein sofortiger Blutwechsel!"

Schon schwebte der Gleiter geräuschlos über ihnen und setzte, noch im Bereich der Lichtung, unmittelbar neben ihnen auf.

Vorsichtig betteten sie den Verletzten auf eine Trage. Ag und ein sirianischer Arzt nahmen neben dem Bewußtlosen Platz, und mit höchster Geschwindigkeit flog der Gleiter zur Station zurück. Auf Grund des Funkspruches von Ho hatte die Beobachtungsstation bereits die Spezialklinik in Aba verständigt. Es mußten mehrere komplizierte Bluttransfusionen vorbereitet werden.

Wie gut, daß inzwischen sirianische Ärzte und Biomediziner genaue Untersuchungen an Blutproben der irdischen Gäste durchgeführt hatten! Es hatte sich gezeigt, daß Menschen

und Sirianer eine recht unterschiedliche Blutzusammensetzung besaßen. Aus früheren Gesprächen wußten die Gastgeber, daß in der OREL neben anderen Medikamenten auch ein ausreichender Vorrat an Blutkonserven deponiert war.
Unterdessen hatte ein Kuriergleiter Doktor Tessin aus Ulo geholt, der die Behandlung von Leon Petit leiten sollte. Nach kurzer Flugunterbrechung auf der Station wurde er nach Aba weiterbefördert. Es war für den hohen Stand der sirianischen Medizin bezeichnend, daß in der kurzen Zeit, die seit dem Unfall vergangen war, die schon bei der Erkrankung von MacCalcy eingesetzten Diagnosecomputer eine Rezeptur für ein synthetisches Blutplasma ermittelt hatten.
Der erste Eingriff war schon erfolgt, als Doktor Tessin eintraf. Für diese erste Bluttransfusion wurde sirianisches Plasma verwendet. Ag, die während ihres polywissenschaftlichen Studiums auch einige Semester Medizin absolviert hatte, wich nicht von der Seite des Patienten.
Schon am übernächsten Morgen sprachen alle Anzeichen dafür, daß die Krise überstanden war. Nach dem einstimmigen Urteil von Doktor Tessin und den sirianischen Fachkollegen befand sich Leon Petit außer Lebensgefahr. Alle atmeten erleichtert auf! Doktor Tessin beobachtete seinen Freund noch einige Tage, dann kehrte er nach Ulo zurück, wußte er doch den Patienten in besten Händen.
Ag hatte sich nur zu gern bereit erklärt, bis zur endgültigen Genesung von Leon ständig in dessen Nähe zu bleiben.
Durch den Unfall einigten sich Professor Untaka und Su, die Expeditionen im Naturschutzkontinent einzuschränken und keine weiteren Stationen aufzusuchen.

Am nächsten Tag erschien für alle unerwartet Lo, der sich zu Beginn der Experimente verabschiedet hatte, wieder in Ulo.
Als er sich davon überzeugt hatte, daß die Diskussion über Grenzhypothesen in der Denkerakademie bei den Sternenfahrern einen besonders nachhaltigen Eindruck hinterlassen hatte, drängte er zum Aufbruch, denn der Zeitplan für diese Informationen war schon lange überschritten.
„Freunde“, sagte er zu den Kosmonauten, „auch unsere Welt besteht nicht nur aus astronomischen Objekten und Tele-

Wissenschaften! Es ist an der Zeit, daß Sie nun auch die vielen Stätten unserer industriellen, produktiven Technik kennenlernen. Spätestens in der nächsten Woche fliegen wir nach der Stadt Ogi, im dritten südlichen Land, wo sich das Zentrum unserer Schwerkraftindustrie befindet. Es werden dort Typenreihen von Gravitonengeneratoren für allgemeine Zwecke und spezielle Gravitonentriebwerke für unsere Kugel- und Raumgleiter hergestellt. Neben der Kernenergie ist die Gravitonenenergie Basis unserer gesamten Produktion."

Nur ungern ließen sich die fünf Erdensöhne davon überzeugen, Zi und seine vielen wissenschaftlichen Einrichtungen in Kürze zu verlassen. Welches Wissen steckte doch in diesem riesigen Gebäudekomplex!

Zi hatte von über dreihundert verschiedenen Instituten gesprochen, die seit vielen Jahrhunderten die Möglichkeiten der Erkenntniserweiterung untersuchten.

Schließlich nahte der Tag der Trennung. „Vielleicht sehen wir uns bald wieder", sagte Zi und ließ keine Abschiedsstimmung aufkommen. Er winkte noch lange, als die Kosmonauten mit einem Kuriergleiter östlichen Kurs nahmen.

Gravitonen und Ultronen

Sie umrundeten fast die Hälfte des Planeten und überquerten zwei Meridiankanäle, dann zeigte ihnen Lo zwischen langgestreckten Hügelketten das Reiseziel, die Stadt Ogi. Sie hatten sich längst an die für menschliche Begriffe viel zu monotonen Silhouetten sirianischer Großsiedlungen gewöhnt. Als sie einige Zeit später zur Landung ansetzten, war zu erkennen, daß Ogi an einem See lag, dessen eine Hälfte dichte Dampfwolken bedeckten.

„Grund hierfür ist das erhitzte Kühlwasser unserer Plasmageneratoren, das in den See läuft!" bemerkte Lo, ohne die für irdische Verhältnisse riesigen Dimensionen der Anlage besonders zu betonen. „Eine Gefährdung der Umgebung besteht aber nicht!"

Auch in der Stadt Ogi gab es ein „Haus der Sonnensöhne", in dem Al Gorim und seine vier Freunde untergebracht wurden.

Hy, der Chefphysiker, gab den Gästen eine Einführung in die Problematik und sagte unter anderem: „Gravitonen sind Gravitationsquanten, ganz ähnlich den Lichtquanten. Nur die Entstehungsursache der beiden Quantenarten ist unterschiedlich. Während Lichtquanten beim Sprung von Elektronen auf energieärmeren Bahnen entstehen, werden Gravitationsquanten beim Austausch von Neutrinos frei.

Bevor ich näher auf die praktische Gravitonenerzeugung eingehe, möchte ich die Äquavalenzbetrachtung von Photon und Graviton noch fortsetzen. Einfach formuliert kann man sagen, daß Kernreaktionen Masse in Energie verwandeln, und zwar entweder in Strahlungsenergie oder in Gravitationsenergie. Beide Masseumwandlungsreaktionen werden von uns genutzt. Die Gewinnung von Gravitationsenergie ist uns jedoch zeitlich erst viel später gelungen. Die langwierigen Untersuchungen machten dann große Fortschritte, als wir in der Lage waren, Antimaterie in beliebigen Mengen herzustellen.

Vor unseren Physikern stand das Problem, den Neutrinoaus-

tausch im großen zu realisieren. Damit sind wir bei der praktisch-technischen Gravitonengewinnung.
Inzwischen war in vielen Experimenten ermittelt worden, daß der vierte Aggregatzustand der Materie, das Plasma, einen maximalen Neutrinoaustausch ermöglicht. Die gleichen Eigenschaften zeigte auch Antimaterie bei Hochtemperaturprozessen. Als versehentlich beide Materieformen im Plasmazustand miteinander reagieren konnten, kam es, obwohl es sich nur um winzige Mengen handelte, zu einer katastrophalen Gravitationswelle.
Die prinzipielle Lösung war da. Jetzt galt es, den Prozeß unter Kontrolle zu bekommen. Darüber vergingen einige Jahrzehnte. Schließlich gelang es einer Gruppe von Chemikern, einen Kristall zu züchten, der als antinukleares Diaphragma zwischen beiden im Plasmazustand befindlichen Materiearten wirkte, und zwar mit einer solchen Filterwirkung, daß nur noch der Neutrinoaustausch möglich war.
Schwerkraftgeneratoren sind also im Prinzip Anlagen, in denen Materie und Antimaterie, durch eine Schicht Anamphot, das ist der Name dieses besonderen Kristalls, voneinander getrennt, bei Hochtemperaturprozessen miteinander reagieren. Mit Hilfe der Druckempfindlichkeit der Kristallschicht kann der Prozeß piezoelektrisch gesteuert werden.
So, das wollte ich Ihnen vor der Besichtigung unserer Produktionseinrichtungen zur allgemeinen Vorgeschichte des Verfahrens noch darlegen!" Damit beendete der Chefphysiker seine kurzen Ausführungen.
Ein Autokopter brachte sie vom Institut zunächst in eines der großen Werke. Hy ließ es sich nicht nehmen, die erste extrasirterische Besuchergruppe zu begleiten.
„Hier werden Gravitonentriebwerke für unsere Kugelraumschiffe montiert", sagte Hy, als sie durch das Tor der ersten Halle schritten. Alles war für irdische Begriffe überdimensional – sirianische Technik! Auf zunächst noch unsichtbaren Transportbändern wurden riesige Ringe transportiert. Es waren jene Ringe, die den Gästen sogleich aufgefallen waren, als sie zum erstenmal ein sirianisches Kugelraumschiff gesichtet hatten. Es sähe wie der Planet Saturn aus, nur in Miniaturausführung, hatte damals Jussuf ausgerufen. Diese Ringe bestanden aus zwei scheibenförmigen Hohlkörpern,

die durch die besondere Kristallschicht miteinander verbunden waren.
Über eine Bühne glitten immer neue Ringe. Die Halle war einige Kilometer lang. Noch hatten die Besucher niemanden entdeckt, der die Aggregate bediente, Hy bemerkte ihr Erstaunen und sagte: „Sie suchen vergeblich! Die Anlage arbeitet vollautomatisch. Die beweglichen Metallkonstruktionen, die Sie überall an den Seiten der Bänder sehen, sind Havarieroboter, die die Maschinen Tag und Nacht in Gang halten. Die zwei zuständigen Prozeßingenieure sitzen weit entfernt von hier im Gebäude der Kybernetischen Technologie."
In der folgenden, ebenso großen Halle wurden die Ringtriebwerke armiert, in einer weiteren mit dem Hochtemperaturteil versehen, und so ging es weiter. Die Menschen kamen sich unter diesen Riesenautomaten klein, aber nicht fremd vor. Geläufige Prozesse, aber ins Überdimensionale gesteigert.
„Nun gut", sagte Hy, „besuchen wir eines der Betriebslaboratorien; dort existieren noch einige ältere Schwerkraftanlagen, mit denen man Demonstrationsversuche durchführen kann."
In einem besonderen Saal, es war ein methodisches Archiv, in dem bestimmte typische Mustergeräte von vielen Entwicklungsjahrzehnten aufbewahrt wurden, ließ Hy einige Experimente vorbereiten.
„Ich möchte Ihnen im kleinen einen Effekt demonstrieren, der Ihnen als Lichtbeugung im Schwerefeld zumindest theoretisch bekannt ist. Diese beiden hohen Säulen sind ältere Schwerkraftgeneratoren. Ihre konzentrierten Gravitonenstrahlen schneiden sich unter einem einstellbaren Winkel. Begeben Sie sich bitte dorthin, dann stehen Sie genau in der Mitte vor den beiden Generatoren, ich stelle mich unmittelbar zwischen die beiden Anlagen. Sie und ich befinden uns dann auf einer Linie mit dem Schnittpunkt der Gravitonenstrahlen. Jetzt werde ich die Gravitonendichte steigern, bis ich für Sie unsichtbar bin!"
Nachdem sich die Kosmonauten aufgestellt hatten, ließ Hy die Generatoren einschalten. Ein fremder gleichmäßiger Ton erfüllte den Raum. Anfangs war Hy noch zu sehen, aber

dann schien er wie durch eine Nebelwand von ihnen getrennt, plötzlich war er verschwunden.
Al Gorim mußte unwillkürlich an einen eleganten Zaubertrick denken. Da ertönte auch schon Hys Stimme: „Kommen Sie bitte auf mich zu!"
Die Sternenfahrer setzten sich langsam in Bewegung. Was würde sich nun ereignen? Als fast die Hälfte der Strecke zwischen ihnen und Hy zurückgelegt war, hatten sie plötzlich das Gefühl, gegen eine unsichtbare Mauer zu stoßen. Mit aller Gewalt versuchten sie diese zu durchbrechen, es war unmöglich!
„Wo bleiben Sie?" rief der noch immer unsichtbare Hy scherzend.
Dann wurden die Gravitationsgeneratoren abgeschaltet, und der sonderbare Ton verstummte. Der Chefphysiker Hy stand, als sei nichts gewesen, kaum zehn Meter von ihnen entfernt. Er kam lächelnd auf sie zu und sagte: „Was ich Ihnen eben im kleinen demonstrierte, das haben wir zu ihrem bestimmt nicht geringen Erstaunen mit unserem ganzen Planeten gemacht, als Sie ihn mit der PHO 2 einige Male umrundeten! Die dazu benutzten Anlagen sind Giganten ihrer Art und dienen ausschließlich zu Schutz- und Forschungszwekken!"
„Wissen Sie noch, Professor?" beugte sich Al Gorim zu Professor Sorini, „das war damals die erste Merkwürdigkeit dieses Planeten."
„Ich möchte Ihnen auch die Wirkung einer Gravitonenexplosion oder, besser gesagt, eines kräftigen Gravitonenimpulses nicht vorenthalten", sagte Hy und setzte den Rundgang fort. Er benutzte dazu eine kleinere Anlage. Während er verschiedene Griffe und Hebel betätigte, schien ihm etwas einzufallen.
„Ach, ich hatte etwas Wesentliches vergessen bei meinen Erläuterungen! Was ich Ihnen bisher gezeigt habe, war genau genommen Antischwerkraft oder Antigravitation, die der normalen Anziehungskraft entgegenwirkt. Entscheidend für diese Kraftwirkung ist die Richtung des Neutrinowechsels. Auch jetzt arbeite ich wieder mit Antischwerkraft oder Antigravitonen. Der Generator erzeugt einen feinen gebündelten Strahl, man könnte die Anordnung einen Antischwerkraftla-

ser nennen. Sehen Sie dort drüben den schwarzen Steinwürfel? Beobachten Sie ihn bitte genau! So, jetzt geht es los!"
Ein kurzer schmerzhaft schriller Laut ertönte, und der etwa kubikdezimetergroße Würfel hatte plötzlich ein Loch, wie mit einem Werkzeug durchbohrt.
„Sie können sich jetzt sicher vorstellen, welche Kräfte und Wirkungen bei entsprechender Größe der Einrichtungen möglich sind." Damit beendete Hy auch dieses bemerkenswerte Experiment.
Den nächsten Tag verbrachten die Freunde mit interessanten Diskussionen über die umfassende Anwendung der Schwerkrafttechnik. Hy versprach, im Rahmen der verfügbaren Zeit, noch eine Besichtigung der Anlagen, mit deren Hilfe der Sirter für die Weltraumgäste zum unsichtbaren Planeten geworden war.
Besonders Al Gorim und Professor Sorini machten sich gründliche Notizen über die Gravitonenerzeugung und die Regelung der Intensität der entstehenden Wellen. Die übrigen Kosmonauten besichtigten eine Art Museum, wo die verschiedenartigsten Gravitonentriebwerke und Antriebe chronologisch geordnet ausgestellt waren.
Bei der genauen Darlegung der Wirkungsweise der sogenannten Gravitonenwerfer stellte Hy fest, daß bei seinen Erläuterungen bestimmte Details zu kurz gekommen waren. Die irdischen Physiker kannten nur die kugelförmige Ausbreitung von Gravitonenwellen. Hy mußte noch einmal weiter ausholen. „Gerade in der Möglichkeit der maximalen Bündelung von Gravitonen liegt das Wesen dieser besonderen Energieform, und nur dadurch ist die Realisierung riesiger Kräfte überhaupt möglich. Es ist also unerläßlich, daß wir uns auch noch mit dem Neutrinoaustausch und dem Einfluß der Anamphot-Kristalle beschäftigen müssen!"
Mit einer bewundernswerten Hartnäckigkeit ergründeten Al Gorim und Professor Sorini Einzelheiten der sirianischen Schwerkrafttechnik. Da einer Besichtigung der globalen Groß-Gravitonenwerfer für Schutz- und Sicherheitszwecke von Aba nicht stattgegeben wurde, empfahl Lo, der die Vorliebe der irdischen Gäste für weit vorauseilende technisch-wissenschaftliche Errungenschaften kannte, einen Besuch des nahe gelegenen gesellschaftswissenschaftlichen Zeit-

raums von Ilo. Die dort seit Jahrzehnten geübte praktische Vergangenheitsforschung war eine völlig neue Wissenschaft.
Nur zu gern stimmten die Kosmonauten dem Vorschlag zu. Was konnten sie sich schon unter praktischer Vergangenheitsforschung vorstellen?
In einem besonderen Teil der zweiten sirianischen Denkerstadt waren die großräumigen Institute für Vergangenheitsforschung untergebracht. Die Anlagen zeigten eine gewisse Ähnlichkeit mit den Astrovisionseinrichtungen, die die Freunde vor einigen Monaten in unendliche kosmische Fernen entführt hatten.
Was würde sie hier erwarten? Die Vergangenheitsforschung der Sirianer, das hatten sie den Gesprächen entnehmen können, wurde ebenfalls mit Hilfe von Ultronen betrieben, die sich mit mehr als trillionenfacher Lichtgeschwindigkeit bewegten.
In einem hufeisenförmigen, kinoartigen Saal waren Lo und seine irdischen Begleiter von mehreren sirianischen Vergangenheitsforschern freundlich begrüßt worden. Man mußte dabei bedenken, daß es immer ein Zusammentreffen zweier durch kosmische Entfernungen getrennter Zivilisationen war!
Co, der Leiter des großen Komplexes, hielt es zunächst für erforderlich, die physikalischen Grundgedanken dieser, den irdischen Freunden sicher völlig unbekannten Methoden in groben Zügen zu erläutern.
„Unsere praktische Vergangenheitsforschung", begann Co seine Ausführungen, „geht von einfachen, bekannten Voraussetzungen aus. Daß die Welt, in der wir leben, sichtbar ist, verdanken wir dem Aufbau und der Empfindlichkeit unserer Augen und dem allgegenwärtigen Licht. Licht läßt uns die Natur und das All erkennen und nimmt durch Reflexion alle jemals vorhandenen Bilder als Abbilder mit auf seine nie endende Reise ins Unendliche. Ohne Licht gäbe es keine Wahrnehmung, keine Widerspiegelung, keine Erkenntnis und auch kein dem unseren ähnliches vernunftbegabtes Leben!
Das reflektierte Abbild eines jeden Objektes, ganz gleich, ob Körper, Gegenstand oder Himmelsabschnitt, eilt nach allen

Richtungen mit Lichtgeschwindigkeit durch das Universum. Wenn es gelingt, ein solches Lichtbündel im Kosmos einzuholen und den von ihm mitgeführten Bildeindruck auf irgendeine Weise lückenlos zu übernehmen, dann entspricht dieser Entfernung bis zum Übernahmeaugenblick in Lichtjahren der Zeitraum in Jahren, der seit der Entstehung des ursprünglichen realen Bildes vergangen ist. Jedes Lichtbündel entspricht also, sofern hier ein Vergleich überhaupt angebracht ist, einem chronologisch unendlichen Filmband. Die reflektierten Lichtstrahlen, die beispielsweise von der Landung unseres Volkes auf dem Sirter vor etwa siebentausend Jahren irdischer Zeitrechnung ausgingen, sind inzwischen als Abbilder siebentausend Lichtjahre von uns entfernt und befinden sich irgendwo im All.

Sie werden, ausgehend von diesen wenigen Fakten, bereits erkannt haben, worum es bei der praktischen Vergangenheitsforschung mit Hilfe eines sogenannten Teleimaginators eigentlich geht! Unter dem Teleimaginator verstehen wir den gesamten technischen Aufwand für die Abbildgewinnung. Das c-Arrivon, ein besonderes Ultron, das neben dem Mnemoson und dem Teleson erst vor wenigen Jahrzehnten entdeckt wurde, verfügt über drei ganz besondere Eigenschaften, die für die Abbildgewinnung bedeutungsvoll sind: Das c-Arrivon bewegt sich als Partikel der nichtenergetischen Materieform mit der vielfachen Lichtgeschwindigkeit; es ist in der Lage, als Bündel oder Strahl die dem Licht eigenen Abbilder aufzunehmen, und kehrt auf einer riesigen Kreisbahn mit diesen Informationen zum Ausstrahlungsort zurück.

Was ich Ihnen bisher an Erläuterungen gegeben habe, ist natürlich nur eine relativ einfache und mehr symbolische Darstellung der im Grunde sehr komplizierten psychophysischen Verhältnisse. Das Problem der weit in den Kosmos reichenden genauen Richtungsgebung, die der Erzeugung, Steuerung und Dosierung der c-Arrivonen und schließlich die Technik der präzisen Lokalisierung von Informationsübernahmestellen haben unsere Wissenschaftler jahrzehntelang beschäftigt. Gleichermaßen technisch schwierig ist die Informationsretransformierung, das heißt die Wiedersichtbarmachung der Lichteindrücke, mit denen die c-Arrivonen aus der Tiefe des Weltalls zurückkehren. Durch die physikalisch unvorstellbare Geschwindigkeit, die weit jenseits unserer realen Erfahrungswelt liegt, können wir in Sekundenschnelle Bilder aus einer Entfernung von vielen Milliarden Lichtjahren zurückholen. Theoretisch ist diese Art der Vergangenheitsforschung sowohl räumlich als auch zeitlich unbegrenzt.

Zehn Milliarden Jahre oder die Entfernung von zehn Milliarden Lichtjahren entsprechen etwa dem Zeitpunkt, den wir als Entstehungsphase des Siriussystems bezeichnen. Hier enden unsere derzeitigen Möglichkeiten. Ein wesentlicher Vorteil des c-Arrivons gegenüber dem Mnemoson ist seine nicht an natürliche Neuronen gebundene Entstehung.

Doch noch einige Worte zur Retransformierung! Die eintreffenden Abbildpunkte der Trägerkorpuskeln werden in langen Rohrsystemen durch starke konzentrische Gravitationskräfte zunächst auf normale Lichtgeschwindigkeit abgebremst, dann in psychophysischen Speichern gesammelt und geordnet und schließlich einem neutralen Photonenstrom optisch überlagert.

Für die Sichtbarmachung, für den eigentlichen Empfang der so gewonnenen Bilder, wird nur ein einfacher Projektionsschirm benötigt. Der kleine Saal hier, in dem wir uns befinden, ist ein solcher Vorführraum für optische Retransformation. Die ankommenden Bilder werden unmittelbar an die gegenüberliegende Wand geworfen.

Ich glaube, nun ist erst einmal genug theoretisiert worden! Es wird am besten sein, wir unternehmen eine praktische Reise in die Vergangenheit, indem wir wie die Zuschauer eines Filmes die historischen Begebenheiten vor unseren Augen abrollen lassen. En, wollen Sie jetzt bitte den Zeitwähler bedienen!“

Obwohl keine Lampen zu erkennen waren, erhellte sich die hintere rechte Ecke des Raumes langsam, wie in einem irdischen Filmtheater. Eine indirekte Beleuchtungseinrichtung erzeugte einen blauen Lichtschimmer, wie ihn die Kosmonauten zum erstenmal in der sirianischen Raumstation gesehen hatten.

En, die junge, von Co angesprochene Vergangenheitsforscherin im Hintergrund, war durch die besondere Beleuchtung

wie von einer Gloriole umgeben.
„Vielleicht sollte ich", ertönte ihre künstlich erzeugte Stimme über den Modulator, „Ihnen einen für Sie sehr interessanten Zeitabschnitt vor etwa siebentausendfünfhundert Jahren irdischer Zeitrechnung demonstrieren, als vor dem Abschluß der vielhundertjährigen Besiedlung des neuen Heimatplaneten hier bereits große Raumschiffwerften errichtet worden waren. Von behelfsmäßig angelegten Kosmodromen aus starteten noch immer Strahlungsraketen zum System der gelben Sonne, insbesondere zum Planeten Erde, wo sich ein großer Zwischenlandeplatz für interstellare Fernflüge befand, obwohl zu diesem Zeitpunkt Ihr blauer Planet sich schon nicht mehr in der engeren Auswahl als künftige Heimat für uns befand."
En begab sich an das Steuerpult einer langen Computerzellenreihe. Sie drückte mehrere Tasten, langsam erlosch der blaue Lichtschimmer, und der wandgroße Schirm an der geraden Querseite des verdunkelten Raumes begann fluoreszierend aufzuleuchten.
Schon vorher hatte Co seine irdischen Gäste und Zi gebeten, in den hängenden sesselartigen, pneumatisch einstellbaren Halbkugeln, die die Hälfte des Vorführraumes ausfüllten, Platz zu nehmen.
Jetzt zeigte sich auf dem Schirm ein erstes Bild! Die Zuschauer hatten den Eindruck, in einem Hubschrauber einige hundert Meter über einer gewaltigen Werft oder Baustelle zu schweben. Nur, was war das für eine Baustelle! Überall, so weit der Blick reichte, standen riesige metallisch glänzende Kugeln, an denen gearbeitet wurde. An der Größe der geschäftig hin und her eilenden Techniker gemessen, mußten die vielen Kugelraumschiffe, denn um solche handelte es sich zweifellos, einen Durchmesser von einigen hundert Metern haben. Sirianische Dimensionen!
Bei den irdischen Kosmonauten erhob sich die Frage, wie bei dieser besonderen Form das Antriebsproblem gelöst worden war, da wurde gerade an einer gut sichtbaren Stelle eine fertig montierte Rakete angehoben und gedreht. Dabei konnte man sehr gut erkennen, daß die Kugel an der Unterseite konkav eingewölbt war. In dieser Wölbung befand sich der riesige parabolische Strahlenreflektor. Die Montagearbei-

ten, das war eindeutig zu sehen, wurden vorwiegend von fast haushohen Zweckautomaten, von Robotern, bewältigt.
Das Bild verschwamm für kurze Zeit, und die Szenerie wechselte. Was sie anschließend sahen, mußte ein Kosmodrom, ein Versuchsgelände, sein! Zumindest war es ein Startplatz.
Gerade wurde mit Hilfe einer noch größeren, aber konventionellen Rakete eines der montierten Kugelraumschiffe in den schwereamen kosmischen Raum transportiert. Die Fahrt wurde immer schneller und schneller. Am größer werdenden Abstand war zu erkennen, daß die Hubrakete zurückblieb. Plötzlich blitzte es, für die Augen schmerzhaft, an der Raumkugel auf. Die Annihilation hatte eingesetzt. Die Rakete begann ihre Strahlenreise und entschwand wie ein Komet im dunklen Kosmos.
Wieder verschwamm das Bild für Sekunden. Als es dann klarere Konturen zeigte, konnten die irdischen Kosmonauten Ausrufe des Erstaunens nicht unterdrücken. Was ihnen jetzt von dem Projektionsschirm entgegenleuchtete, war ein den Raumfahrern geläufiger Anblick. Die große, von einem weißen Wolkenmeer wie in Watte eingehüllte blaue Planetenkugel, die friedlich und freundlich im schwarzen Universum stand, war die vor Jahren von ihnen verlassene Erde. Das bekannte Bild rückte schnell näher, so daß man schon Kontinente und geografische Details unterscheiden konnte. Das sirianische Kugelraumschiff setzte mit einer großen Kreisbahn zur Landung an. Durch die Wolkenschicht war in der Tiefe ganz deutlich das südamerikanische Festland zu erkennen.
Ähnlich wie beim Start nahm eine konventionelle Landerakete das Kugelraumschiff ins Schlepp. Der nördliche Teil der Westküste Südamerikas war greifbar nahe. Beide Flugkörper schwebten in nur geringer Höhe über einer vegetationslosen Landschaft gewaltiger Ausdehnung. Bis zum fernen Horizont war der Erdboden mit riesigen, fremdartigen Orientierungszeichen bedeckt, die sich wie große Straßen kreuzten und nebeneinander herliefen. Es dauerte noch einige Minuten, dann war die Landung geglückt.
Al Gorim, Professor Sorini, Doktor Tessin, Calcy und Jarwheli fiel es wie Schuppen von den Augen. Die Ebene

von Nasza in Südamerika, wo noch heute Wissenschaftler und Forscher vor einem nicht gelösten Rätsel bei der Betrachtung der nur vom Flugzeug aus zu übersehenden sonderbaren Zeichen stehen, war ein prähistorisches sirianisches Kosmodrom!
Wer hätte jemals eine solche Deutung und Herkunft für möglich gehalten? Die Forschungen irdischer Archäologen über die Entstehungszeit dieser Phänomene bestätigen sich.
Langsam verlosch das Bild, und die fünf irdischen Betrachter kehrten in die Wirklichkeit zurück. Durch die dreidimensionalen farbigen Eindrücke war ein Gefühl der persönlichen, unmittelbaren Teilnahme am Geschehen aufgekommen.
Ens Stimme ertönte wieder: „Ich glaube, zu der eben beendeten Vergangenheitsreise brauche ich Ihnen keine besonderen Erläuterungen mehr zu geben. Doch nun wollen wir uns viel weiter von der heutigen Zeit entfernen. Durch eine neue Einstellung des Zeitwählers werde ich Ihnen einen Blick in die Urgeschichte unseres Planeten ermöglichen. Wir tasten Lichtstrahlen in einer Entfernung von hundert Millionen Lichtjahren ab und holen Bildeindrücke aus dieser Zeit zurück, die ohne c-Arrivonen nie in dieser Originalität sichtbar gemacht werden könnten. Doch sehen Sie selbst!“
Wieder konnten die Kosmonauten Ausrufe der Überraschung und des Erstaunens nicht unterdrücken.
In grellen Farben wurden auf dem Schirm ähnliche Bilder sichtbar, wie sie den Vorstellungen phantasievoller irdischer Maler von der Fauna und Flora der Erd-Kreidezeit entsprachen. Erneut hatten die Zuschauer den Eindruck, in geringer Höhe nun über einer urzeitlichen Landschaft zu schweben. Durch üppige Steinkohlenwälder, die mit unübersehbaren Sumpfgebieten wechselten, krochen, nein, jagten gigantische, saurierähnliche Ungeheuer, die von noch größeren Urechsen verfolgt wurden. Man vermeinte förmlich das Stampfen dieser Kolosse zu hören. Doch Geräusche enthielten die Lichtabbilder leider nicht. Die Vergangenheitsforschungsszenen waren Stummfilme.
Ferne Feuerzeichen am Himmel, zuckende Blitze, die das gesamte Firmament grell aufleuchten ließen, verliehen dem Panorama einen chaotischen Charakter. Ganz plötzlich

wurde es dunkel. Ein wolkenbruchartiger Regen ging nieder. Die Landschaft dampfte und brodelte. Es war unheimlich! Schließlich verlosch das Bild, und die Zuschauer kehrten aus der Urzeit des Sirters in die Gegenwart zurück. „Diese beiden von mir beliebig gewählten Demonstrationen“, war jetzt wieder die Stimme der Sirianerin zu vernehmen, „haben Ihnen sicher recht anschaulich gezeigt, wie sicher diese Methode unserer Vergangenheitsforschung authentisches Material aus den verschiedensten Epochen liefert.

Wir besitzen eine Vielzahl auf Bändern aufgenommener Filme dieser Art. Im Prinzip haben wir die Entstehungsgeschichte unseres Planeten lückenlos bis zurück zu seiner kosmischen Geburt erforscht und filmisch belegt. Zur Zeit beschäftigen wir uns vorwiegend mit Breitenarbeit. Die Arbeitsmethode, wie Sie sie soeben erlebt haben, erlaubt eine objektive Einschätzung und Aufzeichnung der Ereignisse. Viele Jahrzehnte davor gab es nur eine persönliche und damit subjektive Betrachtungsmöglichkeit zurückliegender Zeiträume. Ursache dafür war, daß die Retransformierung der c-Arrivonen in der Anfangsphase dieser Technik nur hirngebunden erfolgen konnte.

Es handelte sich um eine psychisch sehr anstrengende Tätigkeit, da man nicht, wie jetzt, Beobachter und Wahrnehmer der zurückgeholten Bilder war, sondern zwangsläufig selbst aktiver Teilnehmer der vergangenen Geschehnisse sein mußte.

Wir werden versuchen, bei der nächsten Demonstration auch diese ältere Methode der Vergegenwärtigung der Vergangenheit kennenzulernen. Für heute ist das Pensum erfüllt, wir machen Schluß!“

Mit Hilfe weiterer teleimaginärer Filme verschafften sich die fünf irdischen Wissenschaftler in den folgenden Wochen einen gründlichen historischen Überblick über die Vergangenheit dieser fremden Welt.

Bedauerlich war, daß die c-Arrivonen nur Rückblicke in die Geschichte des Planeten Sirter gestatteten. Die Kosmonauten hätten auch gern in der gleichen Art die Vergangenheit der sirianischen Zivilisation erforscht, insbesondere die Übergangsperiode zur jetzigen Gesellschaftsordnung, die für die irdischen Gäste von größtem Interesse war. Aber zu jener

Zeit wohnten die Sirianer noch auf dem Canip im Sonnensystem des Procyon, und mit den c-Arrivonen konnten nur die vom Sendestandort ausgegangenen Lichtstrahlen sichtbar gemacht werden.
Co und auch Zi, der eigens von Ulo gekommen war und so seine Vermutung, daß man sich noch einmal sehen würde, wahr gemacht hatte, gaben Al Gorim und seinen Freunden auf dem Gebiet der Gesellschaftswissenschaften jede nur erdenkliche Unterstützung. Der Schwerpunkt dieser gesellschaftlichen Wandlung war, wie man ganz richtig vermutet hatte, die Entwicklung der Produktivkräfte.
Nach dem nun vorliegenden Überblick mußten die Kosmonauten bestätigen, daß die Fremden doch einen wesentlich höheren Erkenntnisstand besaßen, der in nicht allzu ferner Zeit, durch die Kontaktaufnahme der beiden Welten beschleunigt, auch von der menschlichen Zivilisation erreicht werden würde.
Es war nicht verwunderlich, daß bei der unglaublichen Fülle des vorgefundenen Materials die für die Besichtigung und Erforschung des bewohnten Planeten vorgesehenen Tage und Wochen wie im Fluge vergingen.
Die beiden weit voneinander operierenden Informationsgruppen, die trotz guter Organisation und Vorbereitung nicht alle acht Sektorenkontinente des Planeten Sirter aufsuchen konnten, rüsteten zum Aufbruch in die Hauptstadt Aba, die der gemeinsame Treffpunkt war.
Da sich Leon Petit, dessen Genesung so gute Fortschritte machte, daß eine Verlängerung des Aufenthaltes der PHO 2-Expedition nicht erforderlich schien, bereits in der Metropole befand, konnte auch die Gruppe von Professor Untaka ihre Forschungen auf dem Naturschutzkontinent planmäßig beenden. Es war vorgesehen, daß man nach weiteren zwei Wochen, die vorwiegend der Sichtung und Verdichtung des vorliegenden Materials dienen sollten, mit der OREL zur PHO 2 zurückfliegen würde, um auf alle Fälle die mit Katajew, Jussuf und Parker festgelegten Termine einzuhalten.
Trotz der Fremdartigkeit der Welt, in der die kühnen Sternenfahrer gelandet waren, würde ihnen der Abschied von den Sirianern schwerfallen, und unbeabsichtigt machte sich

unter den Freunden eine Abschiedsstimmung bemerkbar. Doch da trat eine überraschende Wendung ein!

Schwerwiegende Enthüllungen

Im „Haus der Sonnensöhne“ der Hauptstadt, wo sich die PHO 2-Besatzung – einschließlich Leon Petits – und die sirianischen Betreuer zu einem abschließenden Gespräch eingefunden hatten, herrschte rege Geschäftigkeit. Keiner der Kosmonauten wollte irgend etwas zurücklassen, alles war für sie wichtig! Us und It erinnerten immer wieder daran, daß doch nun eine enge Verbindung zwischen den beiden Zivilisationen hergestellt sei und viele weitere Besuche folgen würden.

Was wußten die beiden Mädchen schon von den schier endlosen Zeiträumen bei kosmischen Flügen und der Einsamkeit der Menschen in der großen Leere!

Über die nächsten Raumschiffbesuche von der Erde hatte Lo mit Al Gorim schon konkrete Festlegungen getroffen. Noch vor Antritt des langen Rückfluges wollte er von der PHO 2 aus einen Laser-Funkspruch an die Erde senden, der immerhin fast drei Jahre vor Ankunft des Raumschiffes dort eintreffen mußte. Er würde ein Ergebnis übermitteln, an das zu Beginn der Photonenreise zum Siriussystem keiner der Beteiligten auch nur zu denken gewagt hatte. Als ihm das bewußt wurde, erfüllten Al Gorim Stolz und Befriedigung.

Lo, der die Freunde für einige Zeit verlassen hatte, kehrte an einem der folgenden Tage mit einem sehr ernsten Gesicht zurück. Während seiner Abwesenheit hatte er mehrere wichtige Unterredungen mit dem Präsidenten und den Vätern der Ordnung, wie die Mitarbeiter des etwa irdischen Vorstellungen entsprechenden Innenministeriums nach alten sirianischen Überlieferungen genannt wurden, geführt.

Los Meinung nach hatten die Kosmonauten aus der Sphäre der gelben Sonne während der vielen Wochen und Monate, die sie als aufgeschlossene Forscher genutzt hatten, bewiesen, daß sie nun auch über bestimmte Sorgen und Nöte der Sirianer informiert werden konnten.

Dieser Problemkreis, zu dem neben der Gravitonenschutzhülle und den vielen Orbitalstationen auch die ungelöste

Frage des notwendigen Baues von Korpuskularraumschiffen in Verbindung mit der ungeklärten Situation der kleinen Volksgruppe auf den weitentfernten Heimatplaneten Canip gehörte, war Gegenstand von Los Verhandlungen in Aba gewesen. Er hatte den Standpunkt vertreten, daß es geradezu eine Unehrlichkeit gegenüber den Tovas wäre, die offen und ohne Vorbehalte über die Probleme und Besonderheiten ihres äußerst volkreichen Planeten berichtet hätten, hierüber nicht zu sprechen. Schließlich hatten sich die Väter der Ordnung seiner Meinung angeschlossen, und der Präsident entschied, daß Lo die irdischen Gäste in den letzten Tagen ihres Aufenthaltes auf dem Sirter mit dieser besonderen Problematik vertraut machen sollte. Nicht zuletzt deshalb, weil man inzwischen übereingekommen war, daß nach Rückkehr der PHO 2 von der Erde aus eine „Raumflotte der Freundschaft" zum Sonnensystem des Sirius starten sollte. Es schien Lo deshalb so schwierig, den irdischen Freunden von all diesen Dingen nun zu berichten, weil sich bei ihnen der Eindruck einer weit fortgeschrittenen Sirterzivilisation und -technik so eingeprägt und gefestigt hatte, daß es sie, das wußte er genau, erschüttern würde, jetzt plötzlich von Unzulänglichkeiten zu hören. Lo liebte die mutigen und entschlossenen Tovas. Diese Menschen aus dem Sonnensystem des gelben Sternes erschienen ihm wie jüngere, urwüchsigere Brüder der Sirianer. Sein Entschluß stand fest, er würde noch morgen die wichtige Aussprache mit den Tovas führen!

Al Gorim und seine Freunde schritten am nächsten Tag mit einer leichten Befangenheit zum Beratungszimmer, wohin sie Us und It formell im Auftrage von Lo eingeladen hatten.

Doktor Tessin vermutete, daß es sich bestimmt um eine Aussprache über das notwendige Abschiedszeremoniell handeln würde. Der abenteuerlustige Leon Petit wiederum nahm an, daß man von sirianischer Seite aus vielleicht noch eine bestimmte technische Besonderheit, einen „Knüller", wie er sich ausdrückte, vorführen wollte.

Nachdem die irdischen Sternenfahrer, um eine gewisse Unruhe und Spannung zu verbergen, umständlich Platz genommen hatten, begann Lo ohne Umschweife mit seinen Aus-

führungen: „Liebe Tovas, mutige Kosmonauten vom gelben Stern! Ich habe Sie heute zu einer Aussprache gebeten, die für uns alle entscheidende Fragen aufwirft. Bei den vielen Informationen und Erkenntnissen, die Ihnen im Verlauf der letzten sechs Monate übermittelt wurden, haben wir bewußt zwei Problemkreise ausgelassen. Es sind dies die Schutz- und Sicherheitsmaßnahmen auf und um unseren Planeten und der erreichte technische Stand auf dem Gebiet der hochentwickelten Automaten und Denkmaschinen: die Problematik der Roboter oder Thropis, wie wir sie nennen.
Sie, liebe Tovas, waren in all den Monaten Ihres Aufenthaltes in unserer Mitte so höflich und so taktvoll, uns keine diesbezüglichen Fragen zu stellen.
Als ich Sie zu Beginn unserer Bekanntschaft von der Raumstation hierher zum Sirter geleitet habe, machte ich Sie notwendigerweise kurz auf den Gravitationsschutzmantel, der unseren Planeten umgibt, aufmerksam.
Sie kennen, zumindest aus Berichten und Schilderungen, die katastrophalen Schwerkrafteinflüsse des Sirius-Doppelsternbegleiters Ra und die von unseren Vorfahren vor Jahrtausenden eingeleiteten gigantischen Schutzmaßnahmen. Dieser Schwerkrafteinfluß ist aber nur eine und vielleicht noch nicht einmal die gefährlichste Aktivität.
Sehr bald schon, bei der zweiten und dritten Beobachtung von Ra-Durchgängen, wurden leider im Lichtspektrum des weißen Zwergsternes unzulässig hohe, ja lebensgefährliche Anteile harter Strahlungen festgestellt, die während der Zeitspanne der größten Annäherung nicht mehr von der Atmosphäre absorbiert werden konnten.
Bis zur Verwirklichung der absolut sicheren Gravitonenschutzhülle spielte sich das gesamte Leben unseres ausgewanderten Volkes periodisch, jeweils für mehrere Jahre, unter Strahlenschutzbauten und in entsprechender Bekleidung ab.
Hinzu kam, daß diese harte Strahlung auch in den Pflanzen, die zur Gewinnung der Präparaternährung angebaut werden mußten, giftige Spuren hinterließ. Man bezeichnete diesen damaligen Zeitraum als die erste ‚große Krise', weil die gesamte Ernährung unseres Volkes in Frage gestellt war. Damit ergibt sich bereits eine der Aufgaben des Gravitonenschutz-

mantels: gefährliche Anteile kosmischer Strahlung von der Oberfläche des Planeten fernzuhalten!
Mit dieser speziellen Funktion hängt beispielsweise der beachtliche Abstand des Schwerkraftgürtels eng zusammen. Es handelt sich ja nicht nur um einen Vorgang der Abschirmung, sondern auch um eine notwendige Strahlungsbeugung, die im Inneren der weit entfernten Hülle sehnenförmig verläuft, aber weit über der Oberfläche des Planeten und oberhalb der zugelassenen Flughöhen der Kugelraumer.
Der Ausweg, aus einheimischen Lebewesen, deren natürliche Entwicklung die besonderen Naturverhältnisse berücksichtigt haben mußte, ein Antistrahlungsserum zu gewinnen, brachte keinen Erfolg, da der völlig andere Blutaufbau der planetentypischen Lebensformen zu keiner für unser Volk geeigneten Impfflüssigkeit führte. Auch auf synthetischem Wege war das Problem nicht zu lösen!
Eine weitere gefährliche Erscheinung, die nicht bei jedem Ra-Durchgang mit der gleichen Intensität auftrat, war der zum Teil katastrophale Formen annehmende Meteoriteneinschlag!
Das Doppelzentralgestirn mit seinem sich ständig verändernden Gravitationsschwerpunkt bewirkt grundsätzlich eine ungeheuere Kleinstdunkelmassenaktivität, die das Auftreten von massereichen Meteoritenströmen einleitet, die zwischen den beiden Himmelskörpern hindurchfließen. Besonders gefährlich sind die vagabundierenden Asteroiden, die, so konnte mehrfach beobachtet werden, sich den Meteoritenströmen anschließen und je nach sporadischem Bahnverlauf dem Sirter sehr nahe kommen.
Ein tiefgestaffeltes System von orbitalen Schutzstationen dient der Erkennung und Abwehr solcher kosmischer Abenteurer. Eine besonders kritische Phase wird jedoch dann erreicht, wenn sich beim nahen Ra-Vorbeigang der Sirter mit seinem Gravitationsfeld in dem gefährdeten Dunkelmassenkorridor zwischen Sirius und Ra befindet. Dann geht für viele Monate ein ununterbrochenes Meteoritenbombardement auf die Planetenoberfläche nieder.
Diese Tatsache blieb den ersten sirianischen Kundschaftern zunächst verborgen, weil die verderbenbringenden Stürme und Zyklone – ebenfalls Begleiterscheinungen der Ra-

Nähe –, die losgerissene Felsbrocken und Bäume mit sich führten, dem Meteoritenfall überlagert waren.
Sie entsinnen sich sicher noch des Augenzeugenberichtes, den Ihnen Da vermittelt hat!
Damit zeichnet sich eine zweite Aufgabe der Gravitonenschutzhülle ab: herabstürzende kosmische Körper von der Planetenoberfläche fernzuhalten. Bei dieser Dimensionierung der Schutzschicht und der verfügbaren Energiekonzentration wurde davon ausgegangen, daß sichere Abwehrmöglichkeiten auch noch gegenüber vagabundierenden Asteroiden und Planetoiden gewährleistet sein mußten. Der größte bisher registrierte Asteroid, der die Strecke zwischen Sirius und Ra passierte, hatte einen Durchmesser von zwölfhundert irdischen Kilometern.
Eine solch große eindringende Masse würde die vorhandene Gravitonenenergie noch eliminieren; die Mehrzahl der kleineren Meteoriten unterliegt der Reflexion. Die Energiezuführung für diese buchstäblich überdimensionale Gravitonenschutzschicht von planetarer Größenordnung erfolgt mit Hilfe gigantischer Schwerkraft-Plasma-Generatorenstationen, die auf künstlichen Inseln in den beiden polaren Zentralmeeren errichtet wurden.
Das erforderliche Gravitonenträgergas wird durch kilometerlange senkrechte Beschleunigungszylinder in eine Zone außerhalb der Sirteratmosphäre befördert. Da ein Teil dieses Gases ständig in den Weltraum entweicht, sind noch entsprechende Gaserzeugungsanlagen notwendig. Die Dichte und Ausdehnung der Schutzhülle können beliebig variiert werden.
Doch ich muß noch weiter ausholen, damit unsere Lage verständlich wird: Schon zur Vorbereitung der kosmischen Völkerwanderung unserer Vorfahren, insbesondere beim kurzfristigen Bau der benötigten riesigen Raumflotte, wurden erstmalig Thropis, sirianische bzw. damals noch canipische Roboter, in beachtlichem Umfang eingesetzt.
Thropis sind kybernetische hochtechnisierte Arbeitsinstrumente, die mit Rücksicht auf die optimale Funktionsgestaltung des menschlichen, ich müßte eigentlich sagen sirianischen Körpers, diesem im Grundaufbau entsprechen.
Um diese idealen Rationalisierungsmittel überall und um-

fassend einsetzen zu können, gab es vier Größenklassen oder Typen: Minithropis, etwa dreißig Zentimeter groß; Kleinthropis, etwa einen Meter groß; Normalthropis, etwa zwei Meter groß, und schließlich für besondere Zwecke die Riesenthropis, etwa zehn bis dreißig Meter groß.
Hierzu möchte ich ergänzen, daß die Riesenthropis vorwiegend zum Bau der gigantischen Äquatorial- und Meridiankanäle entwickelt und eingesetzt wurden.
Es ist sicher auch in Ihrem Sinne, wenn ich jetzt nicht detailliert über den äußerst komplizierten Aufbau der einzelnen Thropiklassen spreche! Für das Verständnis der entstandenen Situation ist jedoch wichtig, und das möchte ich zu Beginn meiner Darlegungen besonders herausstellen, daß alle Thropis grundsätzlich mit einem synthetischen Denkapparat, den man als künstliches Gehirn bezeichnen könnte, ausgerüstet waren. Die Anzahl der anorganischen installierten Neuronen stimmte mit der Mindestfunktion für einen mehr oder weniger speziellen Verwendungszweck überein und konnte nach Bedarf verändert werden.
Ich habe bewußt keine Weisen und Denker hinzugezogen, denn dann müßte ich jetzt eine Zäsur machen, und Sie würden Ihre Fragen zu dem unerschöpflichen Komplex der synthetischen Denkapparate stellen. Ich bitte um Ihr Verständnis und fahre fort. Die Thropis waren also immer nur für ein spezielles Aufgabengebiet programmiert. Für Tätigkeiten außerhalb der festgelegten Funktion konnten die Automaten zusätzlich ferngesteuert und auch fernprogrammiert werden. Die eingebrachte künstliche Denksubstanz war für alle Thropitypen gleich. Auch darauf möchte ich besonders hinweisen, daß die Entwicklung der verschiedenen Thropiarten nichts mit der spielerischen Schöpfung von Maschinenmenschen oder technischen Homunkuli zu tun hatte, sondern im Prinzip eine zweckmäßige Synthese der Automatisierung, der Kybernetik und der Ergebnisse auf dem Gebiet der künstlichen Neuronen darstellte.
Die damals begonnene Schaffung hochkomplizierter Denkapparate auf der Basis synthetischer Gehirnnachbildungen ist jedoch bis zur Stunde nicht über das Stadium qualifizierter Teillösungen hinausgegangen.
Das gespeicherte Reaktionsvermögen der primitivhirnähnli-

chen Funktionsmechanismen, geht bei allen Thropitypen nicht von bestimmten künstlichen Nervenzentren aus, sondern äquivalente Bioströme agieren über elektronische Adapter- und Verstärkersysteme.
Es handelt sich hierbei also nicht um eine höchste psychophysische Materiefunktion, wie sie Ihnen beispielsweise im Rahmen der Ultronentheorie erläutert wurde, sondern um die Anwendung spezieller Ergebnisse der elektronischen und der quantenbiologischen Grenzgebietsforschung.
Eine ganz besondere Rolle spielten die Thropis aller Größenklassen bei der notwendigen und unumgänglichen Bahnveränderung des weißen Zwergsterns Ra, über die Sie bei den gemeinsamen Einführungsvorträgen unmittelbar nach der Landung informiert wurden.
Die von dieser Materiekugel höchster Dichte bis in die Zeit der vollzogenen Übersiedlung unseres Volkes alle fünfzig Jahre ausgehenden Verheerungen katastrophalen Ausmaßes stellten die Bewohner und damit die Wissenschaftler und Techniker vor die Alternative, entweder im Rahmen eines gewagten kosmischen Experiments die Bahn des weißen Zwergsterns zu verändern und den kritischen Abstand zum Sirter zu vergrößern oder aber für alle Zeiten in Katastrophenverhältnissen unter lebensgefährlichen Bedingungen zu leben.
Unsere Weisen und Denker sahen für die durchzuführende Vergrößerung der Umlaufbahn der gefährlichen Zwergsonne nur die eine Möglichkeit, die relativ neu entdeckten, künstlichen Gravitationskräfte einzusetzen.
Die Anwendung von Kräften aus unmittelbaren Kernprozessen in Form von nuklearen Explosionen mußte aus Sicherheitsgründen prinzipiell ausgeklammert werden.
Die Möglichkeit für eine reale Durchführung der Antischwerkraftbeeinflussung war im wesentlichen dadurch gegeben, daß die große Raumflotte von der interstellaren Canip-Sirter-Reise noch zur Verfügung stand. Zu dieser kosmischen Transportflotte gehörten seinerzeit zweitausend Großraumschiffe, von denen nur ganz wenige ausgefallen waren.
Vermutlich wäre ohne diese einsatzfähige Raumflotte das ganze Unternehmen zum Scheitern verurteilt gewesen, weil

unter den zu jener Zeit noch besonders katastrophalen Naturverhältnissen der Bau großer interstellarer Raumschiffe sich über unvertretbar lange Zeiträume erstreckt hätte. Es gab aber auch noch andere Gründe, auf die ich später zu sprechen komme, die den Bau von Großraumschiffen zu dieser Zeit bereits unmöglich machten!
Das ‚Experiment im All', wie unsere Vorväter das kosmische Bahnveränderungsvorhaben nannten, sah vor, daß die etwa zweitausend Großraketen, die bis auf wenige zu riesigen Gravitonenwerfern und Antischwerkrafterzeugern umgebaut werden sollten, eine bestimmte Bahn um den Ra beschreiben und am siriusfernsten Punkt seiner Orbitale in Aktion treten würden.
Der Antischwerkraftimpuls würde zu dem Zeitpunkt ausgelöst werden, wenn sich alle Gravitonenerzeuger zwischen dem unzertrennlichen Sternenpaar befanden. Die im gleichen Abstand aneinandergereihten Projektile ergaben dann einen Kreisbogen von etwa dreißigtausend Kilometer Länge.
Bei dem Experiment mußte auch damit gerechnet werden, daß alle beteiligten Raumschiffe eine gefährliche Reaktionsbewegung in Richtung auf den Zwergstern hin vollziehen würden, die jedoch zu keinem Absturz führen durfte, weil sonst die mit Materie und Antimaterie gefüllten Raumschiffe als riesige Kernbomben den Himmelskörper in eine Nova verwandeln konnten.
Erst relativ spät, als die Vorbereitungen für das Unternehmen längst angelaufen waren, kam man zu der erschreckenden Erkenntnis, daß den zu erzeugenden Gravitationsimpuls kein organisches Wesen, insbesondere kein Sirianer innerhalb oder in der Nähe der Raumschiffe überleben würde. Damit war klar, daß die unmittelbare Durchführung des Experiments nur durch Thropis erfolgen konnte!
Sofort wurde damit begonnen, die künstlichen Neuronenbausteine der Primitivhirne der hochentwickelten Automaten im Hinblick auf Funktionsfähigheit gegenüber kräftigen Schwerkraftimpulsen zu prüfen und weiterzuentwickeln.
Es stellte sich heraus, daß die primitiven Thropidenkapparate praktisch schwerkraftunempfindlich waren. Der maximal erreichte Prüfwert lag bei einer etwa hunderttausendfa-

chen Sirteranziehung. Für jedes der beteiligten Raumschiffe wurden vier Steuerthropis und sechs Kontroll- und Havarieroboter vorgesehen.
Der komplizierte Programmablauf der Steuerthropis unterlang einer jahrelangen Kontrolle. In entsprechenden Simultananlagen wurden die Etappen des Formationsfluges, der Impulsauslösung, des damit verbundenen Gegensturzes, des Abfangens und des Abfliegens der Raumschiffe bis zur absoluten Perfektion trainiert.
Das vor fünftausenddreihundert Jahren durchgeführte phantastische ‚Experiment im All' ist geglückt und hat neben der Erreichung des eigentlichen Zieles auf vielen wissenschaftlichen Spezialgebieten neue Erkenntnisse gebracht! Die vorausberechnete Bahnkorrektur ist fast bis auf den Kilometer genau eingetreten! Der kritische Abstand Sirter–Ra wurde um hundertfünfzigtausend Kilometer vergrößert.
Trotzdem war der Schwerkrafteinfluß des weißen Zwerges in der Folgezeit immer noch so unangenehm, daß nach einigen Jahrhunderten in unserem Volk erneut Stimmen laut wurden, die zum Ausdruck brachten, durch ein zweites Bahnkorrekturexperiment die Unregelmäßigkeiten in der Natur des Sirters endgültig zu beseitigen und den weißen Zwerg so weit in den Weltenraum zu versetzen, daß keinerlei Störungen mehr von ihm ausgehen konnten. Eine Gruppe hervorragender Wissenschaftler erhielt vor ungefähr dreitausend Jahren den Auftrag, der im wesentlichen darin bestand, das vor vielen hundert Jahren erfolgreich durchgeführte Experiment noch einmal zu wiederholen.
Zu diesem Zweck wurde im ersten südlichen Land ein Gebiet von ungefähr sechzehnhundert Quadratkilometern für die Vorbereitungsarbeiten eingerichtet und von aller anderen Nutzung frei gehalten. Wieder ging es vorwiegend darum, die immer noch vorhandene ‚kosmische Transportflotte' erneut für den gewaltigen Schwerkraftimpuls zu armieren und geeignete Thropis zu trainieren.
Ich will mich kurz fassen. Die gesamte Bevölkerung des Sirters erwartete mit großer Spannung das zweite ‚Experiment im All'.
Ba, ein Denker erster Klasse, was einem hohen akademischen Grad entspricht, war der von der Volksvertretung be-

auftragte Leiter des Unternehmens. Die Familie der Bas besaß seit Jahrhunderten das Vertrauen des Volkes! Für die technischen Belange des Experimentes war Pi der Ältere verantwortlich.

An dem Tag, an dem der Sirter endgültig von den Tücken des weißen Zwerges befreit werden sollte, starteten auch zehn der großen Interschiffe mit insgesamt etwa sechshundert Wissenschaftlern beiderlei Geschlechts an Bord, die aus einigermaßen sicherer Entfernung ihr eigenes Vorhaben genauestens kontrollieren und gegebenenfalls eingreifen wollten. Soweit verlief alles planmäßig.

Doch das zweite ‚Experiment im All' hat nie stattgefunden! Die für den ungeheueren Schwerkraftimpuls vorbereiteten fast zweitausend Raumschiffe, einschließlich der bemannten Kontrollprojektile, sind nie wieder zum Sirter zurückgekehrt.

Es war ein unersetzlicher, nie wieder gutzumachender Verlust! Neben den vielen hundert Raumschiffen waren auch sechshundert Wissenschaftler mit modernsten Ausrüstungen und Unterlagenmaterial verlorengegangen. Nicht zu vergessen die etwa zwanzigtausend Thropis verschiedener Typen mit besonders robusten Denkapparaten. Die sofort eingeleitete kosmische Suchaktion, die sich über mehrere Jahre erstreckte, blieb ohne Erfolg. Sie können selbst ermessen, welchen Aufwand solche Maßnahmen bedingen. Die Raumschiffe waren und blieben in der schwarzen Unendlichkeit des Universums verschollen.

Über die möglichen Ursachen des unerklärlichen Versagens gab es eine Vielzahl unterschiedlicher Hypothesen. Am einleuchtendsten war jene Vorstellung, daß der weiße Zwergstern, als die Raumschiffe relativ nahe heran waren, eine Protuberanzerscheinung mit einer derart unbekannten Strahlungsdosis hatte, daß die Primitivhirne der Steuerthropis neutralisiert oder umprogrammiert worden sind. So blieb das mißglückte Unterfangen als ungelöstes Rätsel in der Erinnerung unseres Volkes erhalten bis in die Zeit vor etwa achtzehnhundert Jahren.

Als nach der Entdeckung der Mnemosonen die völlig neuen Astrovisionsanlagen die kosmische Telebeobachtung ermöglichten, war eines der ersten Untersuchungsobjekte unser al-

ter Heimatplanet Canip im Sonnensystem des Procyon. Sie wollen sich bitte an den Vortrag von Da bei der Eröffnung unserer Studienreise vor einem halben Jahr erinnern! Diese ersten und leider auch einzigen Beobachtungsergebnisse waren sensationell und erschreckend zugleich!
Die gesamte Raumschiffflotte, die das damalige kosmische Experiment durchführen sollte, einschließlich der zehn Kontrollraumschiffe mit den Technikern und Wissenschaftlern an Bord, war nicht verunglückt oder verschollen! Sie war vollzählig und unbeschädigt auf dem Canip gelandet! Heute wissen wir, daß Pi der Ältere und eine große Anzahl der beteiligten Fachkräfte, insgesamt etwa zweihundert Personen, die Expedition zum Canip ohne Wissen von Ba und den übrigen Experten von langer Hand vorbereitet hatten.
Zweifellos war dieses Unterfangen verwerflich, ja verbrecherisch, aber nach eingehenden Studien des aus jener Zeit stammenden Archivmaterials liegt ein großer Teil der Schuld für das Geschehene auch bei der damaligen Regierung, die den vielen Stimmen aus dem Volk, die die Überprüfung einer möglichen Rückkehr bzw. Rückbesiedelung des Canip nach der Teilnova zum Inhalt hatten, absolut kein Gehör schenkte.
Ba und mit ihm etwa zwei Drittel der am Impulsexperiment beteiligten Sirianer wurden von den Ereignissen überrascht, beim Weiterflug von den bewaffneten Kräften um Pi überwältigt und so mit Gewalt und ohne Zustimmung verschleppt.
Nach der Landung auf dem Canip kam es zu Kämpfen zwischen jenen Sirianern, die sofort wieder zurückfliegen wollten, und den fanatischen Pionieren um Pi den Älteren. Die letzteren blieben Sieger, wenn sie auch in der Minderzahl waren. Seit dieser Zeit, praktisch über ungezählte Generationen hinweg, existieren also auf dem Canip kleine Brudervölker von uns, die sich in feindlichen Lagern gegenüberstehen und von denen der größte Teil auch heute noch zurückkehren möchte.
Der Pi-Teilstaat ist eine absolute Technokratie, dessen ganzes Streben ausschließlich auf technische Erfolge gerichtet ist. Zu einem bestimmten Teil ist ihm dies auch gelungen! Die Technokraten haben ein neues, fast lichtschnelles

Raumschiff entwickelt und kurzfristig einen hochgradig denkfähigen Hybridthropi vom Pensertyp, den Bas Biophysiker geschaffen hatten, nachgebaut.
Diese Situation ist uns seit langem bekannt! Dennoch sind wir zur Untätigkeit verurteilt. Besonders schmerzlich für uns ist die Tatsache, daß wir trotz der erstaunlichen technischen Errungenschaften, von denen Sie sich ja selbst überzeugen konnten, seit der Flucht der Experimentflotte vor dreiundzwanzig Jahrhunderten noch nie wieder in die Lage versetzt wurden, interstellare Raumschiffe zu bauen, da im Sonnensystem des Sirius, so weit wir mit den Gravitationskugelraumern fliegen können, das Schwermetall für die unerläßlichen Annihilationsspiegel nicht vorkommt.
So müssen wir tatenlos zusehen, was auf dem Canip weiterhin geschieht! Funk- und Mnemosonenverbindungen zu dem fernen Planeten kommen nicht zustande, da ein Asteroidengürtel aus den Trümmern des bei der Teilnova geborstenen zweiten Procyonplaneten eine zwar unerklärliche, aber nachweislich unüberwindliche Barriere darstellt.
Durch einen Laserfunkspruch des Ba-Teilstaates, der seit vielen Jahren im gleichen Wortlaut, vermutlich von einem der Pi-Seite nicht bekannten Lichtsender auf einem der Asteroiden ausgestrahlt wird, wurden wir informiert, daß eines der neuen Raumschiffe mit einer Besatzung, die nur aus Hybridthropis besteht, zu uns, zum Sirter unterwegs ist. Dieser Besuch soll Aufsehen erregen und den technischen Stand der Canip-Sirianer demonstrieren mit dem Ziel, neue Abenteurer unter unserer Bevölkerung zu werben. Diese Situation ist für uns so schmerzlich und so ausweglos, daß wir es für angebracht hielten, mit Ihnen darüber zu sprechen.
Wenn von Ihnen, wie vorgesehen, in etwa dreißig Jahren eine große kosmische Freundschaftsflotte eintreffen sollte, möchten wir den vielen Tovas vom gelben Stern offen und ehrlich in die Augen sehen können. Um Ihnen das zu sagen, hatte ich Sie zu mir bitten lassen!“
Nachdem Lo seine Ausführungen beendet hatte, waren die Kosmonauten erregt aufgesprungen und umringten ihn. Schließlich machte sich Al Gorim zum Sprecher seiner Besatzung und sagte: „Verehrter Lo! Wir haben Sie und Ihr Volk in den vielen Monaten kennen- und schätzengelernt.

Sie haben uns als Freunde empfangen, und wir wollen auch Ihre Freunde sein! Gerade deshalb sind wir eigentlich enttäuscht, daß Sie uns Ihre Sorgen und Probleme so lange vorenthalten haben. Doch noch ist es nicht zu spät! Wir wollen und können Ihnen helfen. Verfügen Sie fortan über uns und unser Raumschiff! Alles, was in unseren Kräften steht, wollen wir gern und freudig tun, wenn es den sirianischen Freunden von Nutzen ist. Die Vorbereitungen zum Rückflug zur Erde werden sofort abgebrochen.

Wir hoffen sehr, daß unsere Hilfe angenommen wird, die darin besteht, mit Ihnen gemeinsam eine Lösung für das benötigte Strahlungsmaterial zu finden, ferner zum Canip zu fliegen und die weit entfernten feindlichen Brüder zu versöhnen.

Sprechen Sie mit Ihrer Regierung, daß sich bestätigt, was wir sein wollen: Nachbarn im All, Brüder gleichen kosmischen Lebens und Freunde in der Not!"

Lo fühlte sich in seinem Vertrauen zu den irdischen Sternenfahrern und in seinem Glauben an ihre aktive kämpferische Einstellung zu allen Problemen zutiefst bestätigt. Er versprach, umgehend eine Unterredung mit dem Präsidenten und den Vätern der Ordnung zu führen und so bald wie möglich zurückzukehren.

Mit dem Entschluß, den Sirianern zu helfen, sollten für die PHO 2-Besatzung neue gefährliche Abenteuer unter fremden Sonnen und in der Unendlichkeit des Alls beginnen.

Der Roboterplanet

Erbarmungslos trafen die sengenden Strahlen des Procyon die welken Grasbüschel in dem langgestreckten Wüstental. Plötzlich wurde dessen Eintönigkeit und trostlose Unberührtheit durch zwei sonderbare, etwa zweihundert Meter voneinander entfernte Staubwolken unterbrochen, die allmählich die ganze Tiefe des Tales ausfüllten. Zwei Riesenthropis eilten mit hoher Geschwindigkeit zu beiden Seiten des breiten ehemaligen Flußbettes dahin, das in dieser sterbenden Landschaft schon seit undenklicher Zeit kein Wasser mehr geführt hatte.

Die Teilnova vor etwa sechstausend Jahren irdischer Zeitrechnung und die dabei entstandene Leuchtkraftverdopplung und Volumenzunahme des Zentralgestirns hatten den früher so fruchtbaren und geradezu paradiesischen Canip nach und nach in einen wüsten Planeten verwandelt.

Die beiden Thropis, Roboterkonstruktionen von mindestens zehn Meter Höhe, glichen silberglänzenden riesigen Rittern in voller Rüstung beim sportlichen Wettkampf. Die Arme hatten sie angewinkelt, und jedesmal, wenn die breiten, mehr als meterlangen Laufsohlen den ausgedörrten Lehmboden berührten, entstanden tiefe Eindrücke, und Wolken gelben Staubes wirbelten auf, die sich bei der absoluten Windstille nur langsam verzogen.

Am Ende des Tales, wo große Steinbrocken und felsige Ufer das Flußbett schmal und tief werden ließen, verlangsamten die metallischen Riesenläufer das Tempo und mußten schließlich hintereinander und mit vorsichtigen Schritten das unübersichtliche Geröllfeld überqueren. Nach wenigen Minuten hatten sie es hinter sich gelassen und setzten ihren Lauf mit der gleichen erstaunlichen Geschwindigkeit fort. Unvermittelt hielten beide wie auf Kommando an. Mit einer Schnelligkeit, die man den großen Metallkonstruktionen gar nicht zugetraut hätte, knieten sie sich hin und untersuchten eine aus vielen Fußabdrücken bestehende, nicht zu übersehende Spur.

Das mußte der gesuchte Fluchtweg der sechs Arbeitsthropis sein, die sich vor einigen Tagen völlig unprogrammäßig aus den großen metallurgischen Werken in Mes entfernt hatten. Besonders beunruhigend war die Tatsache, daß die anscheinend defekten Roboter kurz vor ihrem Entweichen die komplizierte Plasma-Zentrifuge, die von ihnen bedient worden war, sachkundig beschädigt und so für längere Zeit außer Betrieb gesetzt hatten.
Die beiden Riesenthropis beugten sich noch immer über die Spuren. Man hatte fast den Eindruck, sie unterhielten sich. Hin und wieder pendelten die Köpfe nach rechts und links oder bewegten sich ruckartig auf und ab.
Jetzt fuhren sie aus ihren Schulterpartien große Antennen aus, die sich drehten oder für Sekunden in einer bestimmten Stellung verharrten. Es handelte sich bei den zwei Riesenthropis um Pensertypen, die als Befehls- und Kontrollroboter in dem von nur wenigen Sirianern beherrschten riesigen Technokratenstaat eine besondere Rolle spielten, weil sie bereits über ein beachtliches eigenes Denk- und Kombinationsvermögen verfügten.
Die langen säulenförmigen Beine schoben sich teleskopartig zusammen und gaben zwei Gravitonendüsen frei. Beim Start, der von riesigen Staubfahnen begleitet wurde, taumelten sie etwas hin und her, lösten sich dann aber sicher vom Boden und flogen mit steigender Geschwindigkeit in östlicher Richtung, wo sich am Horizont die Umrisse eines mächtigen Gebirgsmassivs abzeichneten.
Die beiden Kontrollthropis schienen sich ihrer Sache recht sicher zu sein, denn sie bogen ohne zu zögern um zwei hohe Gebirgsstöcke, deren schwarzglänzende Wände fast senkrecht abfielen. Kurz dahinter landeten sie in einer Schlucht, die so schmal und tief war, daß hier das Tageslicht kaum den Boden erreichte. Sie schwebten nur wenige Meter über der Talsohle und orientierten sich kurz, während die Gehwerkzeuge wieder ausgefahren wurden.
Die Gesteinsbrocken und das unübersehbare Geröllfeld ließen darauf schließen, daß hier vor vielen tausend Jahren riesige Gletscher die Landschaft bedeckt hatten, die jedoch längst geschmolzen waren. An diese Vergangenheit, die noch lange vor jener Zeit lag, als aus dem Zentralgestirn eine ge-

fährlich strahlende Sonne geworden war, erinnerten die moränenartigen Halden.
Die beiden Penser ließen erneut für wenige Augenblicke die Antennen rotieren, dann gingen sie mit großen Schritten auf eine Felswand zu, wo sich im Halbdunkel eine Öffnung wie der Eingang zu einer Höhle abzeichnete. Sie achteten nicht auf die erschrockenen Riesensalamander und Nattern, die nicht schnell genug zur Seite huschen konnten und von den stählernen Fußplatten der Riesen zermalmt wurden.
In der geräumigen Höhle, die durch die Wirbel des Gletscherschmelzwassers ausgepült worden war, befanden sich tatsächlich die sechs gesuchten Arbeitsthropis. Sie waren gerade dabei, sich gründlich zu regenerieren, denn der lange Fluchtweg, den sie mit großer Schnelligkeit zurücklegen mußten, hatte fast ihre gesamten Energievorräte verbraucht. Einem von ihnen war eine niedergehende Gesteinslawine zum Verhängnis geworden. Sein Laufmechanismus hatte sich verklemmt, und zwei noch intakte Roboter waren damit beschäftigt, mit den letzten verfügbaren Kraftreserven ihren Begleiter wieder instand zu setzen. Auf Grund des ihnen vorgegebenen Schutzprogramms hatten sie den Eingang zur Höhle durch Felsbrocken verschlossen und unpassierbar gemacht.
Die Geflüchteten hatten die Suchfrequenz der beiden Penser schon längere Zeit registriert und waren daher nicht überrascht, als sie aufgefordert wurden herauszukommen. Doch sie leisteten dem Befehl nicht Folge.
Es war in letzter Zeit schon mehrmals vorgekommen, daß in den künstlichen Neuronenassoziationen der Arbeitsthropis aller Größen Umkehrerscheinungen, Negationen und damit nicht selten gegenteilige Aktivitäten und Reaktionen auftraten. Die genaue Ursache hierfür war noch nicht ermittelt. Vielleicht handelte es sich sogar um unkontrollierbare Prozesse, die schon natürliche Gegenfunktionen der beschränkten künstlichen Hirne waren. Auch in diesem Fall lautete der Auftrag, um jeden Preis die in Unordnung geratenen Denkapparaturen der Geflohenen sicherzustellen.
Das war für die Penser keine einfache Aufgabe! Selbstverständlich verfügten sie über entsprechende Energiepotenzen, um die sechs programmwidrigen Thropis samt Felsen und

Torbarrikade in Sekundenschnelle zu eliminieren. Aber vernichten durften sie sie nicht!
Ihre im Unterschied zu den Arbeitsthropis auf der Basis organischer Hirnsubstanz weiterentwickelten Denk- und Kombinationsspeicher arbeiteten mit höchster Intensität. Alle notwendigen Daten wurden ermittelt, wobei einer der Penser als Meßwertgeber fungierte: Höhe und Tiefe der Höhle, Dicke der Felswand, Struktur des Bodens, Aufbau des Felsmassivs über der Höhle, Ermittlung der Gesteinshärte ..., dies alles dauerte nur wenige Sekunden. In noch wesentlich kürzerer Zeit lag das Ergebnis vor.
Etwa zwanzig Meter über der Höhle trat der Fels terrassenförmig zurück und zeigte ungewöhnlich große Erosionsspalten. Die Energie der beiden Kontrollpenser reichte völlig aus, um das harte Gestein mit Gravitonenstößen zu sprengen, in Schichten abzutragen und so die Höhle ohne Beschädigung der Eingeschlossenen freizulegen!
Sofort machten sich die beiden ans Werk. In weniger als drei Minuten hatten sie die titanische Arbeit vollendet und mehr als viertausend Kubikmeter Felsgestein beseitigt. Trotz Steinbrocken, Staub und ungeheurer Wärmebildung standen die sechs Flüchtigen plötzlich unbeschädigt im Freien. Irgendwelchen Widerstand zu leisten war sinnlos.
Blitzschnell hatte jeder der Kontrollthropis mit den an langen Auslegern befestigten Manipulatoren drei der Ausreißer an einer dafür vorgesehenen Transportöse gefaßt. Die Teleskopbeine schoben sich erneut zusammen und gaben die Flugdüsen frei. Die Ortungsantennen rotierten wieder, um den Flug zum kybernetischen Kontrollzentrum zu programmieren. Dann lösten sie sich, in eine große Staubwolke gehüllt, langsam aus der engen Schlucht, gewannen schnell an Höhe und flogen in westlicher Richtung davon. Die geräuschlos dahinfliegenden glänzenden Metallrümpfe, die wie riesige Raubvögel ihre Beute in den Krallen hielten, gehörten zum Alltag dieses Roboterplaneten.
Es war ein weiter Weg zum Kontrollzentrum in Mes, das auf der anderen Seite des Planeten lag. In großer Flughöhe hatten sie schließlich ihre Antriebsleistung so einreguliert, daß sie genau der Schattengrenze des Planeten folgten. Das entsprach einer Geschwindigkeit von etwa zweitausend Kilome-

ter pro Stunde, denn ein Canip-Tag war um ein Fünftel kürzer als ein Tag auf der Erde.
Nach der Landung auf dem Thropilandeplatz in Mes wurden die beiden Kontrollroboter von einem Canip-Sirianer erwartet, der sie mit ihrer Beute persönlich in Empfang nahm. Der Kybernetiker bestieg einen bereitstehenden Gleiter, und die beiden Gelandeten folgten ihm gehorsam. In einer der Hallen, die dichtgedrängt den Landeplatz umgaben, endete die gemeinsame Fahrt. Die sechs zurückgeholten Arbeitsthropis, die wie große leblose Metallpuppen wirkten, wurden von Analyserobotern übernommen und blitzschnell zerlegt. Die Köpfe mit den synthetischen Primitivhirnen kamen in besondere Behälter, die ein speziell programmierter Transportthropi in den „Kyb-Op" beförderte. Vor der Übergabe wurde jedem Gefäß automatisch das Entstehungsmagnetband mit der genauen Einsatzgeschichte des Thropis beigefügt.
Die altcanipische Ruinenstadt Mes war das Machtzentrum des sonderbaren Technokraten-Teilstaates auf dem ehemaligen Heimatplaneten der Sirianer.
Vor rund dreitausend Jahren irdischer Zeitrechnung sollte die Bahn des Zwergsterns Ra erneut verändert werden.
Pi der Ältere, der unter der Oberleitung des Denkers Ba für die technische Vorbereitung des Unternehmens verantwortlich war, hatte schon lange Zeit vorher etwa zweihundert ihm gleichgesonnene Wissenschaftler um sich gesammelt, die wie er der Meinung waren, daß man entgegen den Weisungen der Regierung versuchen sollte, die ferne kosmische Heimat aufzusuchen und gegebenenfalls wieder zu besiedeln.
So war aus dem „Experiment im All", wie die Sirianer die gigantischen Bemühungen der Ra-Verschiebung nannten, eine gründlich vorbereitete Expedition zum sieben Lichtjahre entfernten Planeten Canip im Sonnensystem des Procyon geworden.
Außer den fast zweitausend zu Gravitonenwerfern umgebauten thropigesteuerten Kosmostransportern mußten auch die zehn Beobachtungsraumschiffe, in denen sich mehr als fünfhundert Techniker und Wissenschaftler beiderlei Geschlechts befanden, an der Flucht teilnehmen. Die zu Beginn der unfreiwilligen Reise mehrfach unternommenen

Kursänderungsversuche wurden von den Verschwörern mit Gewalt vereitelt. Diese gaben sich auch keine Mühe, den von den Ereignissen überraschten Expeditionsmitgliedern, etwa vierhundert an der Zahl, die näheren Beweggründe für ihre Tat zu erläutern, um vielleicht doch noch bei einigen auf Verständnis zu stoßen. Die meisten der beteiligten Wissenschaftler fühlten sich auf verbrecherische Weise betrogen und verschleppt.

Unmittelbar nach der geglückten Landung in der Nähe der ehemaligen, inzwischen durch die Naturereignisse völlig zerstörten Automatenstadt Rob forderte Ba für sich und seine Mitarbeiter von Pi die Bereitstellung nur eines einzigen Großraumschiffes, um sofort wieder die Rückreise zum Sirter antreten zu können.

Pi lehnte diese Forderung ab und versuchte vielmehr, jedoch ohne den geringsten Erfolg, noch einige dieser Wissenschaftler und Techniker für seine Zwecke zu gewinnen.

Doch die Abneigung dieser Sirianer gegen Pi und sein Verbrechen war unüberbrückbar; besondere Erbitterung herrschte darüber, daß die gesamte Sirterbevölkerung während der Vorbereitungszeit für das phantastische Vorhaben jahrzehntelang betrogen und schließlich auch noch um das Ergebnis all der Anstrengungen gebracht worden war. Daher kam es in der Folge zu harten, zum Teil blutigen Auseinandersetzungen, aus denen die gut bewaffneten Pianer meist als Sieger hervorgingen. Dem geachteten Wissenschaftler Ba gelang es schließlich, den Kämpfen ein Ende zu bereiten.

Um der Gegenseite endgültig die Möglichkeit eines Rückfluges zu nehmen, schreckten Pi und einige seiner fanatischen Spießgesellen nicht davor zurück, alle auf dem Canip gelandeten Raumschiffe der ehemaligen Transportflotte bis zur Unbrauchbarkeit zu beschädigen. Damit war auch für Ba und seine Anhänger das künftige Schicksal besiegelt. Sie mußten auf dem lebensfeindlichen Canip ein neues Leben beginnen; für welchen Zeitraum, darüber gab es noch keine klaren Vorstellungen.

Zunächst wurden die auf dem Planeten nach der Procyon-Teilnova vorhandenen Lebensbedingungen genau analysiert. Die Ergebnisse waren nicht ermutigend: Eine nachweisliche Leuchtkraftverdopplung des Zentralgestirns führte zu einer

allmählichen Austrocknung des Planeten, und der Anteil der Gammastrahlen war lebensgefährlich. Der Wille jedoch zu überleben, zwang auch die Pianer schließlich, bestimmte Kompromisse einzugehen. Nach langwierigen Verhandlungen teilte man den Planeten, von dem nur die beiden Zonen gemäßigten Klimas in unmittelbarer Nähe der Polkappen für eine Besiedlung genutzt werden konnten, in zwei Interessensphären.
Ba und seine Gruppe bekamen die südliche Hemisphäre, in der die alte Hauptstadt Apa und die berühmte Denkerstadt Kyb lagen. Pi der Ältere beanspruchte für sich und seine Freunde die nördliche Halbkugel mit den präsirianischen Industriestädten Mes und Rob.
Die ehemaligen Zivilisationsschwerpunkte, die einst blühende Städte des Halbmilliardenvolkes der Caniper gewesen waren, glichen jetzt, Jahrtausende nach der Teilnova, nur unübersehbaren versandeten Ruinenfeldern und waren eigentlich nur noch historisch-canigraphische Ortsbezeichnungen.
Beide Gruppen der gelandeten Sirianer begannen dessenungeachtet, auf den Trümmern oder in der Nähe dieser verlassenen Riesensiedlungen neue Bauwerke, Wohnzylinder oder -würfel, Produktionsstätten und Ernährungsanlagen zu errichten. Diese umfangreiche Aufbauarbeit wurde im wesentlichen von den etwa zwanzigtausend mitgeführten Thropis geleistet. Nachdem sie von Experten beider Seiten umprogrammiert worden waren, wurden sie unter den Sirianern aufgeteilt, wobei der Ba-Teilstaat jedoch nur einen verschwindend kleinen Anteil erhielt.
Mit den vorhandenen Beständen an Materie und Antimaterie und den aus den Raumschiffen ausgebauten Plasmazentrifugen und Gravitonengeneratoren wurde die Grenze zwischen den beiden Canip-Teilstaaten durch ein schmales Kraftfeld markiert. Trotz der denkbar ungünstigsten Gegebenheiten stabilisierten sich die Verhältnisse nach und nach.
Ba, der jene Zeit nicht lange überlebte, hatte den Jüngeren und den Nachkommen aus den entstandenen Holas immer wieder eingeschärft, auch über Generationen hinweg nie in den Bestrebungen zu erlahmen, eines Tages wieder zum Sir-

ter zurückzukehren.
Unter dem Druck der lebensfeindlichen Naturverhältnisse hatte eine Expertengruppe von Biophysikern der Ba-Gruppe in weniger als einem Jahrzehnt einen völlig neuen, mit den bis zu diesem Zeitpunkt üblichen Robotern gar nicht vergleichbaren Thropityp entwickelt: Penser, wie diese neuen technischen Schöpfungen bezeichnet wurden, waren Hybridautomaten mit einer organischen Grundgehirnsubstanz. Sie wurde den Formissen entnommen, da sich die Hirne dieser Rieseninsekten mit ihrer relativ geringen Neuronenanzahl entsprechend beeinflussen und umfunktionieren ließen. Diese Insektenart war Gegenstand jahrelanger Studien der Sirianer gewesen, und mehrere hundert Formissen waren für Gravitationsexperimente in verschiedenen Raumschiffen untergebracht worden. Nach der Landung auf dem Canip wurden sie ausgesetzt und hatten sich beängstigend vermehrt. Die starke Gammastrahlung schien auf diese Tiere einen aktivierenden Einfluß auszuüben.
Leider gelang es den Kybernetikern um Pi sehr schnell, einige der Penser zu erbeuten und nachzubauen, so daß nach kurzer Zeit beide Seiten über diesen idealen Robotertyp verfügten.
Wegen der geringen Bevölkerungsdichte übernahmen die Penser nach und nach in der gesamten Industrie, einschließlich der Energie- und Nahrungsmittelerzeugung, fast alle Leitungs- und Kontrollfunktionen.
Wie ein weitmaschiges Netz waren nach einem halben Jahrhundert wieder eine Vielzahl von Fabriken und Produktionsstätten aller Art über den Planeten verteilt. Für die Erzgewinnung gab es dort, wo die tieferen Binnenmeere noch nicht verdampft und ausgetrocknet waren, zahlreiche, von Spezialthropis betreute submarine Großförderungsanlagen.

Pi der Jüngere, der Chef des technokratischen Canip-Teilstaates, ein entfernter Nachfahre jenes älteren Pi, der die Raumschiffe vor rund dreitausend Jahren zu diesem Planeten entführt hatte, lief erregt in dem Empfangskabinett seines Regierungsgebäudes in Mes auf und ab. Er war ungehalten, ja erbost, daß sich die wilde Umprogrammierung der

Arbeitsthropis, die er gehässig „technische Rebellion" nannte, zu einer staatsgefährdenden Epidemie ausbreitete.
Das Verschwinden und die organisierte Störtätigkeit von sechs Thropis im Bereich wichtiger metallurgischer Anlagen seiner Hauptstadt war ihm erst vor wenigen Minuten gemeldet worden.
Pi hatte sofort den leitenden Kybernetiker Gu aus der Forschungssiedlung Det zu sich bestellt und dazu auch den „Rat der Mächtigen", die herrschende kleine Clique seines Staatsgebildes, einberufen. Diese „technische Rebellion" paßte so gar nicht in seine Pläne. Er war vielmehr der Meinung, daß jetzt ein Maß an technischem Fortschritt gegenüber der Zivilisation auf dem Sirter erreicht sein müßte, daß man endlich dazu übergehen sollte, durch geschickte Demonstrationen der Macht weitere Gruppen von Sirianern zur Auswanderung zu verleiten und nach hier zu holen, um seinen Staat zu stärken.
Pi stieg einige Stufen hinunter und befand sich nun in einer langgestreckten verglasten Orangerie, wo vielfarbige Blüten einen strengen Duft verbreiteten.
Das Regierungsgebäude glich, wie fast alle Wohneinrichtungen der Technokraten, einem formlosen Betonkoloß, dessen Außenwände mit einer zentimeterdicken Bleischicht überzogen waren.
Sowohl die Initiatoren des einstigen kosmischen Abenteuers mit Pi dem Älteren an der Spitze als auch die gewaltsam verschleppten Wissenschaftler und Techniker mußten in den ersten Jahrzehnten ihren Aufenthalt auf dem Canip teuer bezahlen. Die vom wesentlich leuchtstärkeren Procyon nach der Teilnova ausgesandte kräftige Ultraviolett- und Röntgenstrahlung wirkte sich damals verheerend auf die Fortpflanzungsfähigkeit der Gelandeten aus, die diesem Einfluß zunächst nicht die erforderliche Bedeutung beigemessen hatten.
Seit dieser Zeit war es unumgänglich, daß die Canip-Sirianer in völlig bleiverkleideten Wohnanlagen lebten und beim Verlassen dieser strahlungssicheren Behausungen schwere und unbequeme Kleidungsstücke aus Bleigewebe trugen. Trotz dieser in beiden Staaten sofort eingeleiteten Vorsichtsmaßnahmen dauerte es fast zwei Jahrzehnte, bis die anfäng-

liche Bevölkerungszahl wieder erreicht war.
Durch das zentimeterdicke Bleiglas entging es Pi nicht, daß der Kurierraumgleiter von Gu bereits zur Landung angesetzt hatte.
Wenige Minuten später standen sich die beiden gegenüber. Ungehalten, nur mit der Andeutung eines Kopfnickens, dankte Pi dem herbeigeeilten Wissenschaftler für die unterwürfige Begrüßung.
„Ich sollte dich zum Bewachungspersonal in die übelsten Urantagebaue versetzen!" eröffnete Pi das Gespräch. „Wenn das so weitergeht, dann werden wir eines Tages noch von unseren selbstgeschaffenen Robotern entmachtet! Wo bleiben deine exakten Untersuchungsergebnisse? Was geschieht in den Primitivhirnen unserer Arbeitsthropis? Seit fast zehn Jahren vertröstest du mich mit fadenscheinigen Erklärungen. Was für neue Entschuldigungen willst du mir heute auftischen?"
Inzwischen waren auch die Gleiter der Mitglieder des Rates der Mächtigen vor dem Gebäude gelandet.
Die Mächtigen, wie diese zwölf Regierungsberater genannt wurden, hatten sich um das erboste Technokratenoberhaupt und seinen ziemlich ratlosen Chefkybernetiker gruppiert. Ohne Aufforderung folgten sie den beiden in den Empfangsraum, wo sie an einem großen Beratungstisch nach einer strengen Rangfolge Platz nahmen.
„Gu, was hast du der Versammlung zu sagen?" forderte Pi den Experten aus Det erneut zum Sprechen auf.
Gu, der mehrfach hilfesuchend in die Runde geblickt hatte, ob er wohl in einem der Gesichter Verständnis für seine Situation lesen würde, sah nur unerbittliche Ablehnung. Die Blicke der Mächtigen schienen ihm kälter und nichtssagender als die lauernden Netzaugen der beiden Lieblingsformissen des Regierungschefs in dem großen Käfig im Hintergrund.
In dieser Lage drängte sich Gu der Vergleich zwischen den Ratsmitgliedern und den fast metergroßen räuberischen Rieseninsekten unwillkürlich auf. Er hatte sich schnell wieder gefaßt und sprach jetzt lebhaft und sachlich zugleich: „Ehrwürdige Versammlung! Ich verstehe nur allzugut den Unmut von Pi und von Ihnen. Ich brauche aber Ihnen gegenüber

nicht zu betonen, welche wissenschaftlichen Spitzenleistungen während der letzten zwanzig Jahre in den behelfsmäßigen Instituten von Det unter meiner Leitung vollbracht wurden. Untersuchungen der fast neunzig Fälle von unkontrollierten Vorgängen in den Denkapparaten von Arbeits- und Normalthropis, die zum Teil zu widerspenstigem Verhalten und geradezu feindlichen Reaktionen geführt haben, lassen zunächst folgende Schlußfolgerungen zu: Die Erscheinungen treten nur bei solchen Thropis auf, die länger als fünfzig Jahre im Einsatz sind. Diese Feststellung wiederum führt zu der These, daß die Störungen eng mit Gewöhnungs- oder Anpassungseffekten zusammenhängen müssen. Nehmen Sie es mir bitte nicht übel, wenn ich diese mögliche Ursache zunächst rein objektiv als einen beachtlichen neurokybernetischen Fortschritt betrachte. Warum? Die Fluorwasserstoffverbindung, in die die synthetischen Kristallneuronen eingebettet sind, beginnt vermutlich nach einigen Jahrzehnten gesteuerter Funktion selbsttätig zu reagieren. Wobei diese Selbständigkeit nur im Form von nicht programmierter Funktion, logischerweise unerwünschter Aktivität in Erscheinung treten kann. Es handelt sich also tatsächlich um eine ausgesprochen selbständige Denk- und Tätigkeitsfunktion, die wir bei den Pensertypen nach einer ganz anderen Methode erreicht haben. Es werden langwierige Versuche notwendig sein, bis wir in dieser Richtung völlige Klarheit und auswertbare Ergebnisse erhalten. Um für die nächste Zeit ähnliche Erschütterungen zu vermeiden, bitte ich den Rat, einen Befehl herauszugeben, daß alle Arbeitsthropis, die länger als fünfzig Jahre im Einsatz sind, sofort stillgesetzt und in einer großangelegten Reparaturaktion mit völlig neuen Primitivhirnen ausgerüstet werden.
Nach unseren Kontrollunterlagen werden von dieser Maßnahme etwa sechzehntausend Roboter betroffen. Wenn wir für den Umbau einen großen Teil der in Det verfügbaren Reparaturthropis einsetzen und die Hallen des Werkes sechs dafür nutzen, könnte die Angelegenheit in etwa vier Wochen erledigt sein."
Die Mienen von Pi und den Mächtigen hatten bei den letzten Sätzen von Gu schon einen wesentlich freundlicheren Ausdruck angenommen. Pi erkundigte sich bei Gu noch ein-

mal eingehend, ob die Kommando- und Reparaturthropis vom Pensertyp, die bereits einige Jahre als Roboter-Delegation mit einem Tandemraumschiff nach den Sirter unterwegs waren, auch zu ähnlichen Störungen neigen könnten; in diesem Fall müßte eine sofortige Rückbeorderung erfolgen.
Gu konnte jedoch die Anwesenden in bezug auf solche Störungen bei Penserthropis völlig beruhigen.
„Gut“, beendete Pi die kurze Unterredung, „ich werde den von Gu gewünschten Befehl sofort formulieren und herausgeben. Gu, dir und deinen Mitarbeitern in Det gebe ich den guten Rat, nicht auf euren Lorbeeren auszuruhen, sondern in den kommenden Jahren der endgültigen Konsolidierung unserer Herrschaft über den Canip alles daranzusetzen, uns noch kühnere Projekte und noch schlagkräftigere technische Lösungen in die Hände zu geben!“ Abschließend dankte er den übrigen.
Als alle mit tiefen Verbeugungen den Raum verlassen hatten, ging Pi, der für die Abfliegenden nur ein geringschätziges Lächeln übrig hatte, zu seinen großen Lieblingsinsekten, die wie drohende Fabelwesen im Hintergrund symbolisch an allen Regierungsgeschäften teilnahmen.

Selbstlose Hilfe

Der ursprünglich vorgesehene Termin für den Rückflug der PHO 2-Expedition mit der OREL war längst verstrichen. Aber die drei Freunde, die pflichtbewußt in kosmischer Einsamkeit den fremden Planeten seit mehr als einem halben Jahr umkreisten, hatten rechtzeitig eine Nachricht erhalten.
Lo, Professor Sorini und Lew Slabow waren mit der OREL zu einem Flug durch die Gravitonenschutzhülle gestartet, die sich auch als Funkbarriere erwies. Während einer Umrundung des Planeten hatten sie über einen Laserstrahl mit der PHO 2 Verbindung aufgenommen und die dort verbliebenen Kosmonauten über alle Neuigkeiten informiert. Gleichzeitig enthielt der Laserfunkspruch die Mitteilung, daß in absehbarer Zeit nicht an einen Rückflug zur Erde zu denken sei, da sich in den letzten Tagen eine Situation ergeben hätte, die die Mannschaft der PHO 2 in die glückliche Lage versetzte, nun ihrerseits den sirianischen Freunden bei der Lösung bestimmter Probleme zu helfen. Es sei ernstlich damit zu rechnen, daß noch ein Photonenflug zu einem weitentfernten Planeten im Sonnensystem des Procyon durchgeführt werden müsse. Sobald Näheres bekannt sei, werde ein Teil der PHO 2-Besatzung zur mündlichen Berichterstattung und Durchführung bestimmter Vorbereitungsarbeiten mit der OREL zu ihnen kommen.
Als Katajew, Parker und Jussuf diese Nachricht erhielten, waren sie erleichtert, daß nach so langer Zeit endlich ein Lebenszeichen eintraf. Die Sorge und Spannung um die Freunde und Kameraden, die den Sprung in die Ungewißheit einer unbekannten Welt gewagt hatten, wich schlagartig einem tatenfreudigen Optimismus.
Von dem eigentlichen Inhalt der Information, insbesondere von deren zweitem Teil, konnten sie sich kein rechtes Bild machen; dazu waren sie zu weit von den Ereignissen entfernt. Der schweigsame Gol Parker, der das Band mit dem Funkspruch schon zum drittenmal ablaufen ließ, steigerte

sich schließlich zu der Bemerkung: „Wer weiß, warum sollen die Bewohner dieser neuentdeckten Welt nicht auch ihre Probleme haben!“

Die Hochachtung, die Al Gorim und seinen Begleitern überall entgegengebracht worden war, schlug in Begeisterung um, als bekannt wurde, wie selbstverständlich und uneigennützig die irdischen Kosmonauten ihren Freunden Hilfe angeboten hatten.
In einem Gespräch, das Al Gorim nach den schwerwiegenden Darlegungen von Lo mit seinem Kollektiv führte, war die Verantwortung, die auf ihnen lastete, allen klargeworden. Ihre Aufgabe, die sie im Auftrag der gesamten Menschheit durchführten und die sie für Jahrzehnte von der Erde fernhielt, hatten sie bis jetzt erfolgreich gelöst. Jeder hatte dazu beigetragen, und in Gefahr und Erfolg der vielen Jahre war aus der PHO 2-Besatzung ein unzertrennliches Kollektiv geworden. Al Gorim hatte als Kommandant zu entscheiden, ob sie, entsprechend ihrem Auftrag, planmäßig den Rückflug zur Erde antreten sollten oder ob sie das spontan gegebene Versprechen selbstloser Hilfe gegenüber dieser fremden Zivilisation einlösen mußten.
Der damit verbundene Quantenflug über eine Strecke von rund sieben Lichtjahren würde neben den möglichen kosmischen Gefahren für sie auf dem Planeten Canip zweifellos gefährliche Abenteuer bringen. Ganz davon zu schweigen, wann und ob sie überhaupt die ferne irdische Heimat jemals wiedersehen würden. Doch die moralische Pflicht, den kosmischen Brüdern zu helfen, bedeutete ihnen mehr als die formale Erfüllung ihres Auftrages. Al Gorim, für alles der Inbegriff kompromißloser Pflichterfüllung und persönlichen Verantwortungsbewußtseins, war sich über die Tragweite seiner gefällten Entscheidung im klaren. Unwillkürlich mußte er in diesem bedeutsamen Augenblick an seine Frau, an Tatjana, denken. Die Erinnerung an die geliebte Lebensgefährtin wischte alle noch vorhandenen Bedenken hinweg!
Er spürte, daß seine Kameraden genau wie er danach drängten, sich endlich wieder an Aufgaben, bei denen sie persönlich gefordert wurden, messen zu können. Die hinter ihnen liegenden sechs Monate im Bannkreis einer fremden extra-

terrestrischen Kultur, die utopisch anmutete, hatten sie in die passive Rolle von Gästen und staunenden Beobachtern gedrängt. Es hatte sich kaum eine Gelegenheit geboten, aktiv zu werden. Doch das würde sich jetzt bestimmt ändern!

Noch immer standen jeden Tag Hunderte von diskutierenden und winkenden Sirianern vor dem „Haus der Sonnensöhne“ in Aba, die ihre Bewunderung für die mutigen Sendboten einer fernen Welt zum Ausdruck bringen wollten.

An einem der nächsten Tage weilte der Präsident persönlich mit einigen Regierungsmitgliedern in ihrer Mitte, um die erste gemeinsame Beratung durchzuführen. Al Gorim bat ums Wort und faßte die vor ihnen liegenden Aufgaben zusammen: „Es geht bei dem gemeinsamen Vorhaben um zwei Komplexe. Zum ersten müssen unseren sirianischen Freunden ganz schnell die notwendigen Informationen über Konstruktion und Material der Annihilationsspiegel unseres PHO 2-Raumschiffes gegeben werden. Hierfür würde ich empfehlen, daß Raumschiffexperten beider Seiten umgehend zusammenkommen und ihre Erfahrungen austauschen. Ich selbst würde für die PHO 2-Technik die grundsätzlichen Erläuterungen geben; halte es aber für unbedingt erforderlich, daß im Anschluß daran eine Besichtigung unseres Raumschiffes und des Photonenreflektors an Ort und Stelle stattfindet.

Dieser Aufgabenkomplex könnte innerhalb der nächsten zehn Tage abgeschlossen werden. Bevor ich zum zweiten Komplex übergehe, bitte eine Frage an Sie, lieber Lo: Wie lange, glauben Sie, wird die sirianische Technik für den Bau von fünf bis zehn interstellaren Raumkreuzern brauchen?“

Lo machte mit dem Kopf eine typisch menschliche Pendelbewegung und bat um einige Minuten Bedenkzeit. Schließlich antwortete er: „Ohne die noch nicht zu übersehenden eventuellen Schwierigkeiten bei der Herstellung der Annihilationsspiegel ist vor Ablauf des zehnten Teiles eines Ras nicht damit zu rechnen.“

„Gut“, erwiderte Al Gorim, „ich brauchte diese zeitliche Orientierung zur genaueren Einschätzung des zweiten Komplexes. Dieser umfaßt den notwendigen Flug der PHO 2 zum Canip, einschließlich seiner Vorbereitung, personeller Fragen und der zeitlichen und praktischen Durchführung. Im Detail ergeben sich folgende Einzelaufgaben: Klärung der kosmonautischen Flugvoraussetzungen, wie Treibstoffversorgung, Lebensmittel für die Besatzung, Flugroute, Besonderheiten des Universums im Flugbereich ... Ferner müssen wir uns einigen, ob nur Menschen oder Menschen und Sirianer gemeinsam starten werden, und schließlich sollten die Besatzungsmitglieder sehr gründlich und umfassend über die reale Situation auf dem wiederbesiedelten Planeten Canip informiert werden. Alles nur irgendwie aussagekräftige Material muß den Teilnehmern zugänglich gemacht werden. Abschließend möchte ich noch vorschlagen, daß wir für die nun folgenden Arbeiten eine gemeinsame, paritätisch zusammengesetzte Kooperations-Gruppe bilden, die alle Aufgaben koordiniert."

Die knappe und dennoch äußerst zielstrebige Art, in der Al Gorim den Arbeitsplan von mehreren Wochen umriß, beeindruckte die Sirianer. Lo, der am längsten mit den irdischen Kosmonauten zusammen gewesen war, kannte diese Denk- und Arbeitsweise des Kommandanten schon.

Die von Al Gorim empfohlene Arbeitsgruppe wurde sofort gebildet. Ihr gehörten die meisten Kosmonauten der PHO 2-Besatzung und von sirianischer Seite Lo, der Sicherheitsbeauftragte Ki, der Raumschiffexperte Te und noch einige Wissenschaftler an. Schon am nächsten Tag wollte man mit der Arbeit beginnen.

Al Gorim war von der neuen Aufgabe so besessen, daß er noch in der gleichen Nacht eine grobe, aber übersichtliche Skizze des PHO 2-Spiegels anfertigte.

Nachdem er sich in den folgenden Tagen durch Gespräche mit mehreren älteren Wissenschaftlern und durch das Studium von technischem Archivmaterial einigermaßen über den Aufbau der sirianischen Reflektoren informiert hatte, ergab sich folgendes Bild: Die Unterschiede der beiden Konstruktionen waren gar nicht so groß! Lediglich hatten die Sirianer als Reflexionssubstanz ein auf der Erde unbekanntes Transuran eingesetzt, das anscheinend zu den noch hypothetischen Luxofonen gehörte. Ein Material, das zumindest theoretisch mit einer Halbwertszeit von etwa hundert Jahren zu einem starken Photonenzerfall neigte.

Die Sirianer hatten dieses phantastische Material besessen, als sie noch im Sonnensystem des Procyon lebten, und das war lange her! Unverständlich, daß man die vielen Jahrhunderte ungenutzt hatte verstreichen lassen. Aber die Bedrohung durch den Zwergstern Ra hatte auf dem Sirter Wissenschaft und Technik in eine andere Richtung gedrängt.
Die Ähnlichkeit der sirianischen Konstruktion ergab sich aus den gleichen technischen Erfordernissen. Es mußte ein Hohl- oder Parabolspiegel vorhanden sein, der sowohl die ungeheure Temperatur aushalten als auch die Photonen verlustarm reflektieren konnte. Hierzu besaß die PHO 2 einen Strahlungsspiegel aus synthetischem Spezialdiamant, der großtechnisch aus Graphit gewonnen wurde.
Träger dieses außergewöhnlichen Spiegelmetalls war eine riesige doppelwandige „Trompete" aus Titan, durch die mit extrem hoher Geschwindigkeit flüssiges Helium als Kühlmittel gepumpt wurde. Auf der Rückseite des Spiegels waren großflächige Kühlrippen angebracht, die die Weltraumkälte auf die Kühlflüssigkeit übertrugen.
Merkwürdigerweise war Diamant den Sirianern nicht bekannt, und es mußte erst über chemische Details verhandelt werden, bis seine Herstellung keine besonderen Probleme mehr bereitete.
Da der Grundaufbau der beiden Reflektorsysteme, zumindest der komplizierte Kühlmittelumlauf, identisch war, hielten die Sirianer eine Besichtigung der PHO 2 zur Zeit nicht für erforderlich. Sie wollten sie mit den Transportflügen der OREL verbinden, die zusätzlichen Treibstoff zur PHO 2 bringen sollten.
Weil sich die Gastgeber noch immer nicht zu der endgültigen Zusammensetzung der künftigen PHO 2-Besatzung geäußert hatten, drängten die irdischen Kosmonauten, umfassend über den Canip als Planeten und über die beiden dünnbesiedelten Teilstaaten informiert zu werden. Deshalb wandte sich einige Tage später Leon Petit im Auftrag seiner Freunde an Ki. „Was können wir über den jetzigen Zustand unseres Reisezieles erfahren?" fragte er, als sie einen Teil der Informationsgespräche beendet hatten.
„Das ist nicht sehr viel", antwortete Ki bedrückt. „Aus der Zeit vor der Teilnovakatastrophe wissen wir noch sehr viel,

aber diese Epoche ist für uns jetzt ziemlich uninteressant. Aus der Zeit danach gibt es nur einen Bericht, eine Zusammenfassung mehrerer Teleportationsbesuche im Abstand von nur wenigen Tagen.“

„Unverständlich, warum die Möglichkeiten der kosmischen Teleportationsreise ausgerechnet beim Canip nicht genutzt werden können“, sagte Leon. „Es kann doch nur so sein, daß die Pianer um diese Dinge gewußt haben und den Asteroidengürtel des Planeten mit antimnemosonischen Energien ausgestattet haben.“

„Sicher, das ist vielleicht der Grund“, entgegnete Ki, „aber ich muß ehrlich sein und bekennen, daß wir über die Ursachen der Mnemosonenreflexion des Canip nichts wissen. Selbstverständlich werden Sie einen umfassenden Einblick in die verfügbaren Unterlagen erhalten!“

Ein Kuriergleiter hatte in wenigen Stunden aus Eze das vorhandene Archivmaterial herbeigeschafft. Es handelte sich ausschließlich um Ultraschall-Tonbänder, auf denen der Teleportationspartner seine Betrachtungen und Eindrücke festgehalten hatte.

Auswertungsexperten hatten mit Hilfe dieser Informationen Karten, Bilder und Reliefs der Planetenoberfläche angefertigt; jedoch lagen die Beobachtungen mehr als tausendfünfhundert Jahre zurück.

Im großen Gemeinschaftsraum des „Hauses der Sonnensöhne“ lag das wenige Archivmaterial bereit, und die Kooperationsgruppe war dabei, die Unterlagen zu sichten und auszuwerten.

„Ich glaube, hier habe ich das Band jener einmaligen Teleportationsreise“, stellte Ki fest, nachdem er die Tonbandserien der einzelnen Zeitperioden, die aber alle an den Mnemosonenbarrieren endeten, durchgesehen hatte.

„Wenn wir uns diesen konzentrierten Bericht, der insgesamt etwa zwei Besuchsstunden beschreibt, anhören und dazu den großen Canipglobus betrachten, können wir uns einen Eindruck verschaffen.“

Das Tonband wurde aufgelegt, und mit Hilfe der Frequenzmodulatoren konnten die irdischen Sternenfahrer unmittelbar mithören. Die Stimme berichtete: „Ich befinde mich auf

der nördlichen Halbkugel in der Nähe der alten Stadt Mes. Der Baumbestand des riesigen Waldgebietes, in das die Großsiedlung eingebettet war, ist verdorrt, zum Teil verbrannt. Die Luft flimmert sehr stark, es muß hier, wenn ich Vergleichswerte heranziehe, eine dreimal so hohe Bodentemperatur wie auf dem Sirter herrschen. Nirgends kann ich Lebewesen beobachten. Ich bewege mich in nördlicher Richtung weiter.
Überall das gleiche Bild: verdorrte Landschaft, ausgetrocknete Flüsse und Seen und kein Leben. Jetzt erstreckt sich unter mir eine Hügelkette, an vielen Abhängen große Schutthalden. Es muß der alte Urantagebau Mes neun sein! In einer Schlucht erkenne ich Bewegung! Hier wird tatsächlich wieder gearbeitet. In den folgenden Schluchten derselbe Anblick. Ich nehme an, daß hier etwa zweitausend Normal- und Riesenthropis eingesetzt sind. Die Riesenthropis sind wie früher zum Teil besonders armiert und verrichten spezielle Arbeitsgänge. Ein großes Transportband, das von Arbeitsthropis beschickt wird, befördert die Erzbrocken. Im Hintergrund erkenne ich Gebäude. Die alte Aufbereitungsanlage ist wieder in Betrieb! Vor dem Werk münden alle Einzeltransportbänder in eine Bandstraße von annähernd hundert Meter Breite. Die Förderleistung ist beachtlich! Auf dem großen Band werden nach meinen Schätzungen etwa fünfzig Tonnen pro Sekunde bewegt. Im Werkgelände sehe ich auch nur einzelne Thropis, nirgends einen Canip-Sirianer. Ich dringe weiter vor!
Unter mir befindet sich erneut ausgetrocknetes totes Land. Da, wieder Bewegung! Aus einem braunen schilfartigen Gebüsch in der Nähe eines ausgetrockneten Sees löst sich ein Schwarm Formissen; es sind mindestens zehn Exemplare."
Ki stoppte für einen Moment das Tonband und erläuterte: „Formissen sind die größten Insekten unseres Planeten. Im irdischen Sinne könnte man sie als Riesenwespen mit ameisenartigen Lebensgewohnheiten bezeichnen. Sie werden etwa einen dreiviertel Meter lang, verfügen über einen tödlichen Giftstachel und leben, daher die Ähnlichkeit mit Ameisen, in riesigen Formissenhügeln."
Ki schaltete das Tonbandgerät wieder ein, und die fremde

Stimme berichtete weiter: „Der Berg zur Linken ist völlig durchlöchert. Sicher ein Formissenhügel!
Am Horizont erkenne ich schemenhaft die Silhouette einer Stadt. Das muß Mes sein! Je näher ich komme, um so mehr verstärkt sich der Eindruck, daß sie völlig zerfallen und verwahrlost ist. Die großen Gemeinschaftshäuser sind nur noch Ruinen. Halt, die Nordseite hat sich verändert! Ein neuer Stadtteil ist dort entstanden. Das sind Bauwerke der Neuzeit, der Canip-Sirianer! Die unförmigen, metallisch glänzenden Wohnklötze entbehren jeglicher Architektur. Wie schon an anderer Stelle beobachtet werden konnte, handelt es sich um ausgesprochene Schutzbauten. Ich verweile und gehe tiefer. Die Metallklötze bestehen aus Blei oder sind außen mit einer dicken Bleischicht überzogen. Eindringen kann ich nicht. Jetzt verläßt eine plumpe Gestalt einen der Wohnklötze, vermutlich ist es ein Roboter. Ich bin mir nicht ganz sicher. Die Kleidung ist ebenfalls aus einem glänzenden Metall. Die Gestalt trägt einen breitrandigen Metallhelm und einen wehenden Umhang aus einem ähnlichen Material.
Nach den bisherigen Beobachtungen muß es sich wohl bei den Metallhäusern als auch bei der Bekleidung um Strahlenschutzeinrichtungen handeln. Die Gestalt verschwindet schnell in einem Nebengebäude. Im Hintergrund erkenne ich jetzt neue Fabrikhallen und weitere Gebäudekomplexe. Überall bewegen sich neben unbekannten Gestalten unsere früheren Robotertypen, die Thropis.
Unter mir liegt in einem monotonen Industriegelände ein großer freier Platz. Normalthropis marschieren in bestimmten Formationen, dazwischen eilen einzelne Riesenthropis geschäftig hin und her. Wahrhaftig, das sind militärische Übungen! Eine Roboterarmee! Es ist unglaublich, es ist verbrecherisch! Die Riesenthropis scheinen die Befehle zu geben. Jetzt nähert sich aus südlicher Richtung ein Gleiter; er ist ebenfalls mit einer dicken Bleischicht überzogen. In der durchsichtigen Kanzel erkenne ich zwei Canip-Sirianer. Unsere Brüder! Aber was tun sie hier?
Links von mir wachsen aus einer Sandwüste riesige Rauchpilze empor. Ja, hier üben die Thropis mit stationären Schwerkraftwerfern. Sie beschießen bestimmte Ziele. Auch bodennahe Gravigleiter sind an den Übungen beteiligt.

Unsere ehernen Gesetze, die schon Jahrtausende gelten und die besagen, daß Thropis nie zu militärischen Zwecken verwendet werden dürfen, werden hier auf das gröbste verletzt!“

Es folgte ein weiterer Teleportationsbericht. Wieder vernahmen die gespannt lauschenden Zuhörer die Stimme aus der Vergangenheit: „Ich nähere mich dem nördlichen Polgebiet. Wie schon früher festgestellt wurde, sind die Eiskappen der Canip-Pole durch die Leuchtkraftverdopplung des Procyon völlig geschmolzen. Wo einst das große zweite nördliche Land lag, befindet sich jetzt eine riesige Wasserwüste, die von dichten Wasserdampfschwaden eingehüllt ist. Die Verdunstung muß enorm sein. Ich überflog bereits Uferzonen, wo Kolonnen von Thropis dabei waren, große Kanäle auszuheben.

Ich bewege mich weiter, vermindere meine Höhe, gleich muß ich das Gebiet unmittelbar um den Nordpol erreicht haben; die riesige Wasserfläche ist zu Ende. Das unmittelbare Polgebiet liegt vermutlich höher. Ich erkenne riesige Gebäudekomplexe. Überall wird noch gebaut und montiert. Heere von Normal- und Riesenthropis sind hier am Werk. Auch direkt am Pol verhindern Dampf- und Nebelschwaden die Sicht; eine weitere Beobachtung ist zwecklos. Einen großen Bogen beschreibend, kehre ich in das Gebiet der militärischen Übungen zurück. Makabere Bilder aus einer fernen finsteren Vergangenheit der gesellschaftlichen Entwicklung unseres ehemaligen Heimatplaneten werden wieder wach. Das kann es doch nicht geben. Das Rad der Geschichte läßt sich nicht zurückdrehen! Und doch, hier ist es bittere Wahrheit!

Nun begebe ich mich in südöstliche Richtung. Unter mir ausgedörrte Landstriche mit metertiefen Rissen und Spalten, dazwischen Gebiete, die wüstenartig versandet sind. Hier hat sich früher das große Mura-Binnenmeer erstreckt. Geblieben ist eine vertrocknete tote Senke. Doch was ist das? Am jenseitigen Steilufer endet mein Sichthorizont. Lichtbrechung? Ich blicke in flimmernde, fast schmerzhafte Leere. Sie ist überall, im Norden und Süden, so weit ich sehen kann. Ich gewinne an Höhe, ein, zwei Kilometer und mehr, immer noch keine Sicht! Noch höher. Da, jetzt kann ich wieder et-

was erkennen! Ich sehe Oberflächeneinzelheiten jenseits dieser merkwürdigen Barriere. Ich gleite darauf zu; jetzt befindet sich der sichtlose Bereich genau unter mir. Es ist ein schmales, etwa hundert Meter breites Band, das bis zum Horizont reicht und vermutlich den ganzen Planeten umspannt. Ein künstliches streifenförmiges Kraftfeld! Welche Energieform angewendet wird, kann ich von hier oben nicht feststellen; zumindest ist sie antimnemosonisch. Neben dem Energiestreifen befinden sich in regelmäßigen Abständen runde Bauwerke. Es könnten Energiegeneratoren, Relais- oder Verstärkerstationen, vielleicht sogar Thropi-Unterkünfte sein.
Aber alles ruht, nirgends eine Bewegung! Doch, jetzt nähert sich von rechts ein kleiner Gravikopter. Er fliegt auf der Nordseite an der Kraftfeldbarriere entlang. Ein Kontrollflug?
Ich bewege mich in südlicher Richtung weiter. Die Landschaft unter mir sieht jetzt nicht ganz so trostlos aus. Inmitten künstlicher Bewässerungsanlagen erkenne ich Arbeitsthropis, die sich in hellgrünen und gelben Feldern mit einem spärlichen Pflanzenwuchs bewegen. Diese Felder erstrecken sich weit nach allen Himmelsrichtungen. Im Schnittpunkt der verschiedenfarbigen Flächen befinden sich große Pumpstationen, aber ich sehe auch hie und da die schräg zueinander verlaufenden Rohre von Energiewerfern. Man wird den Eindruck nicht los, sich im Grenzgebiet feindlicher Nachbarn zu befinden.
Leichter Dunst verhindert allmählich die Fernsicht. Vermutlich ist es Wasserdampf, den der doppelt so heiße Procyon dem künstlich befeuchteten Boden sofort wieder entreißt. Ein großes laubloses Waldgebiet fliegt unter mir vorbei. Welch deprimierender Anblick! Auf der anderen Seite arbeiten wieder Thropis. Sie sind dabei, Teile des toten Waldes mit großen durchsichtigen Platten zu umzäunen. Werden das überdimensionale Treibhäuser? Je weiter ich nach Süden vordringe, desto deutlicher ist der Einfluß intensiver kultivierender Tätigkeit zu erkennen.
Ich habe meine Höhe vergrößert. Wie ein riesiges Schachbrett liegen die farbigen bepflanzten Flächen mit regelmäßig aufgerichteten Schattenwänden unter mir. Aufwendiger Schutz gegen die sengenden Procyonstrahlen!

Die Ruinensilhouette einer Stadt kommt in Sicht. Es müßte das alte Kyb sein! Neben der riesigen Trümmerfläche ist eine neue, wesentlich kleinere Siedlung entstanden. Dennoch kein erfreuliches Bild! Es sind die gleichen unförmigen bleiüberzogenen Wohnquader wie auf der anderen Seite der Energiebarriere. Einzelne kleinere Kopter zeugen davon, daß hier Leben herrscht. Jetzt kann ich auch einige Personen in flatternden metallischen Mänteln ausmachen. Ich bin zu ihnen hinabgetaucht. Es sind Sirianer wie wir, nur ihre Hautfarbe ist wesentlich dunkler. Sie verschwinden schnell in einer umbauten und überdachten Straße. Dort erhellt künstliches Licht eine blaugrüne Natur. Kräftige Laubbäume, sattes dunkelgrünes Moos und einzelne grellfarbene Blumen säumen diese Straße, die von oben einem langgestreckten Gebäude gleicht. In den überdachten Verbindungsweg münden die Ein- und Ausgänge vieler Gebäude.

Vor dem Tor eines Quaders, wohl einer Schule, stehen einige junge Sirianer plaudernd beieinander. Leben, trotz ungünstigster Bedingungen!

An der Peripherie der neuen Siedlung sehe ich große Montagehallen für kybernetische Produkte. Am Ende der langen Bänder verlassen neuartige Thropis den Fertigungsprozeß. In einer speziellen Halle, die einer großen medizinischen Station gleicht, werden den Robotern die Denkapparate aufgesetzt. Aha, die uns unbekannte Penserproduktion!

Jetzt verschwimmt das Bild. Was bedeutet das? Es ist noch kein Rückflug, kein Nachlassen der Fazilität! Nein, das muß der Asteroidengürtel sein! Scharfkantige Felsbrocken, so weit ich sehen kann; ein Meer von Steinen und Trümmern liegt zwischen dem Planeten und mir. Ich eile zurück, der Canip ist nicht mehr zu sehen, der Procyon nur noch ein winziger Leuchtpunkt, unendlicher Kosmos ... Aus!“ Ki schaltete das Tonband ab. Die Informationen mußten von den irdischen Sternenfahrern erst verarbeitet werden.

Penseralarm

Wie ein Riesenspielzeug zog die kugelförmige, silberglänzende Raumstation seit vielen Jahrhunderten ihre einsame Bahn. Es war die modernste und größte der außerplanetaren Schutzanlagen, die zum kosmischen Warnsystem der Sirterzivilisation gehörten. Sie unterschied sich wesentlich von jener, die Al Gorim und seine Begleiter bei der Annäherung an den fremden Planeten kennengelernt hatten. Die S 8, um diese Station handelte es sich, war ein Satellit des dem Sirter nächsten Himmelskörpers. Mit ihrem Durchmesser von mehr als einem Kilometer konnte man die große metallüberzogene Kugel schon als einen künstlichen Mond des unwirtlichen vierten Planeten im Siriussystem bezeichnen.
Technisch wäre es viel einfacher gewesen, die Beobachtungs- und Schutzstation unmittelbar auf dem, von primitiven Einzellern abgesehen, unbelebten Himmelskörper zu errichten, aber die für Sirianerlungen äußerst giftige Atmosphäre und die starke radioaktive Strahlung der Oberfläche hatten dagegengesprochen.
Die S 8 umkreiste den Planeten in einem Abstand von dreiundzwanzigtausend Kilometer, also innerhalb der sogenannten Rocheschen Grenze für natürliche Begleiter von Himmelskörpern. Die überdimensionale Metallkugel war innen im wesentlichen hohl, obwohl eine große Anzahl von Beobachtungsräumen, Laboratorien und Wohneinheiten in dem umschlossenen Volumen untergebracht waren. Die Besatzung bestand aus über dreihundert Personen, ungefähr hundert sirianischen Familien, die von diesem am weitesten vorgeschobenen Posten nach jeweils zehn Jahren wieder zum Sirter zurückkehrten.
Die gewohnte Ruhe und der meist über Jahre eintönige Tagesablauf der Station waren seit wenigen Stunden einer hektischen Betriebsamkeit gewichen. Alle Alarmstationen waren besetzt, und mit dem einhundertzwanzig Millionen Kilometer weit entfernten Heimatplaneten herrschte reger Funkverkehr, denn beim Eintauchen der Station in den Planeten-

schatten war in großer Entfernung ein winziger Komet entdeckt worden. Man hatte inzwischen errechnet, daß der Abstand zu dem Beobachtungsobjekt etwa ein Viertellichtjahr betrug. Wofür sich aber in der kurzen Zeit noch keine einleuchtende Erklärung gefunden hatte, war die ungeheure Geschwindigkeit des Schweifsterns. Der kleine Komet schien sich tatsächlich mit Lichtgeschwindigkeit zu bewegen! So etwas war noch nie beobachtet worden.
Die Kometologie und besonders das Studium der Kometenbahnen hatten auf dem Sirter ein besonders hohes wissenschaftliches Niveau. Riesenteleskope mit partiellen Photonenverstärkern waren auf das rätselhafte Objekt gerichtet, das sich in einer riesigen Kreis- oder Ellipsenbahn ebenfalls um den Sirius bewegte. Stündlich gab es Meldungen! Eines der Teleskope hatte inzwischen genaue Vermessungen vorgenommen. Das Ergebnis lautete: Der Zwergkomet hat eine Ausdehnung von nur einer Zehnmillionstel-Bogensekunde, bei der ermittelten Entfernung bedeutete das etwa zwölfhundert Meter. Die Angaben wurden sofort an die sirianisch-irdische Kooperationsgruppe auf dem Sirter weitergeleitet. Von dort kam auch die entscheidende Rückfrage, ob es sich denn überhaupt um einen Kometen handele oder nicht vielmehr um das schon häufig erwähnte canipische Tandemraumschiff mit der berüchtigten Roboterdelegation?
Vieles, was bisher auf der Station nur unter dem Gesichtspunkt astronomischer Forschung eingeleitet und geschehen war, wurde nun vorwiegend im Hinblick auf maximale Sicherheit weitergeführt. Wie erstaunlich weit mußten die Canip-Sirianer auf bestimmten Gebieten der Technik fortgeschritten sein, wenn ihr automatengesteuertes Raumschiff mit einer der Lichtausbreitung sehr nahe kommenden Geschwindigkeit das Universum durcheilte! Doch noch fehlten für diese und ähnliche Annahmen die exakten meßtechnischen Bestätigungen.
Wegen der großen Bedeutung der weiteren Beobachtungen wurde die S 8-Besatzung um namhafte Wissenschaftler verstärkt. Nach einigen Tagen, in denen sich endgültig herausstellte, daß das Objekt einer elliptischen Bahn um den Sirius folgte, gab es eine neue Sensation! Der Lichtschweif des Raumkörpers pulsierte. Man hatte dies, wie schon oft bei we-

sentlichen wissenschaftlichen Erkenntnissen, rein zufällig festgestellt. Die Pulsationsfrequenz lag bei zweihundertfünfzig Kilohertz. Die Art und Form der Konvulgation waren jedoch noch nicht genau zu erkennen. Einige ältere sirianische Wissenschaftler konnten sich entsinnen, daß in den Archivunterlagen aus der Zeit der Vorbereitung der kosmischen Völkerwanderung auch bestimmte Ausarbeitungen enthalten waren, die als zusätzlichen Raumschiffantrieb eine entsprechend große Photonenwolke vorsahen, die sich zwischen den zwei Teilen dieses Raumschifftyps unter der Wirkung starker wechselnder elektrostatischer Felder deformierte, so daß zur Reaktionsbewegung des üblichen Photonenausstoßes eine weitere Geschwindigkeitskomponente hinzukam. Die Forschungen waren damals mit dem Ziel durchgeführt worden, durch eine Addition der beiden Projektilbeschleunigungen die absolute Vakuumlichtgeschwindigkeit zu erreichen; sie wurden jedoch seinerzeit mit Rücksicht auf die verfügbare Zeit und wichtigere Aufgaben vorfristig abgebrochen.

Inzwischen hatte sich eine günstigere Planetenkonstellation ergeben, die es auch vom Sirter aus ermöglichte, mit Hilfe der Teleportationstechnik das geheimnisvolle Objekt zu beobachten.

Lo war mit Al Gorim und einigen irdischen Sternenfahrern nach Eze geflogen, um unmittelbar Zeugen des ersten teleportativen Berichtes zu sein.

Das Ergebnis bestätigte die Vermutungen. Bei dem gesichteten Objekt handelte es sich weder um einen Zwergkometen noch um einen anderen natürlichen Himmelskörper, es war tatsächlich ein lichtschnelles Raumschiff, das aus zwei weit voneinander entfernten Teilen bestand, zwischen denen eine kilometerlange Photonenwolke als zusätzlicher Antriebsmechanismus fungierte. Damit war von den Canip-Sirianern des Nordstaates jener bedeutungsvolle Schritt, den sie seit langem vorbereitet hatten, getan worden. Eine Roboterdelegation, die als eine Machtdemonstration gedacht war, würde in wenigen Wochen eintreffen und wichtige Entscheidungen von den Sirianern fordern.

Bald wurde auch ein Funkspruch des anfliegenden Raumschiffes empfangen. Da er mit der gleichen Frequenz wie alle

Funksprüche der letzten Jahre ausgestrahlt worden war, mußte angenommen werden, daß sie alle von jenem Raumschiff stammten. Der Inhalt des letzten Funkspruches enthielt lediglich eine Forderung: „Welche eurer Schutzstationen S 1 bis S 8 sollen wir zwecks Aufnahme eines Lotsen zum Durchfliegen der Gravitonenhülle anfliegen? Wir bewegen uns mit v gleich c auf einer Bahnellipse um den Sirius. Nach zehn Stunden Bedenkzeit für euch schalten wir auf Empfang!"

Schon bevor diese Anfrage eintraf, war sich die sirianisch-irdische Arbeitsgruppe darüber klargeworden, daß die erste Kontaktaufnahme so weit wie möglich vom Sirter entfernt stattfinden sollte. Damit stand bereits fest, daß dieser Ort die Schutzbasis S 8, der künstliche Sirqua-Mond, sein würde.

Diese Entscheidung wurde etwa zehn Stunden nach Empfang des Funkspruchs ausgestrahlt. Weiterhin hatte die Arbeitsgruppe festgelegt, daß Hy, der Chefphysiker von Ogi, umgehend zur S 8 gebracht werden sollte, um als Lotse das unbekannte Raumschiff zum Sirter zu geleiten. Für die Landung war dort das Kosmodrom von Aba vorgesehen. In den folgenden Wochen wurde fieberhaft an den Vorbereitungen für die Landeoperation gearbeitet. Die Beobachtungen wurden verstärkt fortgesetzt und die Ergebnisse täglich ausgewertet.

Jetzt waren bereits Einzelheiten des Objektes zu erkennen. Das neuartige Raumschiff bestand aus einer vorauseilenden Kugel, die in relativ großem Abstand mit einem zylindrischen Ring verbunden war. Zwischen Kugel und Ring konvulgierte die Photonenwolke, einmal als diskusförmige Scheibe und dann wieder als langgestreckter Strahl, der sich durch den Ring viele hundert Meter fortsetzte. Als der Flugkörper nur noch zwanzig Lichtstunden von der S 8 entfernt war, ging ein weiterer Funkspruch ein: „Reduzieren in den nächsten Stunden unsere Geschwindigkeit auf vierundzwanzig Kilometer pro Sekunde und schwenken auf eine Kreisbahn von hunderttausend Kilometer Durchmesser um den Planeten Sirqua ein. Der Lotse für den Weiterflug soll einen Gravigleiter benutzen und mit einem Rendezvous-Manöver an Bord kommen! Euer Zubringergleiter startet nach der dritten vollen Umrundung!"

Das waren geschickte Festlegungen, denn das fremde Raumschiff würde nun auf der S 8 gar nicht zwischenlanden. Damit war im Wettlauf mit der Zeit die erste Informationsmöglichkeit für die Sirianer bereits hinfällig geworden. Nun hing alles von Hy und seiner geschickten Lotsentätigkeit ab!
Das Raumschiff hatte die Photonenwolke inzwischen abgestoßen. Wie ein kleines kosmisches Gebilde hing sie im schwarzen Raum, und ihre Leuchtkraft wurde zusehends schwächer. Der Flugkörper war vermutlich schwerkraftangetrieben in die Kreisbahn eingeschwenkt.
Hy saß bereits in dem startbereiten Kuriergleiter, der ihn in Kürze zu dem thropigesteuerten Raumschiff bringen würde. Ve, der S 8-Kommandant, gab jetzt, nachdem das Roboterraumschiff die dritte Umrundung vollführt hatte, das Startzeichen. Lautlos hob der Gleiter ab.
Nach etwa neunzig Minuten hatte Hy das canipische Raumschiff eingeholt, flog eine kurze Strecke neben ihm her und schoß dann eine dünne Trosse mit magnetischem Haftkopf hinüber. Sie faßte dicht neben den drei Einstiegsöffnungen am Kugelteil des fremden Flugkörpers.
Hy schaltete die Fernsteuerautomatik des Gleiters ein, überprüfte noch einmal gründlich seinen Schutzanzug, öffnete den Ausstieg und verließ kurzentschlossen das vertraute Fahrzeug. Seine linke Hand umfaßte die Kopplungstrosse mit einer Gleitöse, dann stieß er sich kräftig mit einem Gravitonenstrahl von der Bordwand ab.
Während er langsam auf das ungewöhnliche Raumschiff zuglitt, empfand er für einen Augenblick seine besondere Situation. Hy war zu sehr Wissenschaftler, um Sinn für erhebende Bilder und Augenblicke zu haben. Trotzdem fesselte ihn der Anblick, der sich ihm darbot. Hoch über ihm gleißte der weißstrahlende Sirius, tief unter seinen Füßen erstreckte sich die aschgraue Kugel der Sirqua, und daneben erkannte er die S 8 als kleinen goldglänzenden Tropfen.
Jetzt hatte er die Hülle des etwa hundert Meter entfernten Roboterraumschiffes erreicht. Eine der achteckigen Luken öffnete sich, und ein Kleinthropi wurde in der Schleuse sichtbar, der dem sirianischen Lotsen beim Einsteigen behilflich war. Nun war Hy nach der weiteren Entwicklung der Dinge, die er nicht mehr beeinflussen konnte, Gefangener

oder Lotse in dem fremdartigen Raumprojektil der Technokraten.
Nachdem der Kleinthropi, es mußte einer jener neuartigen Penser sein, die Außenluke wieder geschlossen hatte, bedeutete er Hy, sich des unförmigen Schutzanzuges zu entledigen.
Der Chefphysiker mußte trotz aller Skepsis die technisch-moderne Ausstattung des fremden Raumschiffes bewundern. Die Nachkommen der seinerzeit abtrünnigen Wissenschaftler bewiesen mit dieser Konstruktion einen erstaunlich hohen Stand der Technik, die jedoch unverständlicherweise zu negativen Zwecken eingesetzt wurde. Als Hy und sein kleiner Begleiter die Kommandozentrale erreicht hatten, erhoben sich weitere fünf Kleinthropis von ihren Steuerplätzen und begrüßten Hy durch eine knappe Verbeugung. Ein größerer Roboter, der wohl der Kommandant war, führte Hy zum Copiloten-Hauptpult; dort schnarrte er: „Der Weiterflug zum Sirter ist bereits programmiert und erfolgt automatisch. Geben Sie den Steuerimpuls zum Rückflug Ihres Raumgleiters! Wir legen die hundertzwanzig Millionen Kilometer mit interplanetarer Geschwindigkeit als Gravitationsflugkörper zurück. Nach annähernd sechshundert Flugstunden haben wir die Landekreisbahn um Ihren Planeten erreicht. Von diesem Zeitpunkt an übernehmen Sie kurzzeitig das Kommando und werden uns handgesteuert durch Ihre Gravitationsschutzhülle fliegen. Ich brauche nicht zu betonen, daß jede unbedachte oder gar feindliche Handlung von Ihnen unübersehbare Folgen für Sie und Ihre gesamte Zivilisation nach sich ziehen wird!“
Hy war geradezu erschrocken, mit welcher Perfektion die weiterentwickelten Primitivhirne funktionierten. Nun gut, er würde hoffentlich für einige hundert Stunden Gelegenheit haben, sich mit diesen neuartigen Denkautomaten zu beschäftigen. Obwohl Hy der Umgang mit den unterschiedlichsten Thropitypen nicht ungewohnt war, fühlte er doch eine gewisse Beklemmung, als er jetzt zwischen zwerghaften hochqualifizierten teilorganischen Hirnträgern in einem der modernsten Raumschiffe saß, das mit einer Geschwindigkeit von vierundzwanzig Kilometern pro Sekunde, als Symbol eines unbelehrbaren und sicher auch aggressiven Technokra-

tenstaates, seinem Heimatplaneten entgegenraste.
Unauffällig blickte er sich in der Kommandozentrale um, konnte aber zunächst keine Besonderheiten feststellen. Doch, halt! Der Platz des vierten Steuerthropis war ihm ungeläufig. Die Wand hinter dem Bedienungspult war mit mehreren großen Oszillographen ausgestattet, auf deren Schirmen verschieden gestaltete Ellipsenformen aufgebracht waren. Sicherlich handelte es sich um die Steuereinrichtung für die pulsierende Photonenwolke!
Nach einiger Zeit konnte er bei seinen Beobachtungen herausfinden, daß die Steuerthropis in das Autopilotprogramm des Raumschiffes einbezogen waren, denn sie reagierten auf die geringsten Abweichungen ihres Überwachungsbereiches mit entsprechenden Bewegungen ihrer Manipulatoren.
Als die Sirqua nur noch wie eine kleine graue Kugel im pechschwarzen Raum hing, es mochten zwölf Stunden vergangen sein, forderte der Kommandothropi Hy auf, sich in der angrenzenden Kabine zur Ruhe zu begeben. Er war zunächst froh, die ungewohnte Umgebung verlassen zu können und mit seinen Gedanken allein zu sein. In dem kleinen Raum befand sich auch eine automatische Einrichtung für Ernährungspräparate.
Nach genau zehn Stunden wurde er wieder herausgebeten. Diesmal führte ihn der Kommandothropi in die Kosmonautenmesse, wo sieben weitere Kleinthropis versammelt waren.
„Wenn es Ihnen in der Kommandozentrale zu anstrengend ist, können Sie sich auch hier aufhalten!“ schnarrte der Kommandant und ergänzte: „Eine Unterhaltung mit diesen Havarie- und Begleitthropis ist zwecklos, sie befolgen nur meine Anweisungen. Ferner wollen Sie bitte beachten, daß Sie sich diesen Apparaten nur auf einen Meter Abstand nähern dürfen!“
„Kann ich mich vielleicht mit Ihnen noch etwas unterhalten?“ fragte Hy den Befehlshaber. Er kam sich hochgradig komisch vor, als er den Pensermechanismus wie einen normalen Sirianer ansprach, aber es blieb ihm nichts anderes übrig.
„Ich darf bis zur Landung mit Ihnen nur über allgemeine navigatorische und sicherheitstechnische Dinge sprechen;

mein zweiter Auftrag beginnt erst, wenn meine Füße die Oberfläche des Sirter berühren. Haben Sie zum erstgenannten Komplex Fragen? Dann bitte sprechen!"
Hy sah ein, daß sich kaum eine Möglichkeit finden würde, Eigenarten dieser Denkmechanismen zu ergründen. Er stellte dennoch eine Unzahl von Fragen, die in dem vorgegebenen Informationsbereich lagen, und der Penser antwortete jeweils ohne Zögern.
So verbrachte der sirianische Wissenschaftler die vielen hundert kostbaren Flugstunden nur in einem eintönigen Wechsel zwischen Schlaf und Thropibeobachtungen.
Als er sich jetzt zum drittenmal über den Kleinthropi am rechten Steuerpult für den Plasmagenerator beugte, um seine jähe Vermutung bestätigt zu finden, stellte er tatsächlich fest, daß die Korrekturbewegungen der Manipulatoren dieses Pensers verspätet erfolgten und unsicher wirkten. Sollte es wirklich so sein, daß die Primitivhirne empfindlich gegen starke Mnemosoneneinflüsse waren, wie sie von seinem Gehirn ausgingen? Das wäre eine äußerst wichtige Entdeckung! Nachdem Hy noch einigemal völlig unverdächtig seinen Kopf ganz nahe an den Denkorganismus des Automaten gebracht hatte, war er sich völlig sicher. Die Schöpfer dieser Hybridautomaten kannten die Ultronen und damit die Mnemosonen zweifellos nicht! Hierbei war nicht uninteressant, daß Hy durch seine langjährige Tätigkeit als Physiker und Mnemosonen-Techniker über eine besonders aktive Gehirnsubstanz verfügte, die sehr mnemosonenintensiv war.
Hy überlegte fieberhaft, wie er Lo, Al Gorim und den übrigen Freunden diese äußerst interessante Empfindlichkeit, ja diese Achillesferse der Penser mitteilen konnte. Dann hatte er einen Entschluß gefaßt! Der Flug würde noch fast hundertvierzig Stunden dauern. Genügend Zeit also, um auf dem Sirter bestimmte Maßnahmen einzuleiten. Er bat den Kommandothropi um Genehmigung, einen kurzen Funkspruch zum Sirter geben zu dürfen.
Der Penser antwortete: „Es dürfen aber nur flugtechnische Angaben in Klartext mitgeteilt werden, keine Kodewörter oder Zahlen!" Kurzentschlossen schrieb Hy in sirianischer Maschinenschrift auf einen Zettel: Wegen technischer Be-

sonderheiten des anfliegenden Raumschiffes empfehle ich dringend, für die Landung das Gravidrom von Eze und nicht das von Aba vorzusehen. Während der Landung wegen möglicher Orientierungsschwierigkeiten Sendepause anordnen!"

Nachdem der Kommandothropi den Text mehrfach laut gelesen hatte, so als würde er jedes Wort prüfen, ließ er ihn in die Funkzentrale befördern.

Sekunden später wurde die Meldung auf dem Sirter empfangen. Die Kooperationsgruppe unter der gemeinsamen Leitung von Lo und Al Gorim hatte bereits mehrere Varianten für geeignete Aktionen und Verhaltensmaßnahmen ausgearbeitet. So sollte die PHO 2 auf Vorschlag der irdischen Kosmonauten unmittelbar nach dem Rückflug des Roboterraumschiffes zum Canip starten. Man war sich nur noch immer nicht über die Zusammensetzung der Expedition und über das taktische Verhalten der Experten nach der Ankunft auf dem fernen Planeten einig. Dabei mußte bedacht werden, daß zwischen dem Start vom Sirter und der Landung auf dem Canip immerhin ein Zeitraum von fast neun Jahren lag.

Mitten hinein in diese Debatte ertönte eine Stimme im Lautsprecher eines der vielen Videophone: „Nachricht vom Lotsen, Nachricht vom Lotsen an die Kooperationsgruppe!" Darauf folgte der Wortlaut des bereits bekannten Funkspruchs, den das mitlaufende Tonband dann fortwährend wiederholte.

Was bedeutete der merkwürdige Inhalt? Was wollte Hy durch diese Formulierung mitteilen? Professor Sorini sprach den letzten Satz der Meldung immer wieder langsam vor sich hin: „Während der Landung, wegen möglichen Orientierungsschwierigkeiten, Sendepause anordnen!" Und dann noch: Landung nicht in Aba, sondern in Eze.

Laut schlußfolgerte er weiter, und alle wandten ihm die Köpfe zu. „In Eze stehen die Teleportationsanlagen, diese sollen nicht senden. Was wird dort gesendet oder ausgestrahlt? Hochbeschleunigte Mnemosonen! Mnemosonen stören die Orientierung! Von wem? Bestimmt nicht die von Hy und zweifellos nicht die kybernetischen Anlagen des anfliegenden Raumschiffes! Also bleibt logischerweise nur übrig,

daß Mnemosonen die Hybridhirne der Thropis desorientieren. Vielleicht ist es gerade das, Freunde, was uns der Chefphysiker mitteilen will!“
Ja, so mußte es sein! Mit Mnemosonen, den vor nicht allzulanger Zeit entdeckten Elementarteilchen der vierdimensionalen Erkenntniswelt, die den canip-sirianischen Wissenschaftlern sicher nicht bekannt waren, hatten die Sirianer eine äußerst wirksame Abwehrwaffe gegen die angeblich gewaltigen Roboterscharen der Technokraten auf dem Canip.
Jetzt galt es, schnell zu handeln! Bei der bevorstehenden Landung der Thropidelegation mußte der Funkspruch von Hy, der ja eine indirekte Information gewesen war, genau befolgt werden.
So entschied man, daß von den großen Kopterflughäfen in Eze der am weitesten vom Teleportationszentrum entfernt liegende zum Empfang der Roboterdelegation vorbereitet werden sollte. Ferner wurde festgelegt, daß ein Expertenkollektiv mit Lo an der Spitze sofort damit beginnen sollte, geeignete kleine Mnemosonenverstärker in Helmform fertigzustellen, mit denen die Canip-Expeditionsmitglieder ausgerüstet werden konnten. Parallel dazu mußten in den verbleibenden fünf bis sechs Tagen Fazilitätserzeuger entsprechender Größe, sowohl für die PHO 2 als auch für die OREL und für den TITAN, fertiggestellt werden.
Damit war auch die Entscheidung gefallen, daß für den Flug zum Sonnensystem des Procyon die Besatzung der PHO 2 ausschließlich aus irdischen Kosmonauten bestehen sollte. Nur diesen würden die mißtrauischen Technokraten glauben, daß die neu zu entwickelnden unförmigeren Schutzhelme mit eingebauten Mnemosonenverstärkern zur Ausrüstung gehörten.
Lo nahm die zweifellos äußerst komplizierten Arbeiten sofort auf. Für medizinische Spezialfragen wurde das Expertenkollektiv durch Doktor Tessin verstärkt. Nach den ersten vielversprechenden Helmentwürfen kam man überein, die Behelfskonstruktion bereits beim Empfang der Roboterdelegation unauffällig auszuprobieren. Als Versuchsperson hierfür war Al Gorim ausersehen.
In den folgenden Tagen hatte das fremde Raumschiff die un-

mittelbare Planetensphäre erreicht und befand sich bereits in der Nähe der Schutzhülle auf einer Umlaufbahn.
Hy bat per Funk, das vorgesehene Eintrittsfenster sichtbar zu machen und ihm die entsprechenden Koordinaten bekanntzugeben.
Nachdem dies erfolgt war, steuerte er bereits bei der nächsten Planetenumrundung das Raumschiff sicher durch die Schutzhülle und brachte es in Landeposition. Er war dabei weit westlich von Eze tief heruntergestoßen, um zu vermeiden, daß aus dem Flugkörper irgendwelche Aufnahmen von den Astrovisionsanlagen gemacht werden konnten. Dann setzte er in der Mitte des großen Kopterlandeplatzes auf.
Die Bewohner von Eze waren über die bevorstehende Landung informiert worden, und man hatte aus dem Zweck des Roboterbesuches keinen Hehl gemacht. Es war daher nicht verwunderlich, daß der riesige Platz fast leer war, lediglich zwölf sirianische Kosmonauten in den bekannten wulstigen Raumanzügen bildeten um das gelandete Projektil einen Ring, der symbolisch andeuten sollte, daß die sonderbaren Besucher höchst unerwünscht seien und sich nicht frei bewegen durften.
Einige Minuten nachdem das fremde Raumschiff auf sirianischem Boden gelandet war, durchschnitt Lo als Beauftragter des Präsidenten den Kreis der silberglänzenden Kosmonauten und begab sich zu dem ungewöhnlichen Flugkörper. Im gleichen Augenblick öffnete sich eine der achteckigen Ausstiegsluken, und eine schmale Gangway wurde ausgefahren. Als erster betrat der Kommandothropi sirianischen Boden, dann folgte, begleitet von zwei Kleinthropis, Hy, der wieder seinen Raumanzug angelegt hatte. Weitere neun Penser entstiegen einer anderen Öffnung und bildeten einen zweiten, sehr engen Schutzring um das kugelförmige Vorderteil des Raumschiffes.
Auf ein Zeichen von Lo, der voranging, schritten der Kommandothropi und Hy nebst seinen beiden Begleitern zu einem in unmittelbarer Nähe parkenden Gravikopter und stiegen ein.
Langsam und in geringer Höhe schwebte das Fahrzeug auf eines der vielen Gravidromgebäude zu. Vor dem Eingang hatten sich einige wenige Repräsentanten verschiedener In-

stitutionen des sirianischen Staates versammelt. Unter ihnen befand sich auch Al Gorim, der seinen gelbleuchtenden irdischen Skaphander trug. In der oberen Hälfte seines Helmes war bereits ein kleiner, aber leistungsstarker Fazilitätsgenerator untergebracht. Es war für das vorgesehene Experiment günstig, daß die Eingangstür des Gebäudes so schmal war, daß alle einzeln nacheinander eintreten mußten. Als sich der letzte der beiden Begleitthropis von Hy, er trug die Nummer 1023, dem Eingang näherte, dachte Al Gorim bewußt und intensiv an eine Linkswendung, und, er traute seinen Augen kaum, der Penser verfehlte den Eingang und machte einige Schritte an der Gebäudewand entlang. Al Gorim drehte sich um, und sofort reagierte der Thropi wieder normal und beeilte sich, den Vorausgeschrittenen zu folgen.
Der PHO 2-Kommandant war hochbefriedigt. Bei dem soeben gelungenen Experiment hatte sein Abstand vom Eingang immerhin etwa fünfzehn Meter betragen. Zweifellos hatte der Denkapparat des Pensers die Mnemosonenbeeinflussung registriert, und es kam nun darauf an, wann eine Auswertung erfolgte und was die Technokraten als Ursache der Störung ansehen würden.
Unterdessen hatten sich im Inneren des Gebäudes alle Beteiligten zum offiziellen Empfang der Roboterdelegation aufgestellt. Lo und der Kommandothropi standen sich genau gegenüber. Die zunächst wortlose Konfrontation unterstrich das Makabre dieses Zusammentreffens.
Nach einer fast zu langen Pause begann der Kommandothropi plötzlich monoton zu sprechen: „Uns sendet Pi der Jüngere, Beherrscher des Canip und Mächtigster im All. Er, seine phantastische Technik und wir, die seinen Befehlen gehorchenden unzähligen Roboterscharen, sind unüberwindlich! Keine Macht im Kosmos kann uns trotzen!
Wir, die mit gleichem Intellekt wie ihr ausgestatteten Penserthropis und das auf eurem Gravidrom gelandete Hyperraumschiff sollen euch die Macht und den technischen Fortschritt von Pi und seinen Getreuen demonstrieren.
Wir kommen heute mit bestimmten Forderungen. Das Versprechen ihrer Erfüllung wollen wir als Antwort mitnehmen!
Erste Forderung: Macht mit Hilfe aller Kommunikationsmit-

tel überall auf dem Planeten bekannt, daß euch sirianische Penserthropis mit einem lichtschnellen Hyperraumschiff als Boten vom alten Heimatplaneten Canip einen Besuch abgestattet haben.
Zweite Forderung: Laßt ferner in allen Städten und Siedlungen öffentliche Ausrufe mit dem Inhalt anbringen, daß Pi der Jüngere Freiwillige aus der Sirterbevölkerung sucht, die bereit sind, mit ihm den Canip weiter zu erschließen. In einem Viertelra werden die Bewerber hier an dieser Stelle durch modernste Raumschiffe abgeholt. Jegliche Repressalien sind untersagt.
Dritte Forderung: Nach Ablauf eines Ra ist die Gravitonenschutzhülle des Sirter zu entfernen; desgleichen müssen in diesem Zeitraum die acht außerplanetaren Schutzstationen entfernt sein. Pi läßt euch genügend Zeit, seinen Befehlen zu folgen. Deutet diese Großzügigkeit jedoch nicht als Schwäche; das könnte zum Verderben für euch alle werden!
Hier ist der genaue Wortlaut meines Vortrages!“ Mit dem letzten Satz überreichte der Penser Lo ein zusammengerolltes Dokument. Die wenigen hier versammelten Sirianer und die irdischen Kosmonauten, die mit Hilfe der Transphone die in schnarrenden Tönen vorgetragene Botschaft mitgehört hatten, waren empört über die unverschämten Forderungen des größenwahnsinnigen Pi.
Trotzdem konnte Al Gorim nicht umhin, dem neben ihm stehenden Professor Sorini zuzuflüstern: „Diese Roboter sind phantastische Apparate! Wenn ich nicht genau wüßte, daß sie von den Canipern gebaute Automaten wären, würde ich sie für natürliche humanoide Wesen unserer Galaxis halten.“ Sorini nickte nachdenklich.
Lo hatte unterdessen den ihm überreichten Text gelesen und ließ den Abgesandten von Pi nach einer ebenfalls langen Pause wissen, daß man ihm in einigen Stunden eine Antwort übergeben würde. Es war dies nur eine formale Geste, denn der Wortlaut der Antwort war bereits formuliert.
Während der folgenden Stunden standen die drei Thropis unbeweglich in der Mitte des Raumes. Ihre zylinderförmigen Köpfe waren geradeaus gerichtet, und die nur angedeuteten Pensergesichtszüge wirkten unnahbar. Die Penser empfanden keine Gefühlsregungen; das lange Stehen und Ange-

starrtwerden störte sie nicht im geringsten. Für sie war nur wichtig, ihren Auftrag ordnungsgemäß auszuführen.
Nachdem sich Lo noch einmal mit dem Präsidenten in Verbindung gesetzt und ihn über den Inhalt der Botschaft informiert hatte, erschien er nach Ablauf von genau vier Stunden mit seiner Begleitung wieder in der Halle, wo noch immer die Penser mit stoischer Ruhe warteten.
Er stellte sich dem Kommandothropi gegenüber auf und verlas die sirianische Antwort: „Biomechanische Boten einer verblendeten Minderheit! Richtet euren Schöpfern aus, daß wir ihre Botschaft erhalten haben. Wir hegen keinen Groll gegen sie. Wir können die heutige Generation nicht für Vergehen ihrer Vorväter verantwortlich machen. Im Gegenteil, wir freuen uns, daß nach so langer Zeit endlich eine Verbindung mit ihnen zustande kommt. Wir wissen auch von den anderen Canipern: Von Ba, seinen Freunden und deren Nachkommen, die noch immer heimkehren möchten in den Schoß der großen Gemeinschaft.
Wir wollen keinen Kampf mit Pi und seinen Anhängern. Ihre technischen Leistungen erkennen wir an. Aber auch unsere Welt hat sich weiterentwickelt. Es ist noch nicht zu spät, daß wir uns die Hand zur Versöhnung reichen. Um so mehr, als ein Ereignis von wahrlich kosmischer Tragweite eingetreten ist. Auch eure Vorfahren hatten Kenntnis von dem blauen, Leben bergenden Planeten beim gelben Stern. Diese Menschen oder Tovas, wie wir sie nennen, haben sich sehr schnell entwickelt und eine hohe Stufe der Zivilisation erreicht. Ein Korpuskular-Großraumschiff mit einer kühnen Besatzung ist vor einem halben Erdenjahr bei uns gelandet. Diese Tovas wollen auch zu euch kommen! Sie haben mit unserem Streit nichts zu tun. Sie werden gleichzeitig mit eurem Thropiraumschiff starten. Ihr Flug zum Canip wird einige Zeit länger dauern, da sie nicht wie ihr mit absoluter Lichtgeschwindigkeit fliegen.
Empfangt sie als Gäste! Vielleicht gelingt es den Erdensöhnen, euch zu überzeugen, daß ein kosmischer Bruderbund wertvoller ist als ein prähistorischer Vernichtungskampf! – Hier ist der Wortlaut unserer Antwort!“ Damit übergab er dem Kommandothropi ebenfalls ein zusammengerolltes Schriftstück. Nach kurzem Überlegen fügte er hinzu: „Für

den Rückflug ist der übermorgige Tag vorgesehen!"
Damit war der Empfang der Roboterdelegation beendet. Der Kommandothropi verbeugte sich, alle drei Penser machten eine Kehrtwendung und schritten dann zu dem Raumschiff zurück, in dem sie und auch die Schutzthropis nach kurzer Zeit verschwunden waren. Als letztes wurde die Gangway eingeholt dann erstarb jede Bewegung in und um die Rakete.
Unterdessen hatte die seit Tagen rastlos arbeitende Expertengruppe mit Unterstützung von Fachleuten aus Ogi die benötigten Fazilitätserzeuger unterschiedlicher Intensität fertiggestellt und erprobt. Die Anlage für die PHO 2 war bereits mit einem Transport-Kugelraumer unterwegs. Leon Petit und MacCalcy begleiteten die kostbare Fracht. Andere Kosmonauten waren mit sirianischen Wissenschaftlern und Technikern dabei, geeignete Anlagen in der OREL und in dem Allzweckfahrzeug TITAN zu installieren. Alle Raumanzug-Schutzhelme der irdischen Sternenfahrer waren bereits mit solchen Kleingeneratoren ausgestattet, wie sie Al Gorim beim Eintreffen der Thropis mit Erfolg ausprobiert hatte.
In der folgenden Beratung der Kooperationsgruppe unter der Leitung von Lo und Al Gorim, an der von den Kosmonauten nur noch Doktor Tessin und Professor Sorini teilnahmen, wurde die Situation noch einmal gründlich eingeschätzt. Soviel stand fest: Die Canip-Sirianer hatten auf bestimmten technischen Gebieten beachtliche Fortschritte erzielt. Dazu gehörten die Weiterentwicklung der synthetischen Neuronenzentren der Thropis zu denk- und handlungsfähigen Pensergehirnen sowie die Fortbewegung im Kosmos mit Hilfe hochfrequenter Materiepulsation. Es konnte durchaus möglich sein, daß die Vertreter dieser gesellschaftlichen Fehlentwicklung noch über weitere technische Überraschungen verfügten!
Lo, der den Mut und die Entschlossenheit der Tovas bewunderte, ging noch einmal auf die psychologischen Möglichkeiten einer friedlichen Beilegung der bestehenden Streitigkeiten ein. „Das Streben einzelner Individuen nach unumschränkter persönlicher Macht ist ein Rückfall in kreatürliche Primitivvorstellungen", führte er aus. „Derartige Erscheinungen treten auch heute noch bei kranken Personen

auf. Pi, der Leiter des Experimentes im All, war damals ein solcher psychologischer Fall. Es gelang ihm, eine entsprechende Anzahl Gleichgesinnter um sich zu scharen. Die eigenmächtige Flucht über eine Entfernung von sieben Lichtjahren konnte, selbst wenn der Wunsch bestanden hätte, über viele Generationen hinweg nicht wieder rückgängig gemacht werden. Sie, liebe Tovas, sollten nichts unversucht lassen, diese verbohrten Potentaten von der Sinnlosigkeit und dem gesellschaftlichen Anachronismus ihres Standpunktes zu überzeugen. Vergessen wir bei unseren Überlegungen auch nicht, daß die wenigen Canip-Sirianer vermutlich unter einer umweltbedingten Kontaktarmut leiden. Auch wenn friedliche Verhandlungen zunächst scheitern, sollte die Möglichkeit einer Kraftprobe gewissenhaft erwogen werden, denn wir würden es sehr bedauern, wenn dabei auch nur einer der Sonnensöhne zu Schaden käme. Um Sie und uns zu schützen, werden wir sofort damit beginnen, zwanzig Großraumschiffe mit Photonenzwillingsantrieb auf Kiel zu legen, die lichtschnell, vielleicht noch vor Ihnen auf dem Canip eintreffen werden."

Die nächsten Stunden wurden von allen Beteiligten ausgiebig genutzt.

Noch während die Kooperationsgruppe ihre Beratung durchführte, waren mehrere Kugelraumschiffe gestartet, um die Reservetanks der PHO 2 mit Materie und Antimaterie aufzufüllen.

Mit dieser kleinen Flotte flogen bereits als nächste Kosmonauten Lew Slabow, Professor Untaka und Mahad Jarwheli zurück. Nicht zuletzt deshalb, weil die Treibstoffübernahme im freien Raum, ohne die üblichen Versorgungssysteme, noch unbekannte Probleme barg, die jetzt schnell geklärt werden mußten.

Die noch auf dem Sirter verbliebenen Sternenfahrer Al Gorim, Professor Sorini, Doktor Tessin und Pjotr Olarin hatten sich zur OREL begeben, um die große Aufklärungsrakete für den Rückstart vorzubereiten.

Alle Eventualitäten eines langen Raumfluges und einer gefährlichen Landung auf dem fremden Planeten, auf dem sich zwei Staatsgebilde feindlich gegenüberstanden, mußten noch einmal gründlich eingeschätzt werden.

Der Augenblick des Abschiednehmens war gekommen! Die Trennung fiel schwerer, als man es sich noch vor einigen Tagen vorgestellt hatte.
Der selbstlose Entschluß der irdischen Kosmonauten, die geplante Rückkehr zur Erde auf einen noch unbekannten Zeitpunkt zu verschieben, um die sirianischen Probleme lösen zu helfen, hatte sie in den Augen der Sirianer zu echten Freunden werden lassen. Zum Abschied hatten Jugendliche auf dem Kopterflugplatz von Aba rings um die OREL einen bunten Teppich duftender Blüten ausgebreitet. Hinter der Schutzabsperrung, die von sirianischen Raumfahrern in Skaphandern gebildet wurde, standen die Abaer dicht gedrängt in Festtagskleidung.
Jetzt kam die kleine Gruppe der irdischen Kosmonauten aus der Halle der Vergangenheit und wurde vom Präsidenten persönlich zur OREL begleitet.
Auch Lo war dabei, der wieder die Aufgabe übernommen hatte, die Rakete sicher durch die Gravitonenschutzhülle zu bringen.
Unter Winken und Tücherschwenken waren Al Gorim, Pjotr Olarin Professor Sorini und Doktor Tessin im Inneren der OREL verschwunden. Lo hatte bereits in dem sirianischen Lotsenkopter Platz genommen, der sofort geräuschlos aufstieg.
Unmittelbar danach hob nun auch die OREL mit ohrenbetäubendem Lärm und in Rauchwolken gehüllt vom Boden ab.
Nach einer Planetenumrundung hatten sie die Schutzhülle erreicht. Lo gab ihnen die Lage des Austrittsfensters bekannt, und ohne die Komplikationen, wie sie bei der Landung vor einem halben Jahr auftraten, durchquerte die Rakete die etwa einen Kilometer dicke gefährliche Schicht. Dann waren sie wieder allein im unendlichen schwarzen All.
Lo funkte zur PHO 2, daß er die OREL begleiten würde. Auch Al Gorim nahm sofort Kontakt mit dem Großraumschiff auf und hörte mit starker innerer Bewegung die vertrauten Stimmen von Jussuf, Parker und Katajew.
Nachdem die auf den Sirter bezogenen Bahnkoordinaten bekanntgegeben und verglichen waren, übernahmen die Rendezvous-Computer den Weiterflug.

Nach sechs Stunden hatten die beiden Flugkörper den Eintrittshangar an der PHO 2 erreicht, und nach der obligatorischen Entkeimungsprozedur in der Schleuse war die gesamte PHO 2-Besatzung nach vielen Monaten der Trennung wieder vereint.

Die Reise zum Canip

Es war verständlich, daß die drei Kosmonauten auf der PHO 2, die über ein halbes Jahr kaum Informationen erhalten hatten, die anderen mit Fragen bestürmten.
Die schnellen Aktionen der letzten Zeit, der Einbau eines Fazilitätsgenerators, das zusätzliche Einbunkern von mehreren hundert Tonnen Materie und Antimaterie und die Verlängerung des Aufenthaltes auf dem Sirter, hatten nicht dazu beigetragen, Klarheit über das weitere Geschehen zu schaffen.
Nachdem sich Lo verabschiedet und den Rückflug zum Sirter angetreten hatte, die umfangreichen Navigationsarbeiten abgeschlossen und der Autopilot für die Reise zum System des Procyon programmiert waren, nutzten die Kosmonauten eine Lagebesprechung in der großen Messe, um Wiedersehen zu feiern.
Al Gorim ergriff das Wort und faßte die Ereignisse der letzten Zeit in kurzen Worten zusammen, dann sagte er: „Unser Expeditionsauftrag ist mit einem alle Erwartungen übertreffenden Ergebnis erfüllt worden. Das Raumschiff birgt eine Vielzahl von Forschungsergebnissen und Informationen vom Sirter. Es ist viel mehr, als wir jemals erwartet hatten! War es schon phantastisch, daß wir im Siriussystem auf hochentwickeltes Leben gestoßen sind, dann war es mehr als ein glücklicher Zufall, daß wir uns mit dieser fremden Zivilisation so gut verständigen konnten und wir gute Freunde gewonnen haben. Unsere Entscheidung, zum Canip zu fliegen, wurde dadurch bestimmt, daß wir es als unsere Pflicht ansehen, die Sirianer gegenüber einer Clique zu unterstützen, die eine Rückentwicklung durchgemacht hat.
Wir starten in wenigen Stunden zum ehemaligen Heimatplaneten der Sirianer im Sonnensystem des Procyon. Dort haben die Nachkommen von vor mehr als dreitausend Jahren geflohenen und verschleppten Wissenschaftlern zwei winzige Teilstaaten gebildet, die sich feindlich gegenüberstehen. Der eine Staat ist eine technokratische Despotie, die den ande-

ren Teil unterdrückt und gleichzeitig provozierend in die Sphäre des Sirters eingreifen will.
Unsere neue kosmische Reise wird etwa achteinhalb Jahre dauern. Es ist also notwendig, daß die meisten von uns einen Teil dieser Zeit im Anabiosezustand verbringen. Wir werden uns dabei im gleichen Rhythmus abwechseln wie damals, als wir von der Erde gestartet sind. Ich halte es jedoch für angebracht, daß wir vorher noch gemeinsam einige Wochen lang technisch-wissenschaftliche Probleme besprechen, mit denen wir bei unserer zweiten Sternenfahrt konfrontiert werden. Vielleicht können wir auf viele Fragen eine Antwort finden!"
Al Gorim hatte seine Ausführungen gerade beendet, als der Rundsichtschirm der Messe in größerer Entfernung die von den Strahlen des Sirius hell beleuchtete Thropirakete zeigte, die den Rückflug angetreten hatte. Im unmittelbaren Planetenbereich bewegte sie sich zunächst mit einem völlig unsichtbaren Gravitonenantrieb. Nachdem der sonderbare Flugkörper noch weitere zweihunderttausend Kilometer zurückgelegt und eine Geschwindigkeit von ungefähr hundertfünfzig Kilometer pro Sekunde erreicht hatte, leuchtete es um das Raumschiff wie bei einer Kernexplosion hell auf. Die neugebildete Photonenwolke ließ es nun wieder als kleinen Komet erscheinen. Bald war das Raumschiff für das unbewaffnete Auge nicht mehr sichtbar.
Nach weiteren sechs Stunden zündete auch die PHO 2 ihre Lichttriebwerke und richtete den spitzen Bug auf das ferne Planetensystem des Procyon. Als Chefingenieur Katajew das einwandfreie Funktionieren aller Aggregate gemeldet und Al Gorim und Parker den neuen interstellaren Kurs programmiert hatten, wandten sich die Kosmonauten dem ersten der Problemkreise zu, die Al Gorim noch vor der Anabiose mit ihnen beraten wollte.
Er betraf das Roboterraumschiff, das die absolute Vakuumlichtgeschwindigkeit erreichen konnte. Professor Sorini, der sich in den letzten Wochen gerade wegen dieses Antriebs in den sirianischen wissenschaftlichen Archiven umgesehen hatte, gab die erforderlichen theoretischen Informationen: „Schon vor einigen tausend Jahren waren die sirianischen Denker zu der Erkenntnis gelangt, daß eine Masse noch

nicht bei Lichtgeschwindigkeit unendlich groß wird, sondern erst bei einem Betrag, der um zehn hoch minus neunzig größer ist als der nach Einstein geläufige Wurzelausdruck. Dieser Ergänzungssummand wurde aus dem Verhältnis der Quadrate der kleinsten in der Natur vorkommenden Geschwindigkeit zur Lichtgeschwindigkeit abgeleitet.
Mit der canipischen Raumschiffkonstruktion kann im Prinzip die Lichtgeschwindigkeit überschritten werden. Die Photonenwolke erzeugt zunächst wie bei unseren PHO-Raumschiffen lichtnahe Geschwindigkeiten. Darüber hinaus wird jedoch die Photonenwolke noch zyklisch deformiert, wodurch zusätzlich Antriebskräfte wirksam werden. Die zyklische Deformation der Wolke vom Kreis zur Linie beziehungsweise von einer Linse in einem Strahl ist eine in der Natur häufig zu beobachtende Fortbewegungsform. Ich möchte beispielsweise an die Quallen erinnern. Sie benutzen zwar das von ihrem Körper umschlossene Wasser, um durch Zusammendrücken desselben einen Rückstoßeffekt zu erzielen, bewegen sich aber nach dem gleichen Prinzip. Entscheidend für die Größe der zu erzielenden Geschwindigkeit ist lediglich die Frequenz des Deformationsvorganges. Die canipischen Wissenschaftler arbeiten mit zweihundertfünfzig Kilohertz, was bei einer wechselnden Längendifferenz von eins Komma vier Kilometern etwa der Lichtgeschwindigkeit entspricht.
Zweifellos ein Verfahren, das auch im Mittelpunkt unserer weiteren irdischen Raumschiffantriebsentwicklung stehen sollte! Doch hier muß ich einschränkend erwähnen, daß zur hochfrequenten Photonenwolkendeformation derartig gigantische Gravitationskräfte benötigt werden, wie sie bisher nur der sirianischen Technik zur Verfügung stehen."
Es war nur zu verständlich, daß Katajew, Parker und Jussuf bei diesen Ausführungen betroffen von einem zum anderen blickten. Sie konnten sich trotz der vielen Berichte noch immer keine Vorstellung davon machen, was die Expeditionsmitglieder alles gesehen und erlebt hatten.
Auf Al Gorims Befehl wurden, wie es Vorschrift war, bestimmte Raummanöver durchgeführt, denn neben der kosmischen Entfernung, die es zu überwinden galt, konnten bisher noch unbekannte Gefahren die PHO 2-Besatzung vor

äußerst schwierige Aufgaben stellen.
Nach der Absolvierung eines umfangreichen Übungsprogrammes innerhalb und außerhalb des Raumschiffes, an dem die gesamte Besatzung teilnahm, wurde ein zweiter Problemkreis erörtert.
Diesmal standen die Hybridhirne der Penser-Thropitypen, die über ein beachtliches eigenes Denk- und Kombinationsvermögen verfügten, im Mittelpunkt der Betrachtungen. Dieses Thema war besonders wichtig, weil nach der Ankunft auf dem Planeten neben den wenigen Canip-Sirianern gerade die zahlreichen Penserroboter ihre Partner oder vielleicht auch ihre Gegner sein würden.
Aus alten Archivbeständen hatte Lo den Kosmonauten einige der früher verwendeten Primitivhirnmechanismen von Arbeitsthropis zur Verfügung gestellt, die aus der Zeit stammten, als Pi der Ältere die Flucht zum Canip vorbereitete. Diese Mechanismen waren jedoch nicht das geeignete Studienmaterial, denn bei den Arbeitsthropis handelte es sich im Prinzip um numerisch gesteuerte Arbeitsmaschinen, die mit einem Empfängersystem für gedankliche Direkt- und Fernsteuerung ausgestattet waren. Was diese Automaten von ähnlichen irdischen Konstruktionen unterschied, war die erstaunliche Vielfalt der Funktionen.
Lo hatte die Verwendungsmöglichkeiten der damals eingesetzten Thropis in einem Katalog zusammentragen lassen. Er umfaßte mehr als dreihundert Seiten, obwohl nur die Befehlssignale und die damit ausgelösten Funktionen stichwortartig dargestellt waren.
Da der qualitative Sprung vom Arbeitsthropi zum Penser unvorstellbar groß war, mußte angenommen werden, daß die canipischen Techniker und Wissenschaftler in den letzten Jahrhunderten auch die Arbeitsthropis weiterentwickelt und modernisiert hatten.
Mahad Jarwheli, der indische Kommunikationswissenschaftler, war in den letzten Wochen auf dem Sirter nicht untätig gewesen und hatte gemeinsam mit sirianischen Experten die verschiedenen Möglichkeiten modernster künstlicher Denkmechanismen erwogen.
Das Ergebnis war wissenschaftlich sensationell und beängstigend zugleich! Eine solche Perfektion, wie sie durch die Pen-

sertypen der Roboterdelegation demonstriert worden war, konnte nur mit Hilfe organischer Hirne auf Eiweißbasis erreicht werden! Die Canip-Sirianer mußten auf diesem Gebiet in den vergangenen Jahrtausenden enorme Fortschritte gemacht haben! Eins blieb dabei offen, ob sie besondere Eiweißhirne gezüchtet oder ob sie durch operative Eingriffe an Gehirnen primitiver Lebewesen diese phantastischen Ergebnisse erzielt hatten. Eine andere Erklärung dafür gab es einfach nicht! Mechanismen mit einem noch so hohen technischen Niveau blieben tote Maschinen; das Organisationsvermögen von Lebewesen konnte nur von lebender Materie erreicht werden. Ja, es war nicht ausgeschlossen, daß die skrupellosen Technokraten auch an ihresgleichen entsprechende Operationen durchführen ließen, um bisher noch ungenutzte Neuronenbereiche, über deren Funktion es die unterschiedlichsten Vermutungen gab, für ihre Zwecke zu nutzen. Für maßgebliche Feststellungen fehlte den Freunden jedoch ausreichendes Studienmaterial.
Doktor Tessin war zwar ein bewährter Raumfahrtmediziner, aber die neuesten Erkenntnisse über gehirnprogressive Einflüsse bestimmter operativer Eingriffe gehörten nicht zu seinen Spezialgebieten.
Auch Al Gorim, der ein ausgezeichneter Kybernetiker war, konnte hier nicht helfen.
Alles deutete darauf hin, daß die Canip-Sirianer in der Wissenschaftsdisziplin der Kybernetik gegenüber dem irdischen Stand einen ungeheuren Vorlauf hatten. Die Ereignisse der letzten Wochen hatten aber auch gezeigt, wie jene diesen Vorlauf zu nutzen gedachten!
Doktor Tessin hatte die Vorbereitungen zur Tiefschlafaufnahme der ersten sechs Besatzungsmitglieder in der Anabiosestation abgeschlossen und überraschte damit die ahnungslosen Kosmonauten.
„Meine Herren! Es ist soweit. Wir können beginnen. Bitte in den nächsten zwölf Stunden nichts essen oder trinken!" sagte er schmunzelnd.
Sichtlich ungern befolgten Untaka, Calcy, Jussuf, Jarwheli, Olarin und Petit die Anordnung des Bordarztes.
Im Tiefschlafwechsel ließen sich jedoch die achteinhalb Jahre Flugdauer von jedem besser bewältigen, und bei Annä-

herung an den Planeten Canip würden alle Kosmonauten wieder ausgeruht für neue Einsätze zur Verfügung stehen. Dieser Tatsache konnte sich keines der zwölf Besatzungsmitglieder verschließen. Es ging eigentlich auch nur darum, den Anfang zu machen! Verständlicherweise wollte niemand für die ersten Jahre von der abenteuerlichen Bildfläche verschwinden. Aber es mußte sein! Nachdem die sechs die vorgeschriebenen Stunden gefastet hatten, nahm sie Doktor Tessin in Empfang. Der letzte Eindruck, den sie mitnahmen, war die Erinnerung an einen winzigen leuchtenden Punkt im unendlichen All, an das mit Lichtgeschwindigkeit enteilende Roboterraumschiff.

Als die Kontrollschirme in der Steuerzentrale wieder die langsamen, aber regelmäßigen Lebensimpulse der Tiefschläfer anzeigten, gingen Al Gorim und die verbliebenen fünf Freunde zur Routinearbeit des Bordalltags über.

Seit Monaten schon zog die PHO 2 ihre einsame Bahn durch den immer dunkler werdenden Kosmos. Das grelle Siriuslicht, vom Raumschiff stark reflektiert, hatte zumindest die Backbordseite und deren nächste Umgebung für einige Zeit etwas freundlicher erscheinen lassen; doch jetzt umfing sie wieder undurchdringliche Schwärze. Aus den zielstrebigen Forschern und Wissenschaftlern waren erneut einsame und schweigsame Kosmonauten geworden, deren hartes Los nur der verstehen konnte, der selbst unter ähnlichen Bedingungen menschliche Einsamkeit und kosmische Unendlichkeit überwunden hatte.

„Weißt du, Lew“, sagte Gol Parker zu Slabow, „ich hätte doch meine geheime Absicht, nämlich als blinder Passagier in dem Roboterraumschiff mitzufliegen, in die Tat umsetzen sollen. Ich hätte mir dann viele Fragen, die ich heute stelle, selbst beantworten können.“

Beide hatten Wachdienst und befanden sich in der Steuerzentrale. Seit dem Start von der Erde gehörte Gol Parker der Mannschaft als Navigations- und Meßexperte an. Nicht umsonst nannten ihn alle den „Relativisten“. Die Einsteinsche Relativitätstheorie und die in der Folgezeit entstandene Materietheorie von Walkinow waren Hauptgebiete seiner geistigen Freizeitbeschäftigung.

Lew Slabow, der ein durchaus ebenbürtiger Gesprächspartner war, erwiderte: „Ja, ich kann dich verstehen! Doch denke auch daran, was vielleicht geschehen wäre, wenn dich die beängstigend intelligenten Roboter als ungebetenen Gast entdeckt hätten. Ich glaube, das wäre ein kurzes Abenteuer geworden."

Gol machte ein nachdenkliches Gesicht und erwiderte dann: „Ich kann mir einfach nicht denken, daß diese Hybridthropis ohne besonderen Befehl töten. Das wäre auch für die Schöpfer dieser Androiden viel zu gefährlich. Aber vielleicht hast du doch recht ...?"

Fast bereute Lew Słabow seine Worte. Er versuchte seinen Freund aufzumuntern: „Gol, wir müssen die Technokraten unbedingt überreden, daß sie uns einen Testflug mit ihrem Hyperraumschiff gestatten."

„Zumindest ist der Gedanke an eine Möglichkeit nicht schlecht!" antwortete Parker, „aber ich rechne nicht ernstlich damit. Wenn ich mit Lichtgeschwindigkeit fliegen will, geht es mir eigentlich nur darum, die Phänomene der Relativitätstheorie bestätigt zu finden. Die irdische Wissenschaft war dazu praktisch bisher noch nicht in der Lage. Ich denke beispielsweise an das Problem, daß bei einer solchen Geschwindigkeit jegliche Wahrnehmung aufhört und das Universum zu einem Punkt zusammenschrumpft, weil sich der Beobachter selbst mit maximaler Signalgeschwindigkeit bewegt." – „Entsinnst du dich der Ausführungen von Zi in Ulo?" warf Lew Slabow ein. „Die Lichtgeschwindigkeit ist die Grenze zwischen Wirken und Erkennen, so oder ähnlich hat er sich ausgedrückt."

Ein periodisch violett aufleuchtendes Warnzeichen setzte der Unterhaltung zunächst ein Ende.

Empfangsvorbereitungen

Der Rückflug der Roboterdelegation ging zu Ende. Einige Lichtmonate nach Verlassen der Sirterschutzhülle hatte der Kommandothropi einen verschlüsselten Funkspruch an Pi abgefaßt, in dem er in aller Kürze das Ergebnis des Besuches schilderte. Diesem offiziellen Bericht hatte er eine umfangreiche Darstellung der fremden Lebewesen vom Sonnensystem des gelben Sterns folgen lassen. Der Funkspruch enthielt auch Hinweise, daß diese Menschen zum Canip kommen würden und daß sie bis zum Eintreffen des canipischen Raumschiffes schon längere Zeit Gäste der Sirianer gewesen waren.

Während die Steuerthropis gerade dabei waren, die Verzögerungsphase einzuleiten, traf die Landeanweisung aus Mes ein. Einer der Funk- und Navigationsthropis überbrachte sie dem Kommandanten. Sie enthielt lediglich die Kreisbahnkoordinaten für die Landeumlaufbahn und Angaben über den Sektor, in dem das Tandem-Raumschiff von einer Landungsrakete übernommen werden sollte.

Automatisch wurde der Befehl zur Kenntnis genommen und weitergeleitet. Es war, wie bei allen Anweisungen, die von Pi unmittelbar gegeben wurden, keine Denk- und Kombinationstätigkeit erlaubt.

Der Kommandothropi, der im Register in Det unter der Nummer 26 eingetragen war, nahm wieder seinen Platz ein und überwachte den eingeleiteten Bremsvorgang. Wie oft hatte er als Kommandant eines Interstellar-Kreuzers solche Flüge mit Start- und Landemanövern durchgeführt? Er wußte es nicht; denn es gab für diese Androiden mit einem ausgezeichneten teilorganischen Denkapparat kein echtes persönliches Erinnerungsvermögen. Trotzdem entdeckte sich 26 dabei, gespeicherte Ereignisse aneinanderzureihen. Wie alt er eigentlich war, dafür fehlte ihm der Begriff; aber er konnte zusammenzählen, wie oft seine mechanische Energiequelle, die Schwermateriebatterie, schon ausgetauscht worden war, nämlich viermal. Da eine solche Batterie, das

war ihm aus den Selbsterhaltungsrichtlinien bekannt, eine mittlere Lebensdauer von zwei Ras hatte, mußte er also älter als vierhundert Jahre sein.
Einer seiner letzten Lichtflüge hatte ihn zu Planeten im Sternbild der Hyaden geführt. Er sollte dort durchsichtige fliegende Lebewesen fangen und mitbringen. Es hatte lange gedauert, bis er diese Anweisungen registriert hatte und vollständig wiederholen konnte. Sicher war deshalb auch die Löschung dieses Auftrages so schwierig gewesen. Von jenem Flug war er als einziger der Thropibesatzung zurückgekehrt. Und das auch nur, weil er das Raumschiff auf Kreisbahnkurs gehalten und nicht an der Expedition teilgenommen hatte. Alle Gelandeten, sechs Penser und achtzehn Arbeitsthropis, blieben verschollen.
Mit dem Bord-Superteleskop hatte er alles genau verfolgt. Der Raumgleiter ging genau an der dafür vorgesehenen Stelle, einem vegetationslosen Hochplateau von etwa fünf Kilometer Durchmesser, nieder. Er sah noch, wie die Thropis, nachdem sie den fremden Boden betreten hatten, merkwürdigerweise wie ausgelassen herumtanzten. Plötzlich näherte sich dem Landeplatz, die Expedition konnte das nicht erkennen, ein großer dunkler Nebelschwaden. Es war keine atmosphärische Wolke, das analysierte er sofort; dazu war ihre Annäherungsgeschwindigkeit auch viel zu groß. Schnell hatte das nebelhafte Gebilde den Landeplatz, den Raumgleiter und die vierundzwanzig Thropis dicht eingehüllt. Der Gasball wurde immer dunkler und dichter. Bevor die Roboter die Situation vollständig ausgewertet hatten, eilte das Gebilde weiter, und von dem Raumgleiter und den Thropis fehlte jede Spur.
Beim Überfliegen einer gebirgigen Insel bemerkte er, wie sich in einem gewaltigen Talkessel ein ähnliches, wesentlich größeres Nebelfeld zusammenbraute und mit langen Fetzenarmen zu ihm hinaufzulangen schien. Seine Selbsterhaltungsentscheidung war: Sofort starten!
Über jene Einzelheiten mußte er nach seiner Rückkehr den Mächtigen in Mes und Det mehrfach ausführlich berichten.
Er tastete die letzte Neuronenschicht ab. Auch auf dem Sirter hatte er fremde Lebewesen gesehen. In ihren Schutzanzü-

gen waren sie von den Sirianern und auch von den Mächtigen kaum zu unterscheiden! Trotzdem, ihre Nähe hatte ihn und seine Begleiter irgendwie beeinflußt. Was war mit Penser 1023 geschehen? Sein Funktionsbericht enthielt eine Orientierungsstörung kurz vor dem Betreten des Empfangsgebäudes. Auch er, 26, hatte Kurven aufgenommen, die eindeutig zeigten, daß sich während des kurzen Aufenthaltes in der Halle mehrfach sein Selbsterhaltungsschutz einschalten wollte.
Mit Hilfe seines präzisen Registriervermögens ging er alle Einzelheiten der Landung, des Empfanges, der geführten Unterredungen und des Rückstartes noch einmal gründlich durch. Nichts Besonderes! Doch halt, da hatte sie doch dieser Lotse eine ganze Zeit begleitet, dieser sirianische Chefphysiker Hy. Jener hatte viele Fragen gestellt, aber 26 war von seiner gegebenen Instruktion nicht abgewichen und hatte nur programmgemäße Auskünfte über Flug- und Landeprobleme gegeben.
Es wurde aber trotzdem Zeit, daß er seinen phonetischen Reisebericht noch einmal gründlich überprüfte, denn sicherlich würden ihn die Mächtigen wieder über jedes Detail ausfragen. Das war jedesmal der Fall. Ganz gleich, ob jene nun zufrieden sein würden oder nicht, er kam jedenfalls anschließend zur Regeneration und dann in ein kybernetisches Trainingslager, wo er sicher alte Bekannte treffen würde! Plötzlich erhoben sich die Thropis mit den Nummern 928 und 713 und bewegten sich taumelnd auf einen weißen Kreis zu. Das war ein abgeschirmter Abschnitt in jedem Arbeitsraum, der sofort von den Thropis aufgesucht werden mußte, wenn Störungen am Mechanismus oder Denkorganismus auftraten, um mögliche unkontrollierte Handlungen auszuschließen.
26 war hochgradig erregt. Er hatte die Mächtigen schon mehrmals darauf hingewiesen, daß die Beschleunigungs- und Verzögerungskräfte bei Start und Landung zu groß waren. Da diese Flugphasen bei der sonst lichtschnellen Fortbewegung der Tandem-Raumschiffe einen großen Zeitverlust bedeuteten, hatten die Experten in Det die Werte bis an die Grenze des Vertretbaren getrieben.
Der Kommandothropi kontrollierte das Instrument, dessen

Zeiger auf einer negativen Beschleunigung von hundert Metern pro Sekundenquadrat stand. Sofort reduzierte er durch einige Handgriffe diesen Wert um dreißig Prozent. Dann ging er zu den beiden Thropis im weißen Kreis.
Sie deuteten auf ihre Köpfe. Das teilorganische Neuronenhirn, das die erstaunlichen Denkprozesse dieser Pensertypen ermöglichte, war auch die schwache Stelle dieser Automaten. Die Verzögerungsreduzierung machte sich aber bereits positiv bemerkbar. Wenig später nahmen die zwei Thropis ihre Arbeitsplätze wie zuvor ein.
Erwartungsgemäß ging kurz danach ein Funkspruch der Kontrollstation ein, warum die Bremskräfte verringert worden seien. 26 antwortete, daß die Schutzsysteme mehrerer Thropis reagiert hätten.
Inzwischen war der Anflug fast beendet. Ein merklicher Druck auf die Stabilisierungskreisel der Automaten zeigte an, daß der Flugkörper in eine Kreisbahn um den Planeten einschwenkte. Anstelle des Photonenantriebes hatten sich automatisch die Gravitonendüsen eingeschaltet. Aus dem interstellaren Pseudo-Kometen war wieder ein Raumschiff geworden.
Programmierte Zweckroboter, die man keinesfalls als Thropis bezeichnen konnte, begannen sofort sämtliche Flächen des Tandem-Flugkörpers, die dem ständigen Photonenbombardement ausgesetzt gewesen waren, auf Brandstellen zu untersuchen und mit Gravitonenbrennern auszubessern.
Die Canip-Sirianer hatten für die antriebsaktiven Teile dieser Raumer, genau wie ihre Vorväter, Schwermaterie eingesetzt, die besondere Robotertransporter von einem weit entfernten Procyonplaneten herbeischafften. Die Anwendung von Schwermaterie war ein Gebiet, auf dem die irdische Wissenschaft keinerlei Erfahrung besaß.
Nach einigen Umrundungen wurde dem Kommandothropi von der Bodenstation die Anflugbahn der Landerakete gemeldet. Sofort gab er die entsprechenden Befehle für das Rendezvous-Manöver, das mit Präzision vorgenommen wurde.
Die Geschwindigkeit beider Flugkörper wurde immer mehr vermindert. In einer spiralförmigen Flugbahn ging es dem Canip entgegen. Nach Durchstoßen einer spärlichen Wol-

kendecke breitete sich unten die braune Oberfläche des versengten Planeten aus. Die Flugbahn entsprach jetzt den Gesetzen des freien Falls. Zwischen den beiden Städten Mes und Det wurde das Roboterkosmodrom sichtbar.
Da der Ba-Teilstaat nicht über Raumschiffe verfügen durfte, lag hier der einzige kosmische Start- und Landeplatz des Planeten. Hier begannen und endeten auch sämtliche Raumflüge.
Das Kosmodrom entsprach in der Form einer riesigen Acht. Die beiden kreisrunden Areale stellten die getrennten Start- und Landepisten mit je fünfzig Kilometer Durchmesser dar. Jeder Kreis war in vier unterschiedlich große Sektoren unterteilt, die voneinander durch langgestreckte Kontroll-, Versorgungs- und Lagerräume getrennt waren. So gab es einen Sektor für Raumerkundungsflüge, einen weiteren für Raumkörpertestflüge, einen großen Sektor für Transportflottillen und schließlich einen kleinen Start- und Landeplatz für spezielle Zwecke der Mächtigen.
Die gesamte kosmische Flugregelung, einschließlich der Entladung der Raumtransporter, die oft erst nach Jahrzehnten von fernen Kohlenstoffriesen oder erkalteten Massezwergen zurückkehrten, erfolgte vollautomatisch. Dieses wahrhaft überdimensionale Kosmodrom, kurz Kom genannt, wurde von nur drei Canipern überwacht, die trotzdem noch die meiste Zeit an Problemlösungen zur weiteren Vervollkommnung der Flugmeldeautomatismen arbeiteten. Sie waren stolz darauf, daß es im letzten Jahrzehnt, bei beachtlicher Steigerung des Flugverkehrs, keine Havarie gegeben hatte, vom Ausfall zweier Arbeitsthropis abgesehen, die auf Grund noch ungeklärter Impulse in den Gravitonenstrahl eines übergroßen Raumtransporters geraten waren.
Für die Landung des Tandem-Raumschiffes war der Landesektor für die Zwecke der Mächtigen vorgesehen. Die Fallgeschwindigkeit verlangsamte sich immer mehr. Am Eingang des bleiüberzogenen Empfangsgebäudes erkannte 26 bereits einen Kuriergleiter. Sicher würde er in wenigen Minuten vor Pi stehen und berichten müssen.
Jetzt berührte der Schnellraumer mit der Roboterdelegation den Boden. Der Kommandothropi ließ seine Begleiter vorausgehen und überzeugte sich noch ein letztes Mal, daß alle

Aggregate ausgeschaltet waren. Dann ergriff er die Dokumentenmappe und bestieg den Lift. Während die übrigen Penser langsam zum Versorgungsgebäude schritten, wo ihre Überprüfung und Regenerierung eingeleitet wurde, ging 26 auf den Kuriergleiter zu. Den darin wartenden Vertrauten von Pi hatte er längst identifiziert. Mit eckigen Bewegungen stieg 26 ein, und schon setzte sich das Fahrzeug in Bewegung. In zwei Stunden würden sie in Mes sein. Der Kommandothropi wiederholte schnell noch einmal seinen Bericht.
Im Regierungsgebäude wurde der Leiter der Roboterdelegation bereits von Pi und seinen nächsten Mitarbeitern erwartet. Als er eintrat, fiel sein Blick nicht zufällig auf den großen Wandkäfig mit den beiden Formissen, die sich wie wild gebärdeten und mit ihren Beißwerkzeugen klappernde und rasselnde Geräusche von sich gaben. Ob die Rieseninsekten wußten, daß er wie alle Pensertypen mit transplantierten Teilen von Formissenhirnen ausgestattet war?
Nachdem Pi seine Lieblinge mit einigen Leckerbissen beruhigt hatte, forderte er 26 auf, mit dem Bericht zu beginnen. Er unterbrach ihn nicht und ließ ihn bis zu Ende sprechen. Nach seinen Ausführungen zog sich der Kommandothropi in eine Nische zurück, um für spezielle Auskünfte verfügbar zu sein.
Unterdessen beriet Pi mit seinen Freunden. In einigen Minuten ging es nur noch um das eine Problem: Es kommen Menschen, Vertreter einer hohen Zivilisation, zum Canip!
Daß die Sirianer gegenüber seinen Forderungen zu Kompromissen bereit sein würden, daran hatte er nie gezweifelt. Seine Rechnung mußte aufgehen! Doch was war mit diesen Menschen? Pi kannte aus alten Aufzeichnungen das Leben bergende Planetensystem bei dem gelben Stern. Er hatte auch etwas über Stadtstaaten des blauen Planeten gelesen. Sollten diese irdischen Zweibeiner in den wenigen tausend Jahren eine Entwicklung von der Steinschleuder zum Photonenraumschiff durcheilt haben? Er fühlte sich unbehaglich. Diese Sternenfahrer aus einer anderen Welt waren ohne Genehmigung gestartet und hatten sich dem Technokratenstaat inzwischen bis auf wenige Lichtjahre genähert.
Haß kam in ihm hoch. Haß, wie gegen jeden, der in seine

Machtsphäre eindrang. Da war aber noch etwas in ihm. War es eine gewisse Anerkennung, die er den fremden Kosmonauten zu zollen bereit war?
Mit einer jähen Handbewegung schnitt Pi seine eigenen Gedanken ab und heftete den Blick auf seine Berater. „Was haltet ihr von diesen verwegenen kosmischen Globetrottern?" forderte er ihre Meinung heraus. Aber wie immer wollten seine Getreuen erst hören, was er selbst für Gedanken hegte. Und wie zu erwarten, folgten jetzt noch spezielle Fragen an den Penser.
„26, komm her und schildere uns deine persönlichen Aufzeichnungen von den Fremden!" sagte er zu dem Kommandothropi.
Der Penser hatte fieberhaft kombiniert. Er kam zu dem Ergebnis, daß jetzt von seinen kurzen Aussagen sehr viel abhängen konnte.
„Die Menschen sind uns ähnlich", begann er nachdenklich, „vielleicht im Wuchs um eineinhalb Fuß kleiner als wir, und sie haben ein primitiveres Gesicht. Die Atmosphäre des Sirters muß für ihre Atmungsorgane ungeeignet sein, denn ich habe sie nur in grellfarbigen Schutzanzügen mit unförmigen Helmen gesehen. Ich hatte während des Aufenthaltes auf dem Sirter keinen unmittelbaren Kontakt mit ihnen. Bestimmte Messungen von mir lassen darauf schließen, daß diese Menschen sehr willensstark sind. Ihre Gehirnsubstanz strahlt kräftige Impulse aus, die uns gefährlich werden können. Als wir in die Empfangshalle von Aba schritten, wurde der Penser 1023 durch einen in der Nähe stehenden Erdenbewohner so gestört, daß er den Eingang verfehlte. Ihr solltet diese euch sehr ähnlichen Kosmosbewohner sehr ernst nehmen! Es wird sich nicht vermeiden lassen, diese fremden Sternenfahrer hier gastfreundlich aufzunehmen. Die Zivilisation beim gelben Stern ist sehr volkreich. Der Planet Erde, der nur ein wenig größer ist als unser Canip, wird von fünf Milliarden Menschen bewohnt."
„Ich weiß, ich weiß!" unterbrach Pi den monotonen Redefluß des Kommandothropis, „deine Kombinationen interessieren mich nicht! Ich wollte persönliche Eindrücke von dir hören. Hast du ihre Flugkörper oder Produkte ihrer Technik gesehen?"

26 zeigte keine Gemütsregung und berichtete weiter: „Während ein Korpuskularraumschiff der Fremden den Sirter in großem Abstand umkreiste, waren neun von ihnen mit einer kleineren Rakete gelandet. Dieses Fahrzeug, das keine Besonderheiten aufwies, konnte ich aus größerer Entfernung sehen. Das Korpuskularraumschiff in der uns geläufigen, aber veralteten Trichterform haben wir beim Rückflug überholt. Es verfügt über keine zusätzlichen Beschleunigungseinrichtungen zur Erreichung der Absolutgeschwindigkeit. Nach unseren Messungen hatte der extrasiristische Flugkörper zum Zeitpunkt der Überholung seine mögliche Maximalgeschwindigkeit von vier Fünftel c noch nicht erreicht. Die Erdenbewohner kennen jedoch bereits die Materie-Antimaterie-Energetik!
Mehr kann ich auch bei noch längerer Durchsicht meiner Neuronenschichten nicht über die irdischen Sternenfahrer berichten."
Pi winkte lässig ab.
Der Kommandothropi hatte, wie so oft, den gefürchteten Rapport überstanden und konnte nun den Raum verlassen.
Längere Zeit herrschte Schweigen. Der Bericht von 26 hatte einen nachhaltigen Eindruck hinterlassen. Pi saß in Gedanken versunken in seinem Sessel.
„Laßt mich allein!" sagte er zu den Anwesenden, die froh waren, für die nächsten Stunden Pis Nähe entronnen zu sein. Leise und unauffällig zogen sie sich zurück.
Auf einen Gedankenbefehl von Pi betrat ein Servicepenser den Raum. Geschickt stellte er ein gefülltes Glas auf den Tisch und entfernte sich. Es handelte sich um ein spezielles, stark aromatisches Getränk mit einer hypermnetischen Droge, das der Herrscher hin und wieder zu sich nahm, wenn er vor ganz besonderen Entscheidungen stand.
Nachdem Pi genußvoll das Glas geleert hatte, schritt er in ein kleines Nebengemach. Inmitten dieses Raumes stand eine besondere Liegestatt, die entfernt an eine medizinische Einrichtung erinnerte. Er legte einen glänzenden Stirnreif um sein Haupt, betätigte einen Hebel und nahm Platz. Durch den Stirnreif, der schwache bioelektrische Reizströme erzeugte, wurde in Verbindung mit der Droge der Zustand

der Hypermnese eingeleitet. Diese Verschärfung des Gedächtnisses brauchte Pi jetzt dringend. Was war zu tun? Die plötzlich aus einem anderen Sternensystem aufgetauchten sirianerähnlichen Lebewesen störten seine bis dahin relativ klaren Pläne. Er mußte unbedingt wissen, was sie zum Sirter geführt hatte, wie ihre Weltanschauung war und vor allem, welches technisch-wissenschaftliche Niveau sie erreicht hatten. Pi überdachte zunächst die erste Phase, die die Annäherung der Fremden betraf. Sie würden mit dem Photonenraumschiff auf dem Canip vermutlich nicht landen können. Wichtig war, daß die ungebetenen Gäste nicht etwa auf den Gedanken kamen, eigenmächtig in dem anderen Teilstaat zu landen. Überhaupt mußte jeglicher Kontakt mit dem Ba-Staat von vornherein verhindert werden. Die Landung der Fremden mußte geplant und erzwungen werden. Man könnte ihnen beispielsweise mitteilen, daß sie von einer großen üblichen Lande- und Bergungsrakete von einer Kreisbahn aus ins Schlepp genommen würden.
Nach einigem Überlegen entschied sich Pi für eine Landung mit einem Lotsen. Nur so war es möglich, schon frühzeitig persönlichen Kontakt mit den irdischen Sternenfahrern aufzunehmen. Zum anderen war dadurch gewährleistet, daß die fremde Rakete um jeden Preis an der festgelegten Stelle niedergehen mußte.
Für diesen besonderen Lotsendienst kam nur Ep in Betracht. Sie war die beste Psychotechnikerin aus Det und gleichzeitig eine erprobte Raumfahrerin, die schon an einigen interstellaren Expeditionen teilgenommen hatte. In ihrer Person waren geistige und körperliche Vorzüge ideal vereinigt.
So weit schien die Angelegenheit erst einmal klar zu sein. Doch nun kam das entscheidende Problem: Die Fremden sollten zwar den Eindruck haben, Gäste auf dem Planeten zu sein, durften jedoch in Wirklichkeit über keine eigene Handlungsfähigkeit verfügen. Bevor sie mit Thropis der unterschiedlichsten Entwicklungsstufen näher in Berührung kamen, mußten sie genau überprüft werden. Schließlich waren sie mit den Sirianern befreundet. Sie hatten den Empfang der Roboterdelegation miterlebt und kannten den Wortlaut der überbrachten Botschaft. Es war auf alle Fälle gut, sie zunächst als Fremde mit feindlichen Absichten zu betrachten.

Wo lag ein geeigneter Landeplatz? Er verstärkte die Intensität der von seinem Stirnreif ausgehenden Reizströme bis zur zulässigen Grenze. Über die Gefahren einer zu stark dosierten künstlichen Hypermnese war er sich völlig im klaren. Erneut dachte er angestrengt nach. Ja, wo gab es hier auf dem von ihm beherrschten Territorium des Canip eine für die Landung der Fremden geeignete Stelle? Das Kosmodrom kam gar nicht in Frage. Nein, das durfte auch keinesfalls überflogen werden!
Immer wieder ertappte er sich bei der einfachen Lösung, die ungebetenen Gäste aus dem fernen Sonnensystem einfach verschwinden zu lassen. Ein fingierter Unfall bei der Landung, ein entsprechender Befehl an einen ausgewählten Pensertrupp ... Dennoch – bei aller Skrupellosigkeit, die dieser Technokrat besaß –, eine solche Klärung des Problems widerstrebte ihm. Vielleicht war es auch ein wenig Neugier, die ihn nach anderen Lösungen suchen ließ.
Die unmittelbare Umgebung von Det schied ebenfalls bei seinen Betrachtungen aus. Es mußte sich um eine Gegend handeln, die keinerlei Informationen preisgab und außerdem den Charakter einer Falle haben sollte.
Plötzlich hatte er die Lösung! Selbstverständlich, in der Nähe von Rob, wo die Pensertypen produziert wurden, lag ja der berüchtigte Cañon C. Es handelte sich um eine kreisförmige Vertiefung von etwa fünf Kilometer Durchmesser, die während der Teilnova des Procyon durch den Einschlag eines Riesenmeteors entstanden war. Den Nachteil, daß es sich um ein Gebiet handelte, das sehr nahe an der Grenze zum Ba-Territorium lag, mußte man in Kauf nehmen.
Die Wände des Kraters fielen fast zweihundert Meter senkrecht ab. Auf dem Grund des sonderbaren Tales standen einige wuchtige Bauwerke, über deren eigentlichen Verwendungszweck heute nur noch wenige informiert waren. Die einen großen Kreis bildenden Anlagen, zum Teil mit hohen Türmen, die bis zu den oberen Kraterwänden reichten, bargen mit wenigen Ausnahmen Energieaggregate, die in der Lage waren, die gesamte Kratersenke zu beherrschen.
Als man vor vielen Jahrhunderten die ersten denkfähigen Thropis vom Pensertyp entwickelt hatte, war dieser Cañon das Versuchsfeld gewesen, wo sich die mechanisch-organi-

schen Hybridkyberneten frei bewegen konnten. Da nicht genau vorauszusehen war, welchen Verlauf diese Massenexperimente unter Umständen nehmen konnten, waren Vorkehrungen getroffen, im Katastrophenfall alles, was sich unterhalb des Kraterrandes befand, zu eliminieren. Es war mit Hilfe der über zweihundert Meter hohen Strahlertürme möglich, sowohl die gesamte Cañonfläche von etwa zwanzig Quadratkilometer mit einer Energiewolke abzuschirmen als auch mit gigantischen Gravitonenimpulsen die Talsohle buchstäblich energetisch umzupflügen. Pi wußte, daß trotz der vielen Jahrhunderte, die inzwischen vergangen waren, die Cañon-C-Anlagen noch völlig intakt waren und daß sie erst in allerletzter Zeit für Experimente mit Penser-Riesenthropis verwendet worden waren. Wieder einmal hatte ihn die Hypermnese nicht im Stich gelassen!
Nachdem Pi die entsprechenden Befehle erteilt hatte, nahm er den Stirnreif ab und schloß für einige Minuten erschöpft die Augen mit den schweren Lidern. Ja, richtig, fast hätte er vergessen, was ihm vorhin bei seinen Überlegungen eingefallen war: Der Penser 26 wußte zuviel von den Fremden. Seine Kombinationen konnten gefährlich werden! 26 war ein bewährter Raumschiffkommandant.
Pi drückte erneut auf die Taste des Befehlsgerätes. „Anweisung an Gu. Der Denkapparat des Penser 26 ist sofort zu annulieren! Die allgemeine Regenerierung wird ausgesetzt!"
So, von dieser Seite konnten seine Pläne nicht mehr durchkreuzt werden. Schon häufig hatte er sich in letzter Zeit bei Gedanken ertappt, die die wachsende Selbständigkeit der Penserthropis betrafen. Sie konnten Informationen speichern, konnten kombinieren und spezifische Entscheidungen treffen. War das nicht schon zuviel? Wie in einem Alptraum sah er manchmal seinen Roboterstaat zusammenstürzen. Gestürzt und zerstört von revoltierenden Penserbanden. Doch solche Depressionen hatte Pi selten. Warum gerade heute? Er sollte die Droge seltener nehmen. Nach einer Hypermnese stellten sich pessimistische Anwandlungen häufig ein. Jetzt würde ihm ein Bad guttun! Durch den Empfangsraum, wo ihn seine Lieblingsformissen mit lautem Geklapper begrüßten, schritt er in die intimen Entspannungsappartements, zu denen auch ein komfortables Bad gehörte.

Im Sonnensystem des Procyon

Die kosmische Leere zwischen den beiden sieben Lichtjahre voneinander entfernten Sonnensystemen hatte die PHO 2 fast überwunden. In einem konstanten jährlichen Rhythmus hatten sich die Besatzungsmitglieder in der Anabiosestation abgewechselt. Nachdem nun aber die notwendige Zeit für die Bremsphase zur Hälfte verstrichen war und sich die irdischen Kosmonauten dem fremden Zentralgestirn auf drei Lichtmonate genähert hatten, war die gesamte Besatzung wieder im Einsatz.
Obwohl die schwierige Aufgabe der Kontaktaufnahme mit den Technokraten und die zweifellos nicht einfache Landung auf dem unbekannten Planeten kurz bevorstanden, gab es an den wissenschaftlichen Aufgaben keine Abstriche. Im Gegenteil, seit einigen Stunden wurde im großen Observatorium unter Al Gorims Leitung heftig über die Ergebnisse von zwei Experimenten, die während des Fluges durchgeführt worden waren, debattiert. Der erste Versuch befaßte sich mit den Möglichkeiten des Einfangens interstellarer Materie bei lichtnahen Geschwindigkeiten. Ein Problem, das schon bei der jahrelangen Reise zum Siriussystem Gegenstand von Untersuchungen gewesen war. Auf Grund der ebenfalls gewaltigen Entfernung zwischen Sirius und dem Procyon waren jetzt bereits exaktere Aussagen möglich. Die Fläche der antennenartigen Anlage vor dem Bug der PHO 2 zur Ausstrahlung eines elektrostatischen Feldes und zum Auffangen freier Wasserstoffatome war während des Fluges vervierfacht worden. Das Ergebnis war dennoch nach wie vor unbefriedigend; vermutlich deshalb, weil die bisher nur theoretisch ermittelte Dichte der interstellaren Materie von sechs Atomen pro Kubikdezimeter keinesfalls den wirklichen Werten entsprach.
Die vielen Messungen hatten ergeben, daß im Abstand von ein bis zwei Lichtjahren vom jeweiligen Sternensystem die tatsächliche Dichte weniger als ein Atom pro Kubikdezimeter betrug. Ja, im mittleren Bereich zwischen zwei Sternensy-

stemen war der Raum, abgesehen von wenigen sporadisch verteilten Materiewolken, absolut leer. Die für die Zukunft höchst interessante Frage, welche Verhältnisse im intergalaktischen Raum vorherrschten, konnte aber hieraus nicht beantwortet werden.

Der zweite Komplex, mit wesentlichen Auswirkungen auf künftige interstellare Raumfahrtunternehmungen, betraf das Geschwindigkeitsverhalten von Raumschiffen im materielosen und gravitationsarmen Raum zwischen Sternensystemen.

Die Untersuchungen, deren Ergebnisse Chefingenieur Katajew vorlegte, ließen eindeutig erkennen, daß beim Flug zum Procyon während eines Zeitraumes von fünf Jahren die vorgesehene annähernde Lichtgeschwindigkeit mit nur einem Beschleunigungsimpuls pro Stunde gehalten werden konnte. Für die Bemessung der mitzuführenden Treibstoffvorräte, insbesondere bei fast lichtschnellen Flügen über Jahrzehnte hinweg, waren dies ganz wesentliche Erkenntnisse, die zweifellos völlig neue, günstigere Verhältnisse zwischen Gesamt- und Nutzmasse von Raumschiffen ermöglichen würden.

Mit der mathematischen Auswertung der Versuche wurden Professor Sorini und Slabow beauftragt.

So konnten die Kosmonauten auch während des langen Fluges Erfolg an Erfolg reihen, und es herrschte trotz der herannahenden unbekannten Gefahren, die mit der Expedition zum Roboterplaneten verbunden waren, eine optimistische Stimmung.

Al Gorim wollte gerade eine kurze Zusammenfassung der durchgeführten Fluguntersuchungen geben, als Gol Parker die Tür zum Observatorium öffnete und durch ein Zeichen den Kommandanten in die Funkzentrale bat.

Al Gorim entschuldigte sich und folgte dem Navigator. Unterwegs teilte ihm Parker mit, daß in wenigen Minuten mit der Antwort der Canip-Sirianer auf den Funkspruch der PHO 2, der einen Monat vor Beginn der Bremsperiode ausgestrahlt worden war, zu rechnen sei.

Als die beiden die Funkzentrale erreicht hatten, war im Empfangslautsprecher mit Transphonadapter in regelmäßigen Abständen eine monotone Stimme zu vernehmen: „Wir rufen die PHO 2, wir rufen die PHO 2! In wenigen Minuten senden wir die Antwort auf euren Funkspruch!"

Gol Parker hatte Al Gorim noch einmal den Text ihres eigenen Funkspruchs gegeben. Al Gorim wiederholte halblaut: „Freunde, Tovas im Sternensystem des Procyon, Bewohner des Canip! Wir sind auf dem Wege zu euch! Nach Ablauf von etwa einem hundertstel Ra werden wir mit einer Geschwindigkeit von fünfundzwanzig Kilometern pro Sekunde in eine Kreisbahn um den Planeten Canip einschwenken. Vorher waren wir ein halbes Jahr lang Gäste eurer früheren Brüder, der Sirianer.

Unsere Heimat ist ein bewohnbarer Himmelskörper im System des gelben Sterns, wie die Sirianer unser Zentralgestirn nennen. Erlaubt uns, mit einer kleineren Rakete auf eurem Planeten zu landen. Unser Photonenraumschiff muß auf einer Umlaufbahn bleiben. Laßt uns in Kürze wissen, in welcher Form ihr uns bei der Landung behilflich sein wollt. Wir grüßen euch und erwarten eure Antwort!"

Schleppend und schnarrend drang jetzt die Antwort aus dem Lautsprecher: „Wir sind mit eurem Besuch einverstanden! Sobald euer Raumschiff die Kreisbahn um unseren Planeten erreicht hat, kommt ein Lotse mit Landeparametern und einer Analyse der chemischen Zusammensetzung unserer Atmosphäre zu euch an Bord. Da ihr von dem uns nicht wohlgesonnenen Planeten Sirter kommt, bitten wir um Verständnis für bestimmte Schutzmaßnahmen. Trotzdem braucht ihr nichts zu befürchten, wir empfangen euch als Gäste! Ende."

Al Gorim und Gol Parker schauten sich einen Augenblick lang verdutzt an. Der Wortlaut des Funkspruches klang doch ganz vernünftig. Ganz anders als die Botschaft an die Sirianer! Wie gut, daß sie die Vorgeschichte und die Zusammenhänge genau kannten!

„Bestimmt ist es nur ein geschickter Schachzug, um uns bis zur Landung in Sicherheit zu wiegen!" gab Parker zu bedenken.

„Es kommt also ein Lotse an Bord!" stellte Al Gorim abwägend fest. Noch während er die Worte sprach, fiel ihm ein, daß dies gar nicht so recht in ihren Plan paßte. Der Lotse würde sofort feststellen, daß sich die Atemluft im Raumschiff von der auf dem Canip kaum unterschied. Wie sollten

sie dann noch glaubhaft machen, daß sie sich auf dem Canip nur in ihren eigenen Transportmitteln und in Raumanzügen mit besonderen Schutzhelmen bewegen konnten.
Und diese Konzeption durfte nicht umgestoßen werden, denn nur mit Hilfe starker Mnemosonenstrahlen konnten sie im Falle möglicher Auseinandersetzungen die Penserscharen in Schach halten. Nach den bisherigen Informationen über Pi und seine Machthaber war es sicherlich gut, nicht zu optimistisch in die Zukunft zu sehen und alle Möglichkeiten, auch die unangenehmste, in Erwägung zu ziehen.
Der Einsatz eines Lotsen war also für das Vorhaben äußerst unangenehm. Doch Al Gorim wußte schon Rat! Der Fremde würde vermutlich einen Skaphander tragen, und man müßte ihm beim Einstieg bedeuten, daß er diesen während des Aufenthaltes in der PHO 2, wegen der anderen Zusammensetzung der Atemluft, ständig tragen müsse.
Diese Notlüge gefiel ihm und bestimmt auch seinen Freunden im Grunde nicht. Sie waren Wissenschaftler und Kosmonauten, die einen gradlinigen Weg bevorzugten. Aber bei dieser kosmischen Reise stand zuviel auf dem Spiel. Die folgenden Tage vergingen rasch, sie befanden sich bereits im Sonnensystem des Procyon. Durch die fortwährende Beobachtung der vor ihnen liegenden Universumssphäre war es ihnen gelungen, einige Planeten, die zu diesem Zentralgestirn gehörten, ausfindig zu machen. Jede neue Entdeckung war für die Kosmonauten ein großes Ereignis.
Ihre Geschwindigkeit entsprach jetzt interplanetaren Flugverhältnissen. In Kürze würden sie die Bahn des äußersten Procyon-Planeten kreuzen. Er stand weit links und war mit dem TP-Teleskop schon recht gut zu erkennen, mußte also von respektabler Größe sein. Lew Slabow hatte einen Durchmesser von sechzigtausend Kilometern ermittelt. Zweifellos war auch eine Atmosphäre vorhanden. Unter der Besatzung siegte der verständliche Forscherdrang. So gab der Kommandant den vielen Bitten nach, diesen ersten Planeten des Systems Procyon, wenn schon eine Landung nicht möglich war, wenigstens in geringem Abstand zu umkreisen. Das würde zwar die Reise um zwei Wochen verlängern, aber was bedeutete dieser kurze Zeitraum schon nach einem Flug von über acht Jahren! Vielleicht entsprach Al Gorim auch nur dem

allgemeinen Wunsch, nach den langen Jahren eintöniger kosmonautischer Routinearbeit wieder einmal etwas Außergewöhnliches zu unternehmen.
Das Raumschiff setzte zu einem großen Bogen an, und die gesamte Besatzung befand sich ausschließlich auf verschiedenen astronomischen Beobachtungsstationen. Alle Teleskope und fotografischen Einrichtungen waren besetzt. Die Atmosphäre des Planeten reichte bis zu einer Höhe von zweihundert Kilometern. In diesem Abstand würde die PHO 2 den Giganten einmal umrunden. Der Planet wurde größer und größer; aber je näher die gespannten Kosmonauten herankamen, desto tiefer wurde ihre Enttäuschung. Es war ein toter Planet! Jetzt hatten sie die Umlaufbahn erreicht. Die dem Procyon zugekehrte Seite des Himmelskörpers schimmerte weißgrau, wie die Oberfläche des altvertrauten Erdenmondes, nur fehlten die unzähligen Krater. Keine Vegetation, keine reflektierenden Wasserflächen, nur eintönige Wüste. Vielleicht zeigte die Rückseite ein anderes Bild? Stunden vergingen, doch die Landschaft, die die Sternenfahrer überflogen, änderte sich nicht. Es war das Antlitz eines Planeten von hohem kosmischem Alter. Doch jetzt, war es eine optische Täuschung, oder verdunkelten sich nicht weite Gebiete der Oberfläche? Der weißgraue Schimmer ging allmählich in einen trüben grünlichen Farbton über. Plötzlich ertönte Katajews Stimme in allen Lautsprechern: „Höchste Alarmstufe! Die Außenfläche der PHO 2 erwärmt sich auf der Planetenseite unnatürlich schnell! Der Riesenplanet emittiert eine unbekannte, aber zweifellos sehr gefährliche Sekundärstrahlung!"
Sofort gab Al Gorim seine Befehle. Mit höchster Beschleunigung entfloh die PHO 2 den Anziehungskräften dieses unheimlichen Procyonbegleiters, dem die Kosmonauten eben den Namen „Canix" gegeben hatten. Den schützenden Hitzeschild auf den Planeten gerichtet, flog das Raumschiff in Richtung der ursprünglichen Bahn zurück.
Doktor Tessin untersuchte sogleich alle Besatzungsmitglieder, konnte jedoch glücklicherweise keine Strahlenschäden feststellen. Professor Sorini, Lew Slabow und Mahad Jarwheli erhielten von Al Gorim den Auftrag, sofort die Außenwand der PHO 2 gründlich nach eventuellen Schadstel-

len zu untersuchen und – wenn möglich – die Art der Strahlung zu bestimmen. Schon nach kurzer Zeit hatte Slabow α-Teilchen als wesentliche Strahlungspartikel identifiziert. Alle fühlten sich schuldbewußt, weil sie den Kommandanten zu diesem kleinen kosmischen „Abstecher“ überredet hatten. Unabhängig davon erfolgte über den Vorfall eine ordnungsgemäße Eintragung im Bordbuch.

Langsam rückte das Ziel der Photonenreise näher. Was vor Tagen noch jener Riesenplanet war, nämlich Ziel aller Beobachtungsgeräte, das war jetzt der Planet Canip, dessen Dunsthülle die sengenden Strahlen des Procyon kräftig reflektierte. Der gelbbraune Farbton der schlecht sichtbaren Oberfläche ließ bereits erkennen, daß sich der einstmals von einer üppigen Vegetation überwucherte Planet langsam in eine große Wüste verwandelte. Es war jedoch nicht ausgeschlossen, daß sich in Jahrmillionen eine neue, andersgeartete Flora ausbilden würde, die sich der wesentlich stärkeren Leuchtkraft des Zentralgestirns und den veränderten Temperatur- und atmosphärischen Bedingungen angepaßt hatte.

Was würde die Expedition auf diesem Planeten erleben? Schon seit geraumer Zeit beobachteten Jussuf und Petit, die die Sicherheitsanlagen der PHO 2 bedienten, besonders aufmerksam die Sichtschirme. Jetzt war es wieder deutlich zu erkennen! Der Oszillograph zeigte ein Band leuchtender Punkte unterschiedlicher Größe.

Jussuf rief den Kommandanten in die Sicherheitszentrale. „Al, schau dir das an! Mir scheint, zwischen uns und dem Canip befindet sich noch ein gefährlicher Asteroidengürtel“, sagte er und zeigte auf die Punktkette. „Die Breite des Gürtels beträgt etwa zwei Grad, das sind bei dieser Entfernung ungefähr sechs Millionen Kilometer“, meldete Petit.

Al Gorim stellte die Verbindung zur Steuerzentrale her und gab sofort Befehl, den Kurs um mehrere Winkelgrade in Richtung Süd zu verändern. Bis das Raumschiff das Steuermanöver beendet hatte, hielt er sich noch in der Sicherheitszentrale auf. Die Beobachtungsschirme zeigten jetzt in Flugrichtung keine weiteren Lichtpunkte. Trotzdem war die Gefahr noch nicht endgültig gebannt!

Die nächsten Tage verliefen ohne Zwischenfälle. Der Asteroidengürtel mit der ungewöhnlichen Ausdehnung befand

sich jetzt genau über der PHO 2. Sie flogen schon über vier Stunden darunter hinweg. Wenn nicht noch der Planet Canip zwischen diesem kosmischen Gesteinstrümmerfeld und dem Procyon seine Bahn gezogen hätte, dann wäre die fremde Sonne mit einer Riesenausführung des Planeten Saturn zu vergleichen gewesen. Nachdem Petit und Jussuf meldeten, daß der kosmische Raum über ihnen wieder frei sei, ließ sich erst erkennen, daß dieses planetare Rotationsgebilde, entgegen aller bisherigen Erfahrungen, ein tatsächlicher Ring und keine Scheibe war. Seine Höhe betrug ein Mehrfaches der radialen Ausdehnung. Doch jetzt blieb keine Zeit, darüber Betrachtungen anzustellen. Für die Astrophysiker und Kosmologen sicher ein interessantes Untersuchungsobjekt! Während Lew Slabow, der sich bereits mit einer Entstehungstheorie beschäftigte, noch etwas von einer Manteltheorie bei geringfügig expandierten Muttersternen erwähnte, erinnerte sich Al Gorim einer Unterlassungssünde.
„Lew", sagte er, „du brauchst keine Theorien zu wälzen. Der Asteroidengürtel ist vor noch gar nicht langer Zeit, nämlich bei der Expansion des Procyon, aus den Trümmern des dabei zerstörten zweiten Riesenplaneten dieses Sonnensystems entstanden. Dennoch, das muß ich auch sagen, die Form der umlaufenden Massen ist äußerst ungewöhnlich."
Der Asteroidengürtel war schnell vergessen, denn das Ziel ihrer Reise füllte immer mehr den vor ihnen liegenden Raum aus. Leider waren noch nicht viel Einzelheiten zu erkennen, da sie den Planeten von der unbeleuchteten, dem Procyon abgewandten Seite anflogen.
Al Gorim hatte entschieden, daß für die Lotsenübernahme die PHO 2 den Canip zunächst in einem möglichst großen Abstand umkreisen sollte. Professor Sorini ermittelte mit Hilfe des Bahncomputers einen Radius von 120000 Kilometern als günstigste Entfernung. Unterdessen hatte Al Gorim auch bestimmt, wer von der PHO 2-Besatzung nicht an der Landeexpedition teilnehmen würde. Es waren dies Professor Sorini, Leon Petit und Mahad Jarwheli. Verständlicherweise empfanden die drei Freunde keine besondere Freude darüber, aber die Betreuung des modernsten irdischen Photonenkreuzers war eine so wichtige und selbstverständliche

Aufgabe, daß es über Al Gorims Entscheidung keine Diskussionen gab.
Die Besatzung hatte eben damit begonnen, den zeitlichen Ablauf der in Kürze stattfindenden Expedition einzuschätzen. Der Kommandant führte dazu aus: „Es muß uns gelingen, innerhalb von höchstens sechzig Tagen den Auftrag, den wir von den sirianischen Freunden erhalten haben, im Rahmen einer friedlichen Lösung zu erledigen. Bei Einhaltung dieses Zeitlimits ist die PHO 2 noch in der Lage, mit den vorhandenen Materiereserven die Entfernung von elf Lichtjahren bis zu unserem Sonnensystem zurückzulegen. Sollte sich diese Zeitplanung geringfügig verschieben, so wird innerhalb der vorgesehenen zwei Monate die OREL vom Canip zurückstarten und der Restbesatzung eine entsprechende Nachricht bringen. Geschieht dies nicht, wird die PHO 2 nach Ablauf der genannten Zeitspanne ohne Rücksicht auf das weitere Schicksal der Expedition unverzüglich den Heimflug zu unserer geliebten Erde antreten. Der Kommandant heißt dann Professor Sorini. Dies ist ein Befehl! Haben wir uns verstanden?“
Die drei Kosmonauten, an die dieser Befehl im Falle eines Scheiterns der Expedition gerichtet war, stimmten zu. Wenn sie auch nicht ernstlich an die Notwendigkeit dieser Festlegung glaubten, war es doch erforderlich und richtig, auch diese Möglichkeit in Betracht zu ziehen.
Nach weiteren zwölf Flugtagen, während die PHO 2 unmittelbaren Kurs auf das Zentralgestirn hielt, hatte sich der Canip steuerbords auf seiner Bahn weiterbewegt und war, halbkugelförmig beleuchtet, nun schon genauer zu erkennen.
Es war fast das gleiche Bild, wie es sich den Sternenfahrern bei Annäherung an den Sirter vor knapp zwei Jahrzehnten geboten hatte. Anstelle der künstlichen Gravitonenschutzhülle war der Canip von einer schmutziggrauen Dunsthülle umgeben, die ebenfalls keinen Blick auf die Einzelheiten der Oberfläche erlaubte.
„Nicht nur die Bewohner, sondern auch die beiden Planeten sind Brüder!“ bemerkte Jussuf etwas pathetisch.
Neben der Beobachtung des von Stunde zu Stunde größer werdenden Planeten bestand die Hauptbeschäftigung der künftigen Teilnehmer an der Canip-Expedition darin, die

OREL und das für gefährliche Landungsunternehmungen besonders geeignete TITAN-Mobil auf das bevorstehende Abenteuer vorzubereiten. Das geringste Versäumnis konnte allen zum Verhängnis werden! Jede Kleinigkeit mußte bedacht werden. Besonderes Augenmerk galt den Verteidigungswaffen aller Art. Es war bei diesem Unternehmen nicht ausgeschlossen, daß es nach dem Scheitern aller Schlichtungsversuche notwendig wurde, vielleicht sogar unter Anwendung von Gewalt, den Planeten wieder zu verlassen, um dann von der PHO 2 aus das Eintreffen der sirianischen Raumschiffe abzuwarten.

Schon zweimal hatte die PHO 2 den Zielplaneten umrundet. Unheimlich und drohend blieb er unter der dunstigen Atmosphäre verborgen. Sämtliche Beobachtungsinstrumente waren auf bestimmte Abschnitte des Himmelskörpers gerichtet.

Plötzlich löste sich aus der trüben Wolkendecke der nördlichen Halbkugel ein gerade noch erkennbarer Punkt. Das konnte nur der Flugkörper des angekündigten Lotsen sein!

Mit einer erstaunlichen Geschwindigkeit, die trotz des relativ kleinen Bahnradius wesentlich größer als die der PHO 2 war, bewegte sich das näher kommende Projektil auf einer spiralförmigen Bahn.

Je mehr es gelang, Einzelheiten zu erkennen, desto erstaunter waren die Kosmonauten. Was dort auf sie zukam, war eine interplanetare Einmannrakete, ein winziger Kugelraumer, der mit Gravitonenring kaum einen Durchmesser von fünf Metern hatte. Nach einer weiteren gemeinsamen Planetenumrundung befand sich das Miniraumschiff bereits auf den Bahnkoordinaten der PHO 2.

Al Gorim befahl, ab sofort keine Steuerimpulse mehr zu geben. Gol Parker bekam den Auftrag, Funkkontakt mit dem Lotsen aufzunehmen. Dieser war in wenigen Minuten hergestellt. Der Lotse erhielt die Weisung, die PHO 2 steuerbordseitig etwa bis zur Mitte zu überholen und dann den kleinen Kugelraumer in eine der seitlichen Hangaröffnungen zu schleusen.

Das Manöver dauerte fast eine Stunde; dann hatte die Einmannrakete sicher in der vorgesehenen Lande- und Startöffnung des großen Raumschiffes festgemacht.

Al Gorim und Professor Sorini standen an dem ringförmigen Kai. Über transphonierten Sprechfunk bedeuteten sie dem Lotsen, beim Aussteigen Schutzanzug und Helm dicht zu schließen.
An der Vorderseite der oberen Kabinenhälfte sprang ein Lukendeckel auf, und vor den beiden überraschten Kosmonauten stand in einem enganliegenden Overall mit glasklarem Kugelhelm Ep, die schöne Canip-Sirianerin. Mit einem solchen Lotsen hatte keiner der Besatzung gerechnet! Während Al Gorim noch auf die schwarze Ponyfrisur über den brauenlosen großen Augen starrte, sprach er einige höfliche Worte der Begrüßung.
Ep äußerte sich mit Hilfe eines Sprachwandlers in einer ähnlichen Weise und traf dann konkrete Festlegungen: „Ich werde Sie in Ihrer Landerakete begleiten, um jederzeit verfügbar zu sein. Der kleine Kugelraumer bleibt hier in der PHO 2!"
Al Gorim überlegte einen Augenblick und erwiderte dann: „Wir können in fünf Stunden mit der OREL starten. Es fliegen neun irdische Kosmonauten mit. Bis dahin betrachten Sie sich als unser Gast. Wir haben Ihnen für den vorübergehenden Aufenthalt in unserem Raumschiff eine besondere Kabine mit großer Sichtscheibe eingerichtet; dort ist für Sie geeignete Atemluft eingebracht worden. In dem Raum können Sie sich von dem anstrengenden Flug erholen und auch Ihren Raumanzug ablegen. Durch die Sichtscheibe werde ich Ihnen die Mitglieder der Expedition vorstellen. Bitte folgen Sie mir jetzt!"
In der Messe, wo sich inzwischen alle Expeditionsmitglieder versammelt hatten, herrschte im ersten Augenblick die gleiche Verblüffung, als die hochgewachsene schlanke Fremde den abgeteilten kleinen Raum betrat.
Hinter der großen durchsichtigen Kabinenwand hatte Ep ausgiebig Gelegenheit, die ihr bisher unbekannten Menschen aus einem fernen Sternensystem zu beobachten. Die Kosmonauten, männlichen Geschlechts, um die es sich hier zweifellos handelte, waren ihr aus zunächst unerklärlichen Gründen von Anfang an sympathisch, und sie bedauerte schon jetzt, welches Schicksal ihnen Pi zugedacht hatte.
Schnell vergingen die wenigen Stunden bis zum Start. Nach-

dem die Teilnehmer der Landeexpedition ihre Plätze in der OREL eingenommen und Al Gorim ein letztes Mal mit der zurückbleibenden Besatzung der PHO 2 gesprochen hatte, betrat auch er mit Ep die Rakete. Lew Slabow, der als Pilot fungierte, löste die OREL durch geschickte Manöver vom Mutterschiff. Es waren für die Beteiligten bedeutungsvolle Minuten, als die vertraute PHO 2 immer kleiner wurde und schließlich nur noch als leuchtender Punkt im pechschwarzen All zurückblieb.

Ep hatte ihre Lotsentätigkeit aufgenommen und dabei zwangsläufig näheren Kontakt mit Lew Slabow bekommen. Auch auf Lew blieb die ungewohnte und unmittelbare Nähe dieser Frau nicht ohne Eindruck! Doch es galt, sich gerade jetzt von allen romantischen Anwandlungen frei zu halten und nur das Ziel der langen, strapazenreichen Reise und den Auftrag der Sirianer vor Augen zu haben. Dennoch wagte er einen Vorstoß. „Werden wir uns nach der Landung auf dem Canip wiedersehen, schöne Fremde?“ fragte er.

Ep, die den schwarzhaarigen hochgewachsenen Piloten schon länger mit Wohlgefallen betrachtete, wich dieser direkten Frage jedoch aus und antwortete: „Es wird sich erst nach der Landung klären, ob ich zu Ihrer ständigen Begleitung gehören werde.“

Die OREL war in die undurchdringliche Dunsthülle des Planeten eingedrungen, Ep, die sich inzwischen mit der Steuerung der Rakete vertraut gemacht hatte, bat Lew Slabow kurzzeitig die Handkommandoeinrichtung zu benutzen, was dieser nur ungern befolgte. Jetzt gab Ep in einer langen Zahlenfolge die erforderlichen Kursparameter bekannt. Lew, der gar kein Freund von solchen Blindflügen war, hatte daher den Autopiloten parallel zu seinen Steuermanövern geschaltet. Ep lächelte, als sie die Vorsichtsmaßnahme durchschaute. Allmählich wurde die Dunstschicht dünner; dann konnte man endlich den Planeten sehen.

Es war für die Sternenfahrer ein erhebender Augenblick, als sie zum zweitenmal seit der Abreise von der Erde vor fast zwanzig Jahren die Oberfläche eines bewohnten Planeten sahen, den sie in Kürze betreten würden. Trotzdem waren sie nicht sonderlich überrascht, denn was sich ihren Augen darbot, entsprach genau den Teleportationsberichten, die sie

noch auf dem Sirter gehört hatten. Der Canip war tatsächlich ein ausgetrockneter, sterbender Planet, der sich nach und nach in eine riesige Wüste verwandelte.
Während jeder noch seinen Gedanken nachhing, gingen mehrere Funksprüche für Ep ein. Nach einer weiteren Planetenumrundung sollte die OREL ihre Flughöhe auf zehn Kilometer reduzieren und dann auf einem Funkleitstrahl im Cañon C landen.
Lew Slabow programmierte den Navigationscomputer. In weniger als anderthalb Stunden senkte sich die Rakete, den Heckantrieb für das Landemanöver nutzend, in eine riesige kreisrunde Kratersenke mit steil abfallenden Wänden.
Das Kosmodrom, dafür mußten die Kosmonauten den idealen Landeplatz halten, war von hohen Gebäuden und Anlagen umgeben. An einigen Stellen ragten turmartige Bauwerke bis zum Kraterrand empor.
Beim Tiefergehen wurden Unmengen von Staub aufgewirbelt, und Al Gorim konnte sich nicht verkneifen, an Ep die Frage zu richten, ob denn hier sehr selten Landeoperationen durchgeführt würden.
Ep überhörte diese Frage geflissentlich. Zur Beantwortung blieb auch keine Zeit, denn mit einem kurzen elastischen Stoß hatte die OREL auf dem fremden Planeten aufgesetzt.

Abenteuerlicher Empfang

Ce, ein hochgewachsener dunkelhäutiger Canip-Sirianer, war nach mehr als zwanzig Generationen Nachfolger von Ba im Amt des Vorsitzenden des zweiten auf diesem Planeten notgedrungenen Teilstaates. Er hatte mit noch anderen Mitgliedern der Gesellschaftsverwaltung im großen Observatorium von Apa die Entsendung des Lotsenkugelraumers und das gelungene Rendezvousmanöver mit dem fremden Raumschiff genau beobachtet. Mit entmutigter Geste und einem enttäuschten Gesichtsausdruck trat er einige Schritte zurück.

„Es ist und bleibt ein nicht wiedergutzumachender Fehler“, stieß er dann schweratmend hervor, „daß unsere Vorfahren damals die Luft- und Funkoberhoheit den technokratischen Partikularisten zugesprochen haben. So sind wir für alle Zeiten verurteilt, ihren Befehlen und Anweisungen Folge zu leisten! Nicht nur, daß wir diese Parasiten schon seit vielen hundert Jahren mit Präparaternährung versorgen müssen, unser Etat an Penserthropis wird jährlich auch immer mehr gekürzt.“

„Beruhige dich doch, Ce! Was nützt es, heute, nach so langer Zeit, das Unabänderliche zu verurteilen“, erwiderte Si, der Verantwortliche für Wirtschaft und Wohlstand. „Ba und seine Anhänger waren damals die Überraschten und Schwächeren. Die einzige Überlebenschance für unsere Ahnen bestand darin, diese und noch viele andere ungünstige Kompromisse einzugehen. Man kann ihnen daraus nachträglich keinen Vorwurf machen, Ce!“

„Ist es nicht eine beschämende Bevormundung, die wir Tag für Tag über uns ergehen lassen müssen?“ rief Ce leidenschaftlich.

„Trotzdem“, schaltete sich ein anderer Verantwortlicher in das Gespräch ein, „es bedeutet mehr als einen Hoffnungsschimmer, daß diese mit der Sirterzivilisation eng befreundeten Extrasiristen unseren Planeten erreicht haben und hier landen werden. Ein Glück, daß wir die letzten Funksprüche

abhören konnten!"
„Sicher, das ist völlig richtig", entgegnete Ce weniger erregt. „Die Fremden, die diese kosmischen Entfernungen mühelos zurücklegen und bei ihrem kosmischen Flug mehrere Sonnensysteme anfliegen, müssen einen hohen technischen und wissenschaftlichen Stand erreicht haben. Nun sind sie hier! Doch ich bin sicher, die Pianer werden zu verhindern wissen, daß wir die Fremden zu Gesicht bekommen."
„Sei doch nicht so ausgesprochen pessimistisch", fiel ihm Si ins Wort, „ich kann mir einfach nicht denken, daß unsere sirianischen Vettern die fremden Sternenfahrer ohne einen besonderen erfolgversprechenden Auftrag und Hinweise für dessen zielstrebige Durchsetzung auf diese jahrelange Flugreise geschickt haben sollten. Ich denke dabei nicht an die üblichen Machtmittel. Daß unter gleich starken Gegnern mit Kernbomben und nuklearen Wolken keine unterschiedlichen Meinungen mehr entschieden werden können, hatten unsere Vorfahren schon vor mehr als drei Jahrtausenden erkannt. Ich denke vielmehr an beharrliche Verhandlungen, die innere Widersprüche des Landes aufdecken und normale Gesellschaftsprinzipien erzwingen. Mit dem Besuch der Fremdlinge ist zumindest ein schon zu lange anhaltender Bann gebrochen."
„Die Explosion im kybernetischen Institut, die vor einem Ra unsere besten Penserexperten mit dem Leben bezahlen mußten, war ein Schlag, von dem wir uns bis heute noch nicht wieder erholt haben", ergänzte Ce die wenig freundliche Debatte. „Sicherlich wäre es uns sonst inzwischen mit Hilfe noch besserer Denkthropis geglückt, die Pi-Clique zur Einsicht zu zwingen und die ungeheuren Roboterarsenale unschädlich zu machen. Es wird noch eine Weile dauern, bis wir wieder entsprechende kybernetisch-medizinische Spezialisten haben. Aber beenden wir für heute den Disput! Wir wollen die neue Situation noch einmal gründlich überdenken und in den nächsten Tagen erneut darüber beraten."
Damit verabschiedete sich Ce von seinen Mitarbeitern, warf den schweren bleidurchwirkten Mantel um und verließ mit schnellen Schritten das Observatorium von Apa. Auf der Freitreppe setzte er die unerläßliche maskenartige Schutzbrille auf und drückte den elastischen Bleihelm in den Nak-

ken. Selbst bei der kurzen Wegstrecke bis zum bereitstehenden Gleiter durfte keine der vorgeschriebenen Schutzmaßnahmen außer acht gelassen werden.
Für kurze Zeit kreuzte der ebenfalls mit einer Schutzschicht versehene Flugkörper über den Ruinen und Trümmern der alten Metropole. Kaum vorstellbar, daß dies einmal die volkreichste Stadt und der Regierungssitz dieses Planeten gewesen war!
Trotzdem war es erstaunlich, was die unfreiwilligen Bewohner dieser sterbenden Welt in den vergangenen Jahrhunderten bereits wieder geschaffen hatten. Wenn nicht die unerträgliche Hitze und die lebensfeindliche Strahlung des Procyon gewesen wären, hätte das Leben hier als normal bezeichnet werden können. Aber so war es ein Dasein unter Schutzbauten und vorwiegend unterhalb der Planetenoberfläche, aber kein Leben, dem die Zukunft gehörte.
Der Gleiter hatte Ce zu seinem Verwaltungssitz am Rande der alten Stadt gebracht. Nachdenklich stand Ce vor einer großen Canip-Karte, die eine Wand des hohen Raumes bedeckte. Zwei rote Linien, die die Reliefdarstellung diagonal durchschnitten, kennzeichneten darauf den Energiewall, der die beiden feindlichen Staatsgebilde trennte und bisher verhindert hatte, daß es zu handgreiflichen Auseinandersetzungen gekommen war. Eine breite Äquatorialzone war weiß abgesetzt. Sie umfaßte etwa ein Drittel der gesamten Planetenoberfläche. Dort herrschten Temperaturen, die jedes Eiweißleben töteten. In diesen Gebieten gab es auf beiden Seiten nur große thropibesetzte Tagebaue zur Gewinnung seltener Erze und Mineralien. Auch eine Zone um die beiden Pole des Planeten war unbewohnbar; dort stürzten ununterbrochen die in den Zentralgebieten verdampften Wassermassen vom Himmel. Dennoch hatte die vorhandene Wärme in Verbindung mit einer hohen Luftfeuchtigkeit in diesen Gebieten eine neue Urlandschaft geschaffen.
Beim längeren Betrachten der beiden verbliebenen relativ schmalen Lebensgürtel kam Ce plötzlich ein Einfall. Der herbeigerufene, durch Bioströme gesteuerte Funkroboter schaffte ihm sofort eine Verbindung zum Observatorium, das er erst vor einer knappen Stunde verlassen hatte.
Als sich Wu, der leitende Beobachter, meldete, gab Ce fol-

gende Anweisung: „Ich habe vorhin etwas sehr Wichtiges vergessen. Sie und Ihre Mitarbeiter müssen alle Anstrengungen unternehmen, um zu ermitteln, wo und wie die Fremden landen. Es ist anzunehmen, daß das Photonenraumschiff aus Sicherheitsgründen im All bleibt und die Landungsexpedition einen besonderen Flugkörper benutzt, um die Oberfläche des Planeten zu erreichen. Setzen Sie sich sofort mit den nahe am Energiewall gelegenen Laser-Sondenstationen L1 und L5 in Verbindung! Unter Ausnutzung der partiellen Reflexion des Asteroidengürtels muß es möglich sein, das gesamte Einfluggebiet zu überwachen und den genauen Landeort zu ermitteln. Diese Information ist für unser weiteres Vorgehen von entscheidender Bedeutung!"
Während Wu die Weisung wiederholte, stand Ce noch immer nachdenklich vor der Wandkarte. Durch die dicken Schutzglasscheiben fiel ein schwacher Schimmer des grellen Procyonlichtes auf die hochgewachsene Gestalt des Canip-Sirianers. Obwohl es entwicklungsgeschichtlich nur eine winzige Zeitspanne war, seit die Sirianer wieder auf diesem Planeten ein mehr oder weniger unfreiwilliges Leben fristeten, hatten die dort vorherrschenden Naturverhältnisse dennoch im Verlauf von zwanzig und mehr Generationen bereits geringfügige Veränderungen im Aussehen dieser menschenähnlichen Lebensform hervorgerufen. Die intensivere Procyonstrahlung, die zwar nie ungeschützt einwirken konnte, war trotzdem auf die Hautpigmentierung der Canipbewohner nicht ohne Einfluß geblieben. Ihre Hautfarbe, die auf dem Sirter einen hellen Bronzeton zeigte, war hier einem dunkelbraunen bis schwarzen Farbton gewichen. Die auch in den sogenannten gemäßigten Zonen ständig vorherrschende Hitze in Verbindung mit einer unnatürlichen Trockenheit hatten bewirkt, daß die Körper der Neucaniper schlank, ja hager waren. Schließlich war der den männlichen Individuen eigentümlich kammartige Haarstreifen kaum noch sichtbar, so daß die meisten Männer, unabhängig vom Alter, durch kahle Köpfe auffielen.
Nachdem er die Verbindung mit Wu ausgeschaltet hatte, überflog Ce routinemäßig die auf seinem Arbeitstisch liegende rotumrandete Geburtenzuwachsliste. Sie zeigte ein Defizit von zwölf Prozent. Die angeführten Gründe dafür

waren immer dieselben. Die unzulässig hohe Strahlungsdosis, die längere Zeit auf die ersten Ankömmlinge ungehindert eingewirkt hatte, zeigte noch heute Folgen. Ein Problem, mit dem die hochorganisierte Gesellschaft trotz aller Versuche nicht fertig wurde. Die Arterhaltung war schon seit Jahrhunderten keine zufällig individuelle Holaaufgabe mehr, sondern eine medizinisch gesteuerte gesellschaftliche Pflicht.
So gab es mehrere Gründe, die in den vielen Folgegenerationen der vor langer Zeit gewaltsam Verschleppten den Wunsch nach einer Rückkehr zum Sirter aufrechterhielten.
Einige Stunden später hatte Ce eine weitere Beratung zum unerwarteten irdischen Kosmonautenbesuch anberaumt. Die sechs geladenen Mitarbeiter aus dem Ressort Ordnung und Sicherheit hörten gespannt zu, als er die Beobachtungsergebnisse der letzten Tage bekanntgab und daraus notwendige Maßnahmen ableitete. Dann kam er zum Wesentlichen und sagte: „Es ist Wu und seinen Mitarbeitern gelungen, das Landungsgebiet der fremden interplanetaren Rakete ziemlich genau zu bestimmen. Sie muß in oder unmittelbar in der Nähe der Meteoreinsturzstelle, die den Namen Cañon C trägt, niedergegangen sein. Es ist dies ein Gelände, das von den Pianern mit energischen Zerstörungsmitteln ausgestattet wurde, weil sie dort seinerzeit auch unkontrollierbare Penserreaktionen getestet haben. Die nichtsahnenden Extrasiristen, die dort gelandet sind, befinden sich damit völlig in der Gewalt der Gegenseite, zumindest was ihre Beweglichkeit und eventuellen Fluchtmöglichkeiten betrifft. Wir kennen zwar die technischen Möglichkeiten der Fremdlinge nicht, aber es ist anzunehmen, daß sie gegenüber der sie umgebenden Energiekonzentration machtlos sind. Wenn sich also die Ankömmlinge Pis Willen nicht beugen, kann er mit ihnen machen, was er will. Es ist jetzt an uns, wirklich alles zu versuchen, um den unbekannten Kosmonauten zu helfen. Ihr Leben ist wahrscheinlich zunächst nicht in Gefahr, ebenfalls nicht ihr Flugkörper, aber wir müssen eine Möglichkeit schaffen, die Rakete im Ernstfall in ganz kurzer Zeit in Sicherheit zu bringen."
„Der Cañon C liegt doch in unmittelbarer Nähe des Energie-

walls“, stellte Di fest.
„Ja, gerade deshalb“, fuhr Ce fort. „Und weil es die erste Landung von Boten einer fremden Zivilisation auf diesem Planeten ist, müssen wir das Äußerste wagen. – No, wie weit sind die eingeleiteten Versuche mit Paragravitationswellen gediehen?“
Der so Angeredete war Verantwortlicher für Schutz und Abwehr. Er antwortete, ohne zu zögern: „Die letzten Ergebnisse waren, wenn man von den Versuchsbedingungen absieht, erstmalig positiv. Mit Hilfe gerichteter Antineutrinostrahler ist es gelungen, schmale sperrfreie Zonen zu schaffen, die Personen und kleineren Apparaten Durchlaß gewähren, ohne daß die Kontrollsymmetrie eines vorhandenen Kraftfeldes beeinflußt wird. Diese Versuche, das muß ich einschränkend sagen, wurden bisher jedoch nur unter Laborbedingungen durchgeführt.“
„Gut, No, dann veranlasse sofort, daß Spezialistengruppen entsprechende Versuche unmittelbar am Energiewall durchführen und daß das Gelände um den Cañon C einer ständigen Beobachtung unterliegt. Wir müssen genau wissen, welche Pensergruppen dort eingesetzt sind und was mit den gelandeten Kosmonauten geschieht. Diese lückenlose Beobachtung ist jetzt Voraussetzung unserer Hilfeleistung!“ Was Ce und seine Freunde jedoch dort sahen, war nicht dazu angetan, die aufgebrachten Gemüter jener Canip-Sirianer zu beruhigen, die große Hoffnungen an den überraschenden und einmaligen kosmischen Besuch knüpften.

Als sich die von der Gewalt der Bremsdüsen aufgewirbelten Staubmassen verzogen hatten und die verständlicherweise aufgeregten Expeditionsmitglieder die nähere Umgebung ihres Landungsortes wieder erkennen konnten, sahen sie sich plötzlich in weitem Umkreis von einer metallisch glänzenden Mauer riesiger Gestalten umgeben.
Eine unübersehbare Zahl Riesenthropis vom Pensertyp hatte einen großen Kreis um die Rakete gebildet und kam langsam näher. Es war ein mehr als beängstigender Anblick, der auch im ersten Moment seine Wirkung auf die irdischen Kosmonauten nicht verfehlte.
Al Gorim ließ vorsichtshalber die Zehn-Gigawatt-Laser-

kanone in Gefechtsbereitschaft bringen, doch Ep, die neben ihm stand und die Bedeutung des Befehls erkannt hatte, lächelte nur dazu und machte eine beschwichtigende Handbewegung.
„Es handelt sich nur um ein ungefährliches technisches Begrüßungszeremoniell“, bemerkte sie beiläufig, und ihre Ruhe steckte an.
Die Metallkolosse waren inzwischen so nahe herangekommen, daß sie dicht an dicht standen, sich gegenseitig berührten und eine gigantische stählerne Mauer bildeten. Um die OREL hatte sich ein unbezwinglicher Reif gelegt!
Plötzlich sanken die einige Tausend Riesenthropis in sich zusammen und veränderten dabei die säulenartigen Beine. Erneut wurde eine gewaltige Staubwolke aufgewirbelt, und die umringten Beobachter sahen mit großer Verwunderung, daß sich der Penserring wie ein einziges großes Gebilde vom Boden löste, langsam nach oben stieg, dann in etwa hundert Meter Höhe schwebend verharrte und allmählich zu routieren begann. Nach einigen Minuten kehrte der Ring wieder zur Oberfläche des Planeten zurück, und in Sekundenschnelle hatten die kolossalen Roboter die Gehwerkzeuge wieder ausgefahren und ihre ursprüngliche Größe erreicht. Was würde nun geschehen? Die gespannt beobachtenden Sternenfahrer brauchten nicht lange zu warten, dann spürten sie, wie die OREL auf einmal vibrierte und geringfügig schwankte. Diese Bewegung verstärkte sich, während der stählerne Penserring in seinen Konturen immer schwächer wurde. Da! Die mindestens zweitausend Metallgiganten waren plötzlich vom Canipboden verschwunden, sie hatten sich unsichtbar gemacht! Jeder mußte ein solch kräftiges Antigravitationsfeld um sich herum aufgebaut haben, daß die dadurch entstehende Lichtbeugung ein Erkennen unmöglich machte.
Langsam wurden die Penser wieder sichtbar. Dann traten unvermittelt auf der einen Seite des großen Kreises fünfzehn Thropis schwerfällig einige Schritte nach vorn. Sie vollführten eine Wendung um neunzig Grad, so daß sie jetzt hintereinander standen, und streckten den rechten Arm aus. Die Manipulatoren waren dabei nach unten gerichtet. Wieder erzitterte die OREL, von den Grenzwellen gebündelter Gravi-

tonenimpulse erfaßt, und gegenüber leuchteten die metallischen Rümpfe von ebenfalls fünfzehn Pensern dunkelrot auf. Dann folgte eine für das Auge schmerzende Stichflamme, und wo eben noch Riesenthropis wie Türme gestanden hatten, klaffte eine breite Lücke. Der Vorgang einer gravitativen Elimination hatte nur Bruchteile von Sekunden gedauert.
Die irdischen Sternenfahrer waren von dieser letzten Machtdemonstration tief beeindruckt. Ein einzelner dieser Riesenpenser hatte vermutlich die gleichen Energiereserven wie ihr mitgeführtes Allzweck-Raupenfahrzeug, das sie für alle Unternehmungen außerhalb der Rakete benutzen wollten.
Al Gorim versuchte seinen Freunden über diesen entmutigenden Sachverhalt hinwegzuhelfen, indem er sagte: „Freunde, denkt immer daran, es sind Thropis, mehr oder weniger exakt denkende Mechanismen, und keine Menschen oder Sirianer! Viel gefährlicher für uns sind Pi und seine Clique!"
Am weitentfernten Rand des großen Cañons zeigte sich jetzt eine Staubfahne. Die Sternenfahrer bemerkten eine Anzahl tieffliegender Gleiter, die genau auf die entstandene Lücke in dem Penserring zusteuerten. Sie kamen schnell näher und setzten kurz vor der OREL auf. Es waren sieben Verkehrsgleiter, Transportmittel, wie sie auch auf dem Sirter eingesetzt wurden. Dem ersten der geplanten Fahrzeuge entstieg ein besonders hochgewachsener Canip-Sirianer in der den irdischen Kosmonauten noch völlig unbekannten Bleischutzbekleidung.
Ep entsann sich ihrer Mission und klärte die OREL-Besatzung über die gefährliche Procyon-Strahlung auf. Die Strahlung beunruhigte jedoch die Freunde nicht so stark, da ihr Allzweck-Raupenfahrzeug TITAN entsprechend geschützt war und über regelbare Strahlungsabsorber verfügte.
Ep hatte den unförmigen Ankömmling gleich erkannt. „Pi hat Do, seinen persönlichen Adjutanten, zu Ihrer Begrüßung entsandt!" sagte sie zu den Kosmonauten, die sich in verständlicher Neugier um das große Heckfenster gruppiert hatten.
Do stand in bescheidener Haltung vor dem bereits ausgefahrenen Fallreep der OREL und bat die Besatzung mit Hilfe ei-

nes ähnlichen Frequenz-Modulators, wie ihn die Sirianer benutzt hatten, die Rakete zur offiziellen Begrüßung zu verlassen. Des langen Wartens müde, folgten die Kosmonauten unverzüglich dieser Aufforderung. Al Gorim ging als erster und war Ep beim Aussteigen behilflich; dann kletterten die anderen die Stufen des Fallreeps hinab.
Einen unbeteiligten Beobachter hätte der Anblick zweifellos fasziniert; inmitten eines metallischen Ringes von mindestens zweitausend Riesenthropis die hellblau leuchtende OREL, umgeben von zwölf silbergrauen Gleitern, und auf dem weißen Sand des Cañonbodens die irdischen Kosmonauten in ihren weithin sichtbaren hellgelben Skaphandern! Do, so hatte man den Eindruck, musterte jeden einzelnen der Sternenfahrer einer unbekannten Zivilisation, als wollte er sich schon jetzt deren Züge genau einprägen. Die ausdrucksvollen Gesichter, die er hinter den Sichtscheiben der großen Kugelhelme wahrnehmen konnte, erschienen ihm zwar fremdartig, aber keinesfalls primitiv. Es war von Pi völlig richtig, diese wagemutigen Boten von einem fernen Planeten nicht zu unterschätzen. Dann begann er zu sprechen: „Tovas aus den Tiefen des Alls! Wir heißen euch willkommen auf unserem Planeten und sind sehr daran interessiert zu erfahren, mit welchem Auftrag ihr den langen Flug zu uns angetreten habt. Ich heiße Do und werde euch zusammen mit Ep, die ihr bereits kennengelernt habt, während der ersten Etappe eures Aufenthaltes bei uns betreuen."
Do verbeugte sich leicht vor Al Gorim und geleitete ihn mit höflichen Gesten zu dem in der Nähe parkenden Fahrzeug. Dann saßen sich die beiden Vertreter der kosmisch so weit voneinander entfernten Zivilisationen in der geräumigen durchsichtigen Halbkugelkabine gegenüber. Aber ihre Heimatplaneten waren nicht nur durch unvorstellbare Entfernungen voneinander getrennt, noch größer war der Unterschied der Gesellschaftsordnungen, denen sie angehörten.
Auf der einen Seite Al Gorim, ein kommunistischer Wissenschaftler, und auf der Gegenseite der Vertreter einer fast feudalistischen Gesellschaft, in der eine Minderheit rückschrittlicher technokratischer Individualisten herrschte. Sie blickten sich eine Weile schweigend an. Es war ein Abwägen, ein Arrangieren, das wußten beide. „Tan Gorim", begann Do die

Unterhaltung – er benutzte dabei bewußt die Anrede „Tan", die aus der sirianischen Frühgeschichte stammte und soviel wie Oberhaupt oder Anführer bedeutete –, „ich möchte dich und deine Begleiter im Auftrag unserer Regierung noch einmal ganz besonders darauf hinweisen, daß wir euch, unabhängig von der uralten Feindschaft mit dem Sirianerstaat, als Gäste betrachten. Doch wir bitten mit Rücksicht auf eure eigene Sicherheit dringend darum, daß ihr euch aus dieser Auseinandersetzung heraushaltet. Andernfalls müßten wir unter Umständen Maßnahmen einleiten, die euch in der Endkonsequenz zweifellos das Leben kosten würde."
Das war deutlich genug gesprochen! Doch es änderte nichts am Ziel der Expedition! Al Gorim spürte, wie seine Ablehnung wuchs. Kurz zuvor hatte er noch die Technik der Canip-Sirianer bewundert, denn es war ihm unbegreiflich, wie sie so schnell in den Besitz der Sprachfrequenzmodulatoren gelangt waren. Auch hatte er das Tandem-Raumschiff und die perfekten Penserroboter noch nicht vergessen. Es waren erstaunliche technische Leistungen, das mußte er ehrlich eingestehen.
„Ein weiterer Punkt, eure Ankunft betreffend", fuhr Do fort, „den wir sehr schnell klären müssen, ist die Zusammensetzung der für euch geeigneten Atemluft. Wir benötigen diese Angaben dringend für eine ausreichende Bequemlichkeit bei der Fertigstellung eurer Unterkunft."
Al Gorim reichte ihm einen Zettel. Doktor Tessin hatte dort ein gerade noch für Menschen geeignetes Gemisch aufgeschrieben, um die Pi-Clique zu täuschen.
„Sie atmen fast reinen Sauerstoff?" stellte Do verwundert fest. Er rief einen Piloten der bereitstehenden Gleiter herbei, der sofort mit der übergebenen Mitteilung davoneilte. Dann nahm er das Gespräch wieder auf: „Es wird leider einige Wochen dauern, bis ihr von Pi, unserem Staatsoberhaupt, empfangen werden könnt. Ihr werdet schon erfahren haben, daß seinerzeit die Neubesiedlung des Canip sehr konzentriert vorgenommen worden ist. Unsere Bevölkerung ist praktisch in nur vier Städten untergebracht, in unserer Metropole Mes und in den Städten Det, Rab und Rob.
Als zentralen Aufenthaltsort für euch haben wir die Stadt Rob vorgesehen, die nicht allzuweit von hier entfernt liegt.

Wir haben dort ein entsprechendes Gebäude für euch herrichten lassen; die Atemlufterzeugungsanlage ist bis zu eurem Eintreffen installiert. Es wird sicher in eurem Sinne sein, wenn wir so verfahren, daß die Zeit bis zum Empfang beim Staatschef genutzt wird und ihr durch kleinere Expeditionen und Besuche zunächst einen Einblick in unser Staatsgebilde erhaltet. Seid ihr mit einem solchen Ablauf der nächsten Tage und Wochen einverstanden?"
Al Gorim war angenehm überrascht, daß sich die Technokraten doch zu so vielen Zugeständnissen und einem fast normalen Verhalten durchgerungen hatten. „Grundsätzlich ja", antwortete er. „Ich möchte Ihnen jedoch noch eine Bitte vortragen. Mit Rücksicht auf unsere speziellen Lebensbedingungen führen wir in unserer Rakete ein besonderes Allzweckfahrzeug mit. Es ist ein Kettenmobil für Bodenberührung mit einer Maximalgeschwindigkeit von zweihundertfünfzig Kilometer pro Stunde. Eine ausreichende Anlage zur Erzeugung von Atemluft ist vorhanden. Sie kämen uns sehr entgegen, wenn Sie uns gestatten würden, dieses Allzweckmobil für die vorgesehenen Ortswechsel zu benutzen."
Do schien nicht abgeneigt, diesem Wunsch zu entsprechen, und bat Al Gorim Befehl zu geben, das Fahrzeug zunächst einmal auszuladen. Über Sprechfunk erhielt Chefingenieur Katajew die notwendigen Anweisungen.
„Tan Gorim", setzte Do das begonnene Gespräch fort, „den Wunsch, auf unserem Planeten euer eigenes Fahrzeug zu benutzen, kann ich durchaus verstehen, aber es ist rein räumlich einfach nicht möglich! Die Entfernung zwischen Mes und Det beträgt beispielsweise rund fünfzehntausend Kilometer, der Abstand zu den anderen Städten ist von ähnlicher Größenordnung. Ich mache euch daher den Vorschlag, daß ihr zwar das Fahrzeug grundsätzlich benutzt, daß es aber beim Zurücklegen größerer Entfernungen von einem Hubgleiter transportiert wird. Wie hoch ist das Gewicht des Bodenfahrzeuges?"
Al Gorim rechnete schnell die zweihundert Tonnen in sirianische Gewichtseinheiten um. „Der TITAN, das ist der Name unseres Allzweckmobils, wiegt achtzig Mi!"
Sofort gab Do eine entsprechende Information nach Rob. „Der Hubgleiter wird in drei Stunden hier eintreffen", sagte

er abschließend.
Unterdessen hatten die Kosmonauten den TITAN aus der Rakete gehievt und in dem tiefen Sand des Cañons schon einige Fahrversuche unternommen. Do und Al Gorim traten hinzu. Das in seinen Abmessungen zweifellos gewaltige Fahrzeug mit fünfzehn Meter Länge, sechs Meter Breite und vier Meter Höhe machte auf den Canip-Sirianer anscheinend nicht den geringsten Eindruck.
Al Gorim informierte seine Freunde über die mit Do getroffene Abmachung und ließ an den vier Eckösen des TITAN kräftige Trossen befestigen. Dann zeigte er Do die Inneneinrichtung des Fahrzeuges und erläuterte ihm auch die Laserkanone. Den unauffälligen Fazilitätsgenerator für stärkste Mnemosonenimpulse, auf den die Expedition große Hoffnungen setzte, erwähnte er wohlweislich nicht. Do nahm auch keinerlei Notiz von der Anlage, er erkannte sie ganz einfach nicht. Daß in dieser hochtechnischen Welt die Laserkanone relativ unbedeutend war, das hatten die Sternenforscher schnell begriffen.
Nachdem das Gepäck verladen war, nahmen alle Expeditionsmitglieder ihre Plätze im TITAN ein. Für den bevorstehenden Transport nach Rob war Ep in den Gleiter von Do übergewechselt. Es dauerte nicht mehr lange, dann senkte sich der von Do erwähnte Hubgleiter in den Cañon und verhielt etwa fünf Meter über dem irdischen Fahrzeug. Die angebrachten Trossen waren eigentlich nur eine unnötige oder zusätzliche Befestigung, denn auf ein Zeichen von Do wurde der TITAN durch Gravitationskräfte dicht an den Hubgleiter herangehoben und festgehalten. Die abenteuerliche Fahrt der Kosmonauten ins Land der Technokraten nahm ihren Anfang.

Gefährliche Potentaten

Die OREL, der Flugkörper, mit dem sie wieder zur PHO 2 und damit in die Freiheit zurückkehren konnten, wurde kleiner und kleiner und stand schließlich wie ein winziger hellblauer Pfeil in dem riesigen Talkessel, dessen steil aufragende Wände im Licht des untergehenden Procyon große Schatten warfen.

Die Kosmonauten flogen mit Überschallgeschwindigkeit in Richtung Rob. Die Canip-Sirianer hatten wirklich großräumige Entfernungsvorstellungen, denn bis zum „nahe gelegenen" Rob waren immerhin rund viertausend Kilometer zurückzulegen. Bei dem lautlosen Flug eilte die Zeit nur so dahin. Die eintönige Landschaft, die braun und gelb getönt zu ihren Füßen lag, bot kaum interessante Beobachtungsobjekte, und die anfängliche Neugier flaute ab. Unter den Expeditionsmitgliedern machte sich eine auffällige Schweigsamkeit breit. Jeder hing seinen Gedanken nach, die um den Ausgang des gewagten Unternehmens kreisten.

Endlich war das Ziel der Flugreise erreicht; der Hubgleiter mit seiner besonderen Last bewegte sich jetzt mit der gleichen hohen Geschwindigkeit senkrecht nach unten. Die Kosmonauten wurden nur noch von den Gurten in ihren Sitzen gehalten; es herrschte Schwerelosigkeit.

Nach der einen Seite hin war ein riesiges Ruinenfeld zu erkennen, der Überrest einer ehemaligen canipischen Großsiedlung. Die andere Seite zeigte ein ähnliches Bild, doch zeichneten sich jetzt auch wenige neuerbaute Wohnkomplexe ab. Die Kosmonauten waren enttäuscht von den formlosen Betonklötzen, die außerdem mit einer dicken korrodierten Metallschicht überzogen waren.

In Bodennähe verlangsamte der Hubgleiter seine Landegeschwindigkeit. Mit einem kurzen Ruck hing der TITAN nach Ausschalten der zusätzlichen Gravitation wieder an den Trossen und wurde durch präzise Zentimeterarbeit behutsam aufgesetzt.

Als Landeplatz hatte man eine weiträumige parkähnliche

Anlage ausgewählt, die von einem blaßgelben harten Gras spärlich bewachsen war. Zwischen einer Baumgruppe mit fast weißen farnartigen Blättern schimmerte ein Gebäude, dessen Dach und Fassaden metallisch glänzten.
Do und Ep, die mit ihrem Flugkörper zur gleichen Zeit neben dem Hubgleiter gelandet und ausgestiegen waren, deuteten auf jenes Objekt, und laut rasselnd setzte sich der TITAN in Bewegung. Beim Heranfahren wichen einige verborgene Kleinstthropis behend zur Seite.
„Ich dachte schon, es seien canipische Gartenzwerge", bemerkte Lew Slabow, der die Lenkung betätigte, mit grimmigem Humor zu dem neben ihm stehenden Al Gorim. „Ich beginne allmählich auch, gegenüber dem Roboterunwesen allergisch zu reagieren", beruhigte er den Freund.
Vor dem Eingang des Hotels, so mußte man die Wohnanlage wohl nennen, war eine Luftschleuse angebracht worden. Mit verständlicher Neugierde wurde von einigen Kosmonauten der neue Aufenthaltsort gleich besichtigt, während die übrigen den TITAN entluden.
Als Al Gorim und Doktor Tessin die Tür zum ersten Zimmer öffneten, entfuhr beiden unwillkürlich ein Ausruf des Erstaunens. „Das ist ja typisch sirianische Lebensweise!" stellte Doktor Tessin erfreut fest. „Eine verstellbare pneumatische Schlafmatte, ein kniehoher Tisch und elastische Hochsessel!" bemerkte Al Gorim, während er durch das runde Zimmer schritt und jeden Gegenstand einer kurzen Prüfung unterzog. Der Speiseraum war ähnlich wie auf dem Sirter, mit mehreren Automaten für Präparaternährung ausgestattet.
Nachdem sich alle einquartiert und erfrischt hatten, wurde im Speiseraum ein Imbiß eingenommen. Mit der Unterbringung konnten sie zufrieden sein. Die reine Sauerstoffatmung, die sie sich aus taktischen Gründen selbst auferlegt hatten, bereitete ihnen nach kurzer Gewöhnung keine besonderen Schwierigkeiten mehr.
Die kritischen Etappen des Anfluges, die Landung und das Abenteuerliche des ersten unmittelbaren Kontaktes mit den Canip-Sirianern hatte jeden der harttrainierten Männer physisch und auch psychisch stark belastet. Bald hatten sie sich alle auf ihren Schlafmatten ausgestreckt, um sich von den Anstrengungen der letzten Stunden zu erholen.

Am nächsten Morgen wurden den Kosmonauten von Do und Ep mehrere Potentaten der Stadt Rob vorgestellt, die sich nun ihrerseits in den Räumen des Gebäudes für die irdischen Gäste mit besonderen Atemeinrichtungen bewegen mußten. Unter diesen auserwählten Canip-Sirianern befand sich auch Li, der in dem sonderbaren Ministaat die Funktion eines Innenministers bekleidete. Im großen Konferenzraum traf man sich zu einer zwanglosen Unterhaltung. Li erläuterte zunächst die verschiedenen Siedlungsgebiete des Canip, die den Gästen jedoch hinlänglich bekannt waren, und ging dann sehr genau auf die Lebensbedingungen ein. Ein wenig überrascht waren sie nur, als Li die Bevölkerungszahl nannte, die sich nach letzten Zählungen auf fast zwölfhundert erhöht hatte. Nur mit ein paar kurzen Bemerkungen erwähnte er den Ba-Staat, der von ihm als ein sicher abgegrenztes Siedlungsgebiet für gesellschaftsfeindliche Elemente bezeichnet wurde. Über die Zahl der verschiedenen vom Staat für alle Zwecke eingesetzten Thropitypen machte er verständlicherweise keine Angaben.
Die Industrie, die trotz des zahlenmäßig geringen personellen Potentials an Canip-Sirianern keinesfalls zu unterschätzen war, diente fast ausschließlich Rüstungszwecken.
„Das Defizit an canipischen Fachkräften gleichen wir durch hochspezialisierte Roboter aus. Spitzenentwicklungen dieser Art, die sogenannten Penser, werden von uns sogar in großer Zahl auch als Leiter eingesetzt. Gegenüber dem normalen Personal haben die Automaten den besonderen Vorzug, außer der Wartung und Energieversorgung keinerlei Ansprüche zu stellen“, führte er dazu aus, und man merkte, wie ihn die Darstellung begeisterte.
Die wichtigsten Fragen der Versorgung, der Kultur, der sozialen Belange und der Erschließung des Planeten, sofern sie nicht militärischen Zwecken dienten, waren seit Jahrhunderten als zweitrangig behandelt worden. Lediglich der Bildung schien der Staat besondere Aufmerksamkeit zu schenken. Die Kinder wurden ohne Unterschied des Geschlechts bereits sehr früh in der schulischen Erziehung spezialisiert und für bestimmte Fachgebiete ausgebildet, die ausschließlich der weiteren Stärkung technokratischer Bestrebungen dienten. Im Mittelpunkt dieser Zivilisation stand also keinesfalls

das Individuum und die Befriedigung seiner Bedürfnisse, sondern hier waren alle Bestrebungen einem bestimmten Zweck untergeordnet. Es war so, wie die Sirianer vermutet hatten: In diesem Canip-Staat gab es keinerlei progressive gesellschaftliche Entwicklung.
Alle vorhandenen Möglichkeiten dienten nur einem Zweck, nämlich der ständigen Machterhaltung einer bestimmten Clique. Nur so war es auch zu erklären, daß diese jahrtausendealte Minderheit mit einem Minimum von Kadern dennoch auf dem Gebiet der technischen Machtmittel erstaunliche Fortschritte erzielt hatte.
Aus den geschilderten Arbeits- und Lebensbedingungen der Neucaniper konnten die Kosmonauten nur den Eindruck gewinnen, daß hier als eine Fehlentwicklung ein „technischer Feudalismus" entstanden war. Pi und der Rat der Mächtigen herrschten absolutistisch über die gesamte Bevölkerung und erzwangen jede nur mögliche physische Leistung. Erstaunlich war, daß alle Bewohner, ohne zu murren oder aufzubegehren, schon seit Jahrhunderten willige Werkzeuge dieser unverständlichen Politik waren.
Die Darstellung der gesellschaftlichen Entwicklung auf der Erde, die Al Gorim selbst vorgetragen hatte, entsprach in vielen Punkten nicht ganz den Tatsachen. Er griff bei einigen Schilderungen von Zuständen einige Jahrhunderte zurück. Es ging ihm hierbei darum, die rückschrittlichen Machthaber nicht zu beunruhigen und keinesfalls den gewaltigen Unterschied dieser finsteren Welt zu den idealen irdischen kommunistischen Verhältnissen so kraß zutage treten zu lassen.
Den nächsten Tag erwarteten sie mit großer Spannung, denn es sollten ihnen Informationen über die Ziele dieses technokratischen Ministaates und seine kosmopolitischen Absichten gegeben werden.
Als Referent war Mo, einer der Mächtigen, aus Mes gekommen. Er begrüßte die Gäste lässig, musterte dabei aber scharf jedes Mitglied der Expedition. Endlich begann er zu sprechen: „Tas von der fremden Sonne! Ihr seid über eine kosmische Entfernung von vielen Lichtjahren zu uns gekommen, daran erkennen wir, daß ihr das Stadium der planetengebundenen Erstentwicklung abgeschlossen habt. Das objektive

Ziel jedes hochorganisierten Eiweißlebens ist es, sich auszubreiten und niederes Leben zu beherrschen. Jede andere Daseinsauffassung ist nicht im Sinne einer universellen Evolution. Dies ist die Grundlage unserer Weltanschauung, wie sie von Pi dem Älteren vor drei Jahrtausenden formuliert wurde. Unter dieser These war es ihm gelungen, begeisterte Anhänger zu gewinnen, die gleich ihm dem sirianischen Massenstaat entrinnen wollten. Wir bezeichnen die Flucht von Pi und seinen Freunden aus dem Machtbereich der sirianischen Schwächlinge als den gelungenen Sprung in die Einsamkeit des Fortschritts.
Wir, die Nachkommen jener Auserwählten, sind heute mächtig genug, um uneingeschränkt zu bestimmen, was in diesem Teil des Universums geschehen soll. In der Welteninsel, zu der auch euer Sonnensystem gehört, gibt es keine fortgeschrittenere Technik als die unsere. Das ist keine Großsprecherei, das können wir beweisen! Damit komme ich zur Frage nach dem eigentlichen Zweck eurer Reise. Dieser kann nur darin bestehen, daß ihr zu uns gekommen seid, um zu erfahren, was über eure extraplanetare Weiterentwicklung entschieden wird. Damit ihr völlig klarseht, muß ich euch noch mitteilen, daß eine ähnliche Botschaft, wie sie der Sirterbevölkerung zugegangen ist, auch euren Planeten erwartet, wenn ihr euch nicht freiwillig entschließt, unsere Oberherrschaft anzuerkennen!
Wir haben euer Lebenszentrum im System des gelben Sterns im Hinblick auf kosmische Machtansprüche bisher noch nicht ernst genommen, doch ihr müßt in den letzten dreihundert Jahren eine beachtliche technische Entwicklung durcheilt haben! Noch sind wir euch nicht feindlich gesonnen! Wie sich unser Verhältnis weitergestalten wird, das hängt allein von eurem Verhalten ab. Wir haben die Absicht, euch einen tiefen Einblick in unsere Machtverhältnisse zu gestatten. Einige von euch werden vielleicht Zeugen sein, wenn wir die Sirianer zwingen, unseren Wünschen zu entsprechen. Der kleinere Teil von euch, der entsprechend unseren Festlegungen zur gegebenen Zeit die Rückreise antreten wird, überbringt gleichzeitig die Botschaft mit der Aufforderung zur Anerkennung unserer Machtposition an eure Regierung.

Wir wollen aus den uns bekannten Fakten kein Geheimnis machen. In der von uns kontrollierten Welteninsel gibt es elf Planeten, eure Erde und den Sirter eingeschlossen, auf denen Lebewesen beheimatet sind, die eine interplanetare Entwicklungsstufe erreicht haben. Das ist wenig und doch viel! Elf Planeten in unserer Welteninsel, einem Gebiet, das etwa fünf Prozent der Milchstraße umfaßt. Das mag als erste Information genügen! – Doch nun zu euch! Was war das eigentliche Ziel eurer Lichtreise?“
Diese Frage wollte Al Gorim eindeutig beantworten. Doch die anmaßende Rede des Potentaten hatte ihm die Sprache verschlagen. Was er und seine Freunde soeben gehört hatten, das war so ungeheuerlich, daß Vorstellungen, die sie sich bisher von den Technokraten auf dem Canip gemacht hatten, bei weitem übertroffen wurden. Hier ging es tatsächlich um die Beseitigung einer akuten kosmischen Gefahr, die durch eine gesellschaftliche Irrlehre entstanden war.
Nach einigen Minuten hatte sich Al Gorim gefaßt und erklärte kurz: „Als wir vor nunmehr zwanzig Erdenjahren unseren Heimatplaneten verließen, war unser einziges Ziel, das Sternensystem des Sirius, so nennen wir das Zentralgestirn eurer Nachbarwelt, zu erreichen und auf den dazugehörigen Planeten nach Leben, nach vernunftbegabtem Leben zu suchen. In Ausführung dieses Auftrages fanden wir den Sirter und sind, den Heimflug nutzend, nun bei euch.
Unser Planet Erde, der nur wenig größer ist als der Canip, hat eine zahlreiche Bevölkerung. Wir sind stolz auf unser geglücktes Unternehmen und haben bereits eine Botschaft an unsere Völker abgesandt, daß wir im All nicht mehr allein sind und daß wir uns ähnliches, hochentwickeltes Leben, ja, daß wir kosmische Nachbarn und Freunde gefunden haben!
Wir müssen jedoch mit großer Enttäuschung deinen Worten entnehmen, daß es euch weniger um Freundschaft und Zusammenarbeit als um Machtausweitung geht. Gut, wir werden eure Botschaft mit zurück zu unserer Erde nehmen! Nur eines muß ich richtigstellen. Bei allem Respekt vor euren Machtmitteln spreche ich euch dennoch das Recht ab, über uns Menschen, insbesondere auch über meine Kameraden und mich, in irgendeiner Form zu verfügen. Für die lange

Lichtreise zu unserem blauen Planeten brauchen wir jedes Mitglied unserer Besatzung. Dabei bleibt es! Richte dies deinem Regierungschef aus!"
Das mutige Auftreten des Kommandanten der fremden Kosmonauten verfehlte seine Wirkung auf den großsprecherischen, aber im Wesen subalternen Potentaten nicht. Seine Züge verfinsterten sich, und sein Gesicht bekam für Sekunden einen häßlichen, lauernden Ausdruck. Aber gleich hatte er sich wieder in der Gewalt. Und so erwiderte er nur: „Es geziemt sich nicht, an uns Forderungen zu stellen. Jeder, der uns kennt, weiß das. Ihr seid Fremdlinge, das entschuldigt euer Vorhaben. Tragt euer Anliegen zu gegebener Zeit unserem Regierungschef selbst vor!"
Geschickt auf die veränderte Situation eingehend, stellte er noch viele Fragen, die technische Probleme betrafen, und solche, bei denen ihn der Stand der irdischen Entwicklung besonders interessierte.
Die jeweiligen Experten der Expedition gaben die speziellen Antworten, wobei sie sich in der Formulierung vorwiegend von taktischen Erwägungen leiten ließen.
Am Abend, als sie wieder unter sich waren, gaben die Kosmonauten ihrer Empörung laut Ausdruck und suchten nach Wegen, die Gefahr für die Erde und die anderen benachbarten Zivilisationen abzuwenden. Zunächst wollten sie Zeit gewinnen und einen noch besseren Einblick in die gesellschaftlichen Verhältnisse erhalten.
Der Bitte an Do und Ep, die an den Park angrenzende Stadt besichtigen zu können, wurde nicht entsprochen. Nach diesem abschlägigen Bescheid mußten die Sternenfahrer auch bedauernd feststellen, daß der Park, in dem sich ihr Hotel befand, von Penserthropis lückenlos umstellt war. Damit hatten die beabsichtigten eigenen Versuche, die Lebensbedingungen der Bevölkerung persönlich kennenzulernen, ein jähes Ende gefunden.
Zwei Tage später machten die Kosmonauten den TITAN wieder reisefertig, um erneut im Schlepp eines Hubgleiters zu einem Informationsaufenthalt nach Det zu starten. Diese Reise würde ihnen vermutlich eine reale Einschätzung des wissenschaftlichen Potentials der Technokraten ermöglichen und dadurch neue Ansatzpunkte für ihr Vorhaben bieten.

Der Start zu der längeren Flugreise erfolgte erst bei Anbruch der Dunkelheit, was sie sehr bedauerten. Nach langem Flug landeten sie schließlich zwischen hohen, hell erleuchteten Gebäudekomplexen inmitten der Institutsstadt Det. Do bat um Verständnis, als er andeutete, daß sie den Rest der Nacht im TITAN verbringen müßten.

Bald wurde den Kosmonauten auch in Det klar, daß es bei dieser Informationsreise der Pi-Clique wieder nur darum ging, Macht zu demonstrieren. Al Gorim und seine Freunde hatten zumindest geglaubt, daß sich bei den Exkursionen Möglichkeiten ergeben würden, Kontakt mit Wissenschaftlern aufnehmen zu können, aber weit gefehlt!

Die Achillesferse dieses Ministaates und damit auch seiner Potentaten war die geringe Bevölkerungsdichte. Als einen gewissen Ausgleich gab es die große Zahl von Thropis verschiedener Bauformen, insbesondere die Penser. Die Kosmonauten sollten in Det die Vollkommenheit und damit die Gefährlichkeit dieser Hybridautomaten fürchten lernen.

Was verbarg sich eigentlich hinter dem Begriff Penserthropi? Grob definiert war der Penser ein Automat, ein Arbeitsthropi mit organischem Denkapparat. Gerade dieses Roboterhirn war in Aufbau und Funktion der irdischen Expedition noch immer ein Rätsel. So hatten auch viele der im Verlauf der langen Reise geführten Gespräche dieses Problem zum Inhalt gehabt.

Gu, der verantwortliche Wissenschaftler aus Det, ließ es sich nicht nehmen, einige grundsätzliche Erläuterungen dazu selbst zu geben. Daß sie die ersten Penserprototypen von den Ba-Canipern geraubt hatten, verschwieg er geflissentlich.

So führte er aus: „Bei der Entwicklung der Penser standen wir vor zwei schier unlösbaren Problemen. Das erste betraf die Umsetzung von nervlichen Reflexen und Reaktionen in nichtorganische, mechanisch sinnvolle Bewegungen und Tätigkeiten. Das zweite bestand darin, eine organische, aber beeinflußbare Denksubstanz zu schaffen und vor allen Dingen lebensfähig zu erhalten.

Beginnen wir mit dem zweiten Komplex. Die Arbeiten zur Lösung der Aufgabe begannen mit tierischen Experimenten auf dem Gebiet der Gehirntransplantation. Sie wurden fortgesetzt mit der Suche nach Lösungen zur Aufrechterhaltung

der Funktions- oder besser Lebensfähigkeit von organischen Gehirnen in künstlichen Nährflüssigkeiten bei völliger Trennung vom übrigen Organismus. Die Möglichkeit der Gehirnsubstanzgewinnung auf der Basis künstlicher Eiweißzüchtung hatten wir schon vor Jahrhunderten negativ einschätzen müssen. Ein weiterer Schritt, der sich zeitlich über viele Jahrzehnte erstreckte, war das operative Einbringen synthetischer Neuronen in das organische Basishirn. Von diesem schließlich assimiliert, mußten sie sowohl eine fremde Beeinflussung gestatten als auch im Verband der schon vorhandenen natürlichen Neuronen eine eigene Denkfähigkeit entwickeln. Als einfache Basishirne verwendeten wir vorzugsweise Hirne von Formissen. Das sind Rieseninsekten, die in Staatsgebilden leben, die straff organisiert sind, Befehlen gehorchen, aber auch als Einzelwesen eine relativ hohe animalische Intelligenz besitzen. In langjährigen Testreihen wurden bestimmte Basishirne durch eingeimpfte künstliche Neuronen verstärkt und im Sinne der späteren Funktion erfolgreich trainiert.
Nicht weniger problematisch war – um zum ersten Punkt zu kommen – die Entwicklung von künstlichen Wahrnehmungsorganen, die geeignet waren, sowohl mit den natürlichen als auch mit den künstlichen Neuronen zu korrespondieren. Die Mediziner, Biologen und Kybernetiker unter euch können ungefähr einschätzen, welche Probleme in diesem Zusammenhang zu lösen waren.
Zusammenfassend kann man sagen, daß ein Penserthropi aus einem bioelektronischen Wahrnehmungsapparat, einem teilorganischen Gehirn und einem energetisch-mechanischen Funktionsteil besteht. Er stellt einen vollkommenen Automaten dar, der an gewissen intellektuellen Fähigkeiten und an physischem Leistungsvermögen den organischen Eiweißentwicklungen unserer Art ebenbürtig, wenn nicht überlegen ist."
Gu schwieg. Hatte er vielleicht schon zuviel gesagt? Auch die Kosmonauten sagten zunächst kein Wort. Bei aller Anerkennung der phantastischen Leistungen auf diesem Gebiet fanden sie doch, daß die Ausführungen von Gu einen makabren Beigeschmack hatten, der nicht zuletzt durch den eigentlichen Zweck, nämlich den Mißbrauch, dem das Ergeb-

nis der langwierigen Forschung diente, unterstrichen wurde.

„Als Energiequelle“, fuhr Gu dann fort, „haben die Penser Schwermateriebatterien, die den gesamten energetischen Körperhaushalt versorgen. Sie halten zum Beispiel die Temperatur der wichtigen Gehirnflüssigkeit konstant, die in einem Reservebehälter vom Penser mitgeführt wird und durch Osmose nachfließt. Ich werde euch morgen in einem geeigneten Versuchsgelände die universellen Einsatzmöglichkeiten der Hybridroboter vorführen. Was sie in Gruppen und Verbänden vermögen, hat euch bereits die Penserparade bei der Landung demonstriert. Morgen sollt ihr die Automaten als Einzelobjekte kennenlernen, insbesondere ihr erstaunliches Denk-, Kombinations- und Entscheidungsvermögen. Über den organisatorischen Ablauf der morgigen Expedition wird euch Do näher informieren.“

Die Katastrophe

Die kleine Kolonne von Bodengleitern, an deren Ende sich der TITAN befand, war schon mehrere Stunden unterwegs. Seit sie ein wüstenartiges Gelände erreicht hatten, mußten die Expeditionsteilnehmer die Höchstgeschwindigkeit der Fahrzeuge drosseln. Trotzdem markierte eine große Staubwolke ihren Weg, der sie immer weiter in eine chaotische Landschaft führte. Während Gu und mehrere Mitarbeiter in den drei sehr bodennahe fliegenden Panzergleitern saßen, hatten sich Do und Ep der irdischen Expedition angeschlossen und zwei freie Plätze in dem geräumigen Allzweckfahrzeug eingenommen. Auch sie waren, wie Al Gorim und seine Freunde, in Schutzbekleidung, um Gu bei bestimmten Experimenten begleiten zu können.
In größerem Abstand eilte links neben der Kolonne im Laufschritt eine Gruppe Penserroboter. Es waren die ausgewählten Automaten, die im Zielgebiet der Expedition getestet werden sollten.
Do nutzte die Zeit und erklärte der Besatzung die Umgebung: „Ihr müßt euch vorstellen, daß wir uns in der Mitte eines großen Dreiecks befinden, dessen Eckpunkte die Städte Mes, Rob und Det bilden. In der gleichen Richtung, in der wir uns gerade bewegen, liegt das Versuchsgelände und dahinter, etwa hundertzwanzig Erdenkilometer entfernt, die Werft und das besonders geschützte Startareal für unsere neuesten Tandem-Raumkreuzer. Nach dem Besuch in Det wird dieses Objekt unser nächstes Reiseziel sein. Dort könnt ihr speziell programmierte Produktions- und Technologiepenser sehen, die vollautomatische Fertigungsstraßen bedienen und leiten."
Bei den letzten Worten blickten sich die Kosmonauten vielsagend an.
Doch Do fuhr fort und ereiferte sich: „Die fünfzig Großraumschiffe, die ausschließlich unserer kosmischen Machtausdehnung dienen sollen, bieten einen überwältigenden Anblick. Sie sind das Ergebnis einer jahrzehntelangen tech-

nisch-wissenschaftlichen Arbeit. Und", fügte er nachdenklicher hinzu, „eine ausreichende Entschädigung für all die Einschränkungen und für das geradezu primitive Leben unserer Bevölkerung in den letzten Raas. – So, ich glaube, wir sind inzwischen im Zielgebiet angelangt."

Der TITAN hatte ein zerklüftetes Gelände erreicht, das vermutlich vor langer Zeit bergbaulich genutzt worden war. Riesige Halden wechselten mit dunklen Stollenöffnungen und steil abfallenden Tagebaumulden, die, zerfallen und eingestürzt, nur ein langsames Vordringen ermöglichten. Die vorausfahrenden drei Gleiter waren den Blicken der Sternenfahrer entschwunden. Gol Parker, der Fahrer vom Dienst war, wollte gerade einem großen Felsbrocken ausweichen, als trotz des hellen Procyonlichtes ein breites Stück des vor ihnen sichtbaren Himmels schmerzhaft grell aufleuchtete. In Sekundenschnelle verwandelte sich das gesamte Firmament vor und über ihnen in ein Feuermeer. Ein gleißender Feuerball am Horizont, der pilzförmig in die Höhe wuchs und eine blendende Helligkeit verbreitete, deutete auf eine kernphysikalische Reaktion hin.

„Schnell in den Stollen zur Rechten!" stieß Al Gorim hervor.

Gol Parker hatte schon kurz vorher instinktiv das unförmige Fahrzeug herumgerissen und raste mit höchster Geschwindigkeit auf die knapp fünfzig Meter entfernte Tunnelöffnung zu.

In dem grellen Licht, das sie umgab, waren vor dem Eingang Balken, eingeknickte Stahlkonstruktionen, armdicke Kabel und Trossen, Steine und Felsbrocken zu erkennen. Der TITAN jagte darüber hinweg, es krachte und knirschte. Den schützenden Tunnel hatten sie erreicht! Weiter hinten tasteten die Lichtkegel der eingeschalteten Scheinwerfer in gähnende Schwärze. Als sie in einer wilden Fahrt etwa drei Kilometer tief in den weiträumigen Stollen eingedrungen waren, befahl Al Gorim anzuhalten. In die jetzt durch das Abschalten der Triebwerke entstandene Stille dröhnte plötzlich ein neues Geräusch, das selbst in dem schalldichten TITAN zu vernehmen war. Der Boden unter dem Fahrzeug erzitterte wie bei einem Erdbeben. Gol Parker, der über die Optik einen Blick zum Stolleneingang geworfen hatte, schien es, als

würde von dort mit einem gigantischen Laserstrahl nach ihnen geschossen. Die anscheinend noch zunehmende Helligkeit reichte bis tief in den Stollen hinein.
Al Gorim hielt mit hartem Griff Pjotr Olarin zurück, der eben im Begriff war, die zentimeterdicke innere Stahltür des TITAN zu öffnen.
Do und Ep blickten ebenso ratlos wie die von den Ereignissen völlig überraschten Kosmonauten. Das untercanipische Grollen war jetzt ganz deutlich zu hören. Hoffentlich stürzt der Stollen durch das Beben nicht ein, dachten viele.
Ben Jussuf, der die Empfangsanlagen und Instrumente des TITAN überwachte, meldete plötzlich: „Die Temperatur an der äußeren Heckfläche steigt sehr schnell an und hat bereits achtzig Grad Celsius erreicht.“ Als die anderen Insassen nach rückwärts blickten, sahen sie, daß der Stolleneingang von einem roten Ring umgeben war. Diese Röte kroch langsam auf sie zu. Dort hinten glühte der Berg bereits.
Da, was war das? Bewegten sich im Licht der Stollenöffnung nicht Gestalten? Die Entfernung zu ihnen betrug höchstens einige hundert Meter. Sicherlich waren es versprengte Thropis der Übungstruppe, die sich vor der Katastrophe noch neben ihnen befunden hatten.
„Richtet die Laserkanone!“ wies Al Gorim an. „Wir müssen die Stahlkolosse beseitigen, falls uns noch eine Chance bleiben soll, den Stollen je wieder zu verlassen!“ sagte er dann mehr zu sich selbst als zur Entschuldigung an Do gerichtet. „Schießt den Stollen frei!“
Die starken Laserstrahlen stießen wie grelle Degen nach den Thropis, die einer nach dem anderen zusammenschmolzen und explodierten. Da traf ein heftiger Stoß den TITAN, der die Insassen von den Sitzen warf.
„Das war die nicht mehr voll wirksame Energiereaktion eines getroffenen Thropis, bevor er eliminiert wurde. Er hat noch im Stürzen einen Gravitonenstoß abgefeuert, der mit seinem Zentrum über uns hinweggegangen ist“, war die lakonische Bemerkung von Ep dazu. Wie zur Bestätigung stürzten in etwa fünfzig Meter Entfernung mehrere Kubikmeter Felsgestein von der Decke. Den irdischen Sternenfahrern wurde klar, daß eine Kraftprobe mit den Thropis unter normalen Umständen einer Selbstvernichtung gleichkam.

„Die Außentemperatur hat soeben hundert Grad Celsius überschritten, der Geigerzähler registriert wachsende Radioaktivität!“ meldete wieder Jussuf, der die Instrumente ununterbrochen beobachtete.
„Los, Gol, versuche noch ein weiteres Stück in den Stollen einzudringen!“ rief Al Gorim. Gol Parker fuhr zunächst bis an den herabgestürzten Gesteinsberg und räumte mit einem Greifer die größten Trümmerstücke beiseite. Der Stollen war geräumig genug. Sicher hatten hier früher Riesenthropis gearbeitet, denn seine Höhe betrug mindestens sechzig Meter, die Sohle war gut hundert Meter breit. Jetzt hatte der TITAN den Trümmerberg überwunden und rollte mit mäßiger Geschwindigkeit weiter in den Berg hinein. Immer noch war kein Ende des Stollens abzusehen. Die Scheinwerfer tasteten nach wie vor in schwarze Leere.
„Wie hoch ist jetzt die Außentemperatur?“ fragte Al Gorim in die Gesprächsstille hinein, die nur vom Rumoren des Berges und den Geräuschen des Fahrzeuges unterbrochen wurde.
„Seit fünf Minuten steht der Temperaturanzeiger unverändert auf hundertzehn Grad Celsius“, antwortete Jussuf pflichtgemäß.
Plötzlich bremste Gol Parker. „Der Stollen scheint hier aufzuhören!“ rief er.
Im Licht der Scheinwerfer war etwas zu erkennen, das so ähnlich aussah wie ein rundes Tor mit konvexen Flächen. Genaueres war nicht auszumachen. Das Bergwerk mußte schon viele Jahrzehnte außer Betrieb sein, denn der Boden und die Wände waren mit einer dicken Staubschicht bedeckt.
„Ist Ihnen diese Art der Stollenschließung geläufig?“ wandte sich Doktor Tessin an Do.
Do blickte noch immer unverwandt auf das Hindernis und verneinte die Frage. „Der Stollen ist meiner Meinung nach hier noch nicht zu Ende.“ Er überlegte krampfhaft, dann sagte er unvermittelt: „Was uns an der Weiterfahrt hindert, hat mit dem Stollen überhaupt nichts zu tun, sondern ist ein mittelgroßer Kugelraumer. Ich habe zwar keine Erklärung dafür, wie der Flugkörper hier hereingekommen ist. Deshalb müssen wir unbedingt nachsehen!“ Da jedoch schaltete sich

Al Gorim in das Gespräch ein: „Niemand verläßt ohne meine besondere Erlaubnis das Fahrzeug! Ich halte es für richtig, wenn Do, der das vor uns liegende Wrack vielleicht identifizieren kann, Ben Jussuf mit dem Unimeter und ich das Hindernis untersuchen. Wir wissen nicht, wie baufällig der Stollen ist. Die Lage ist schon so mehr als ernst. Kommt ihr beiden, folgt mir!"
Die drei begaben sich in die Schleuse, und Al Gorim öffnete vorsichtig den Verschluß der Außentür, die langsam nach außen schwenkte. Trotz der Schutzanzüge hatten sie instinktiv das Gefühl, eine ungeheure Hitzewelle würde ihnen entgegenschlagen. Langsam stiegen sie die Leitersprossen hinunter. Schon nach wenigen Minuten hatte sich die Außenhülle der Skaphander auf über neunzig Grad Celsius erwärmt. Doch die entfesselten Naturgewalten schienen sich allmählich zu beruhigen. Das Grollen war nicht mehr zu vernehmen, und auch der Boden unter ihren Füßen war ruhig.
„Jussuf, beobachten Sie genau die Instrumente, ich werde mich mit Do zu dem Hindernis begeben!" sagte der Kommandant und stapfte, gefolgt von Do, nach vorn.
Do hatte sich tatsächlich nicht geirrt, denn je näher sie herankamen, um so mehr nahm das Gebilde, das sie zuerst für ein großes Metalltor gehalten hatten, die Form eines Kugelraumers an. Unerwartet stolperte Al Gorim und wäre fast gestürzt. In dem durch die tiefliegenden Scheinwerfer des Fahrzeuges entstandenen Schatten waren Einzelheiten des Bodens nur schlecht zu erkennen. „Hier liegt doch jemand!" rief Al Gorim plötzlich aus. Beim genauen Hinsehen erkannte er trotz der dicken Staubschicht die Umrisse eines wulstigen sirianischen Raumanzuges, wie ihn auch die Canip-Sirianer trugen. Die Gestalt lag mit dem Rücken nach oben. Do war bestürzt hinzugetreten. Mit vereinten Kräften drehten sie den unbekannten Leichnam auf die Seite. Do entfernte die Staubschicht von der Sichtscheibe des unbeschädigten Helmes. Ein geschrumpftes Totengesicht starrte sie an. Sicher war der Raumanzug undicht geworden, und die Stollenluft hatte das schon Jahrzehnte hier liegende Individuum mumifiziert.
„Hast du eine Ahnung, wer das Opfer sein könnte?" fragte Al

Gorim seinen Begleiter. Do schüttelte den Kopf, antwortete aber gleichzeitig: „Vielleicht finden wir noch weitere Tote. Der vor uns liegende Flugkörper hat normalerweise vier Besatzungsmitglieder."

Und Do hatte recht! In unmittelbarer Nähe lagen noch drei weitere Gestalten. Eines der Gesichter war noch relativ gut erhalten. Nirgends fanden sich Anhaltspunkte, die Schlüsse auf die Herkunft der Unbekannten zuließen.

„Dieser Mann ist Wa!" stieß Do auf einmal hervor, der den einen Toten eine Zeitlang wie hypnotisiert angestarrt hatte. „Er war mir gut bekannt. Es ist unglaublich! Laut offiziellen Berichten soll er mit seinen drei Begleitern vor achtzehn Jahren von einem Fernflug zu einem Kohlenstoffriesen nicht zurückgekehrt sein. Wa galt in unserem Staat als ein Versöhnler mit den angesiedelten Ba-Anhängern. Er übte häufig Kritik an den Machtbestrebungen von Pi. Sollte man die vier hier umgebracht haben? Es ist nicht zu fassen!"

„Das glaube ich kaum", entgegnete Al Gorim, der inzwischen die Umgebung weiter untersucht hatte, „in der Nähe der Toten liegen Werkzeuge, Pickel und Schaufeln. Ich glaube vielmehr, daß die Gruppe gerade dabei war, einen Wall vor dem Flugapparat zu errichten. – Siehst du, hier! Sie hatten den Raumer schon bis zu einer Höhe von drei Metern verdeckt. Ich bin der Meinung, daß sie von herabfallenden Felsbrocken erschlagen worden sind. Diese großen Steine, zwischen denen sie liegen, hätten sie sonst bestimmt zum Bauen verwendet."

„Du magst recht haben", sagte Do, „doch was wollten sie hier, fast fünf Kilometer tief in einem alten verfallenen Stollen? Darauf weiß ich im Augenblick auch keine Antwort."

„Bitte versuche in den Kugelraumer einzusteigen", forderte Al Gorim Do auf, „soviel mir bekannt ist, kann jeder Canip-Sirianer mit diesen Gravitonenfahrzeugen umgehen."

Nun hatten alle drei den aufgeworfenen Wall erklommen, dessen Durchmesser mindestens fünfzehn Meter betrug. Zwischen Staub und Geröll konnten sie feststellen, daß das Fahrzeug schräg stand und der Antriebsring vorn den Boden berührte. Do war bereits auf der anderen Seite und rief: „Die Tür läßt sich öffnen. Kommt her!"

Nach einiger Anstrengung standen sie vor dem Steuerpult.

Im Inneren der Kugelkabine war keinerlei Zerstörung zu erkennen. Do betätigte einen Knopf, und langsam wurde es hell in dem halbrunden Raum. Die Beleuchtung war also noch intakt. Dann drückte Do einen der vielen Hebel nach unten. Da, ein leises Surren war vernehmbar. Der Kugelraumer vibrierte. Staub fiel von der großen Klarsichtkuppel, der Flugkörper richtete sich langsam auf, bis der Antriebsring wieder waagerecht stand. Do drückte den Starthebel noch weiter nach unten. Und wirklich, der Flugkörper schwebte nun etwa zwei Meter über dem Boden. Dann setzte er wieder auf.

„Der Kugelraumer ist völlig in Ordnung, vielleicht kann er uns von großem Nutzen sein", sagte Do zu Al Gorim, dem es vorkam, als hätte der fremde Begleiter seine geheimsten Gedanken erraten.

„Gut", erwiderte der Kommandant, „kehren wir zunächst zu unseren Kameraden zurück und beraten wir, was als nächstes zu tun ist. Zuerst müssen wir wissen, was eigentlich draußen geschehen ist. Unser Leben verdanken wir allein dem Umstand, daß wir tief in diesen Stollen eindringen konnten."

Ehe sie den Kugelraumer wieder verließen, mußte Do Al Gorim und Ben Jussuf den Steuermechanismus des fremden Gravitonenflugkörpers genau erklären. Nachdem sie dem Canip-Sirianer einige Minuten aufmerksam zugehört hatten, führte Al Gorim mit dem Raumschiff einige kleine Bewegungsmanöver durch, die die lichte Weite des Stollens gerade noch zuließ. Aber ehe sie endgültig zum TITAN zurückkehrten, legten sie die tote Besatzung in eine Nische des Stollens und verschlossen die Öffnung mit großen Steinen.

Gemeinsam mit Jussuf, der unterdessen verschiedene Messungen vorgenommen hatte, waren sie bald wieder mit den wartenden Expeditionsmitgliedern vereint, die mit größtem Interesse das Vorgehen des kleinen Trupps verfolgt hatten. Al Gorim wußte, daß er den lähmenden Bann, der von den Ereignissen der letzten Stunden ausging, schnellstens brechen mußte.

Es war dunkel geworden. Vom Stolleneingang her leuchtete es nur noch dunkelrot. Die Hitzewirkung von außen schien

langsam abzunehmen. Trotzdem wollte Al Gorim noch abwarten. Er stellte Wachen zur Beobachtung der Instrumente und der Umgebung auf, dann zogen sich die übrigen zu einer Ruhepause in die Hängematten zurück. An Schlaf war jedoch nicht zu denken. Jeder versuchte für die Katastrophe und das unvorstellbare Geschehen, das sie miterlebt hatten, eine Erklärung zu finden.
Nach Ablauf von acht Stunden berieten sie über ihre nächsten Schritte. Al Gorim überprüfte die Meßergebnisse, die Ben Jussuf zusammengestellt hatte. Die Temperatur im Stollen hatte fast wieder normale Werte angenommen. „Bevor wir lange mutmaßen, was geschehen sein könnte“, unterbrach Al Gorim die Debatte seiner Freunde, „bin ich dafür, daß wir uns, selbstverständlich mit größter Vorsicht, davon überzeugen, was sich außerhalb des Stollens wirklich abgespielt hat. Vor allem müssen wir wissen, ob es sich vielleicht doch nur um eine räumlich eng begrenzte Katastrophe gehandelt hat. Wir werden als erstes den Stollenausgang überprüfen, und zwar zu Fuß. Den TITAN, der im Moment unsere letzte Zuflucht ist, wollen wir dabei nicht aufs Spiel setzen. Ben Jussuf und Lew Slabow werden mich bei diesem Unternehmen begleiten! Über die Funksprecheinrichtung der Raumanzüge bleiben wir in ständiger Verbindung. Professor Untaka sorgt dafür, daß wir in kurzen Abständen gerufen werden, für den Fall, daß in der Nähe der Stollenöffnung doch noch solche Verhältnisse herrschen, die uns bewegungs- oder sendeunfähig machen könnten.“
Gern hätten alle den Kommandanten begleitet, aber seine Festlegungen duldeten keinen Widerspruch.
Die erforderliche Ausrüstung war schnell zusammengestellt, und der kleine Spähtrupp verschwand im Dunkel des Stollens. Hin und wieder zeichneten sich gegen die winzige helle Eingangsöffnung die hin und her schwankenden Silhouetten der drei Dahinschreitenden ab.
Die Stelle, wo die Laserkanone des TITAN die herankommenden Thropis vernichtet hatte, lag bereits hinter ihnen. Der Funksprechverkehr wurde, wie abgesprochen, ständig aufrechterhalten. Es ergab sich nichts Besonderes, und die Gruppe kam trotz der Raumanzüge und der Instrumente, die sie mitführten, schnell voran. Aber als sie nur noch einen

reichlichen Kilometer vom Eingang entfernt waren, stieg die Radioaktivität der Umgebung sprunghaft an. Das Gestein der Stollenwände zeigte starke Abschmelzungen. Es war die Stelle, bis zu der die Kosmonauten am gestrigen Abend die dunkelrote Färbung wahrgenommen hatten.
Die Temperatur erhöhte sich weiter auf siebzig Grad Celsius. Das Gehen wurde immer beschwerlicher. Endlich, nach einer weiteren dreiviertel Stunde hatten sie schließlich die Stollenöffnung erreicht. Die letzten Meter stiegen etwas an, weil der Eingang durch die vielen Jahre der Nichtbenutzung teilweise von Sand und Staub zugeweht worden war. Dort schritten sie über erkaltete Lava. Dann war der Blick in die Umgebung frei. Was sie jedoch sahen, erfüllte sie mit Entsetzen. So weit das Auge reichte, waren die Gebäude, die Bergwände und die weiten Sandflächen verglüht und geschmolzen. Es sah aus, als hätte ein unergründlicher Vulkan alles mit flüssiger Lava bedeckt.
Erschüttert hielt Al Gorim die Hände vor die Sichtscheibe seines Schutzhelmes, um für einen Augenblick dem furchtbaren Anblick zu entrinnen. Das war keine Feuersbrunst im üblichen Sinne, hier hatten nukleare Kräfte getobt!
„Was meinen Sie, Al", ertönte Lew Slabows Stimme in das schon minutenlange Schweigen, „ist es möglich, daß der Planet überall so wie dieses Chaos hier aussieht? Dann wären wir verloren!"
„Nein", antwortete Al Gorim ohne zu zögern. „Trotz des vernichtenden Anblicks kann es sich nur um eine partielle Katastrophe handeln. Für eine völlige Vernichtung wären die Ereignisse viel zu schnell abgelaufen. Als das starke Beben einsetzte, war ich für kurze Zeit auch der Meinung, daß das Innere des Planeten in Mitleidenschaft gezogen würde. Aber, Kopf hoch, bestimmt sind große Teile der Oberfläche von der Verwüstung verschont geblieben."
Die Freunde im TITAN waren ebenfalls aufs tiefste erschrocken, als sie die Schilderung über den Zustand der Umgebung vernahmen.
Jussuf hatte seine Messungen vor dem Stolleneingang beendet und meldete: „In der spärlichen Atmosphäre sind nur noch Spuren von Sauerstoff vorhanden."
Nach einer genauen Bodensondierung in der Nähe des Tun-

nelaustritts gab Al Gorim die Anweisung, mit dem TITAN ebenfalls zum Ausgang zu kommen. Es dauerte nicht lange, dann schob sich das unversehrte Fahrzeug ins Freie, in eine zerstörte Welt. Der Trostlosigkeit dieses Anblicks konnte sich keiner entziehen, und die Freude des Überlebens wurde davon überschattet.

Einer nach dem anderen verließ das Raupenfahrzeug, um sich nach dem langen Aufenthalt im Stollen etwas Bewegung zu verschaffen.

„Wir müssen wissen, ob vielleicht irgendwo unsere Hilfe gebraucht wird. Do, versuche doch mit Hilfe unseres Senders im TITAN Funkverbindung zu euren Stationen aufzunehmen“, schlug der Kommandant leise vor.

Aber der Versuch blieb erfolglos. „In dem Städtedreieck Mes, Det und Rob scheint alles zerstört zu sein. Und Rab, auf der anderen Seite des Planeten, ist zu weit entfernt“, sagte Do resigniert zu Al Gorim, der zu ihm getreten war.

Al Gorim hatte mehr routinemäßig die mit der PHO 2 vereinbarte Wellenlänge eingestellt, da vernahm er auch schon die Stimme von Professor Sorini: „PHO 2 ruft Canip-Expedition! Seid ihr noch am Leben? Haben eine ungeheuere Kernexplosion auf der nördlichen Halbkugel des Planeten beobachtet. Meldet euch!“ Der Funkspruch wiederholte sich in regelmäßigen Abständen. Al Gorim beruhigte die im Raumschiff zurückgebliebenen Freunde, daß alle noch am Leben seien, und gab einen kurzen Bericht über die Auswirkungen des beobachteten Atombrandes. „Vielleicht bedeutet die Katastrophe das Ende unserer Mission. Wir melden uns wieder, bleibt ständig auf Empfang“, schloß sein letzter Funkspruch.

Der Kommandant informierte die Kosmonauten kurz über den Funkkontakt mit der PHO 2 und löste damit Zuversicht und neuen Mut aus. Dann wandte er sich wieder an die zutiefst deprimierten Canip-Sirianer. Er fragte Do und Ep: „Ihr könnt jetzt das Ausmaß des Geschehens einschätzen; gibt es vielleicht Hinweise für die Ursache dieser Vernichtung?“

„Ja“, erwiderte Ep zögernd, „es gibt eigentlich nur eine mögliche Erklärung dafür. Hundertzwanzig Erdenkilometer von hier entfernt befindet sich unsere Tandem-Raumkreuzerflotte. In unmittelbarer Nähe dieses Startareals stehen die vollautomatischen Werke zur Antimaterieaufbereitung auf der Basis von Anti-Wasserstoffatomen. Für eine bestimmte Zeitdauer während des Gewinnungsprozesses durchläuft diese Substanz vor der Verflüssigung eine gasförmige Phase. Zum Auftanken unserer kosmischen Flotte arbeiten die Anlagen seit einigen Wochen mit höchster Kapazität. Durch einen Prozeßfehler könnten große Mengen von Antiwasserstoff in die Atmosphäre entwichen sein. Gestern muß das entstandene Gemisch ein kritisches Reaktionsverhältnis erreicht und in Form einer überdimensionalen Photonenwolke, einer künstlichen Sonne, große Teile der Planetenoberfläche vernichtet haben."

Während Ep sprach und fast wie ein unbeteiligter Berichterstatter mit knappen Sätzen die Ursachen für den Untergang ihrer Gemeinschaft darstellte, wurde den Kosmonauten erneut bewußt, wie andersgeartet doch die Sirianer waren.

Kein Ausdruck der Trauer, kein Wort des Bedauerns, keine Frage nach ihren Angehörigen, die irgendwo Opfer der Katastrophe geworden waren, weder von Ep noch von Do.

Die Besucher von der Erde wußten ja bereits, daß dieser Zivilisation Emotionen im irdischen Sinne fremd waren. Doch jetzt, in dieser Situation, empfanden sie die Tatsache als schmerzlich.

Nach Eps Ausführungen herrschte minutenlanges Schweigen. Unvorstellbar! Ein Atombrand unbegreiflichen Ausmaßes. Wie sehr die Katastrophe den Planeten in Mitleidenschaft gezogen hatte, war noch immer nicht zu übersehen. Es gab zumindest im Umkreis von einigen Tausend Kilometern keine lebende Umwelt mehr!

Ihr Allzweckfahrzeug war noch intakt und verfügte auch noch über Lebensmittelvorräte für einen Monat. Doch mit einem solchen Fahrzeug den verbrannten Planeten zu umrunden, das war unmöglich! Sie mußten ganz schnell einen Überblick über das Ausmaß der Verheerungen bekommen, andernfalls würden sie nach wenigen Wochen verhungern. Was aber war mit der OREL? Wie sollten sie je wieder zur PHO 2 zurückkehren, wenn ihre Rakete nicht mehr existierte.

Es blieb ihnen keine andere Wahl, als zunächst doch mit dem TITAN den Rückweg nach Det anzutreten. Die Hoff-

nung, dort noch auf Leben zu stoßen, war außerordentlich gering, da keine Funkverbindung zustande gekommen war, obwohl diese Stadt gar nicht so weit entfernt lag. Kurz entschlossen gab Al Gorim den Befehl zum Aufbruch. Wo sie vor weniger als dreißig Stunden noch durch ausgedehnte Sandwüsten gefahren waren, rollten sie jetzt über eine emailartige Glasur hinweg. Nirgends war auch nur der Hauch einer Vegetation auszumachen. Die unvorstellbare Hitze hatte alles organische Leben vernichtet. Endlich, nach sechs Stunden ununterbrochener Fahrt, waren am Horizont die ersten Ruinen von Det zu erkennen. Doch je näher sie kamen, um so mehr bestätigte sich, was alle befürchtet hatten. Die Gebäude waren ausgeglüht, zum Teil nur noch lavaartige Hügel. Die äußere Metallschicht mußte verdampft sein; in vielen Bodenvertiefungen glänzten erstarrte Bleilachen. Nirgends auch nur eine Spur von Leben! Auch keine Leichen; selbst in den erhalten gebliebenen wenigen Wohnetagen waren die überraschten Caniper im nuklearen Atmosphärenbrand verglüht und verdampft.
Keller gab es in den sirianischen Gebäuden nicht; aber selbst wenn hier jemand, ähnlich wie die Kosmonauten, einen Unterschlupf gefunden hätte, wäre er dennoch durch Sauerstoffmangel ums Leben gekommen.
Nachdem die gesamte Besatzung, einschließlich Do und Ep, bis zum Einbruch der Dunkelheit die verhältnismäßig kleine Stadt und die vielen Gebäude der Institute genauestens abgesucht hatten, ließ Al Gorim die Aktion beenden. Während er angestrengt überlegte, wie sie die riesigen Entfernungen zu den anderen Städten zurücklegen könnten, fiel ihm der Kugelraumer in dem Stollen wieder ein.
„Freunde“, rief er, „daß wir daran noch nicht gedacht haben! Als wir mit dem TITAN tief in dem Stollen steckten, habe ich doch mit Ben Jussuf und Do den entdeckten Kugelraumer untersucht. Er war noch voll einsatzfähig. Wenn wir unser Leben retten wollen, müssen wir versuchen, diesen Gravikopter aus dem Stollen herauszubringen und ausprobieren, ob er auch noch für größere Flüge verwendet werden kann.“
Bei diesen Worten von Al Gorim schöpfte die Besatzung neuen Mut. Sie bestürmten Do, der den Versuch für durch-

aus durchführbar hielt.
Es dauerte nur Minuten, dann jagte der TITAN mit Höchstgeschwindigkeit zurück in die Lavawüste. Diesmal brauchten sie nur vier Stunden, um das Gelände des ehemaligen Bergwerkes zu erreichen. Tatenfreudig verließen die Kosmonauten das Fahrzeug und erwarteten Al Gorims Anweisungen. Er legte fest, daß Do, Lew Slabow und er selbst versuchen sollten, den Kugelraumer ans Tageslicht zu befördern. Die anderen bekamen den Auftrag, unterdessen nur die Ausrüstungsgegenstände zu entladen, die unbedingt mitgeführt werden müßten, falls sie mit dem Gravikopter ohne den TITAN starten würden.
Dann begannen die drei den beschwerlichen Marsch ins Innere des Berges und waren nach einigen hundert Schritten im Dunkel des Stollens verschwunden.
„Tan Gorim!“ begann Do unvermittelt ein Gespräch, „ich versuche noch immer eine Erklärung zu finden, wie und aus welchen Motiven die vierköpfige Besatzung mit dem Kugelraumer in diesen Schacht eingedrungen ist. Je länger ich darüber nachdenke, um so mehr verstärkt sich in mir die Vermutung, daß es vielleicht doch die Vorbereitung einer Flucht gewesen sein könnte. Aber eine Flucht wohin? Was meinst du?“
„Ich kenne die Gewohnheiten und die Mentalität deiner Mitbürger zuwenig, um mir da ein Urteil bilden zu können“, antwortete Al Gorim ausweichend. „Es könnte aber auch sein, daß die Besatzung von Kontrollpensern verfolgt worden ist und sich hier nur verstecken wollte. Aber im Moment sind derartige Überlegungen ohnehin bedeutungslos! Die Leute sind tot. Vielleicht ist aber ihre damalige Tat unsere letzte Rettung.“
Unter solchen und ähnlichen Gesprächen, an denen sich der schweigsame Lew Slabow nicht beteiligte, hatten sie schließlich den gesuchten Flugkörper wiedergefunden. Do übernahm die Bedienung des Steuerpultes, und die beiden Kosmonauten ließen sich von ihm jeden Handgriff genau erläutern.
„Für die Maßarbeit des komplizierten Rücktransportes aus dem Stollen werden wir die für ähnliche Manöver vorhandene Suchautomatik benutzen“, sagte Do, nachdem er sich

genauestens mit den technischen Besonderheiten des Flugapparates beschäftigte. „Beim bodennahen Langsamflug verhindert eine Echolotanlage jede gefährdende Berührung. Der Kopter bewegt sich selbständig auf einer optimalen Abstandlinie nach allen Seiten.“ Dabei schaltete Do ein bestimmtes Steuersystem ein und drückte dann die Taste für die Einleitung des Hochtemperaturprozesses. Als nach einigen Minuten der blaue Kontrollschirm für die vollzogene Plasmabildung aufleuchtete, wurde der Gravitonenantrieb gestartet. In geringer Höhe mit Schrittgeschwindigkeit bewegte sich der Kugelraumer genau in der Mitte des Stollens in Richtung Ausgang. Bald erkannten sie die dort wartenden und winkenden Kosmonauten. Langsam schob sich die große Kugel ins Freie.

Doch anstatt vor dem Berg vorsichtig aufzusetzen, hatte Do, ohne daß es seine zwei Begleiter bemerkten, die Freistarttaste des Flugkörpers betätigt, und dieser raste jetzt mit Riesenschubkräften senkrecht in den fahlen Himmel. Das war kein Versehen, das war Absicht! Zornig wollte sich Al Gorim auf den hinterhältigen Pi-Anhänger stürzen, aber eine übermächtige Kraft hielt ihn zurück. Do hatte nicht versäumt, die Schwerkraftglocke einzuschalten. Diese Schutzeinrichtung diente dem Zweck, den verantwortlichen Gravigator gegenüber allen Fremdeinflüssen abzuschirmen. Die Raumangst oder die schlimmere Form davon, der Raumkoller, hatten häufig, insbesondere bei längeren Flügen, zu gefährlichen Komplikationen geführt.

Die beiden irdischen Sternenfahrer waren außer sich. Der einzig rettende Flugkörper befand sich in den Händen eines fanatischen Technokraten. Do war jetzt zum Geradeausflug übergegangen. Die beiden wurden durch die Richtungsänderung gegeneinander geworfen.

„Hätten wir nur eine Waffe mit!“ knirschte Al Gorim leise und konnte seine Erregung kaum verbergen. Suchend beugte sich Lew Slabow über den Werkzeug- und Instrumentenbehälter, den sie vom TITAN mit in den Stollen genommen hatten. Triumphierend zeigte er auf eine Laserpistole, die in aller Eile mit eingepackt worden war. Sie sollte ihre Rettung sein!

Über den Modulator wandte sich Al Gorim nun zum dritten-

mal an Do: „Ich fordere dich zum letztenmal auf, mir entweder das Steuerpult sofort zu überlassen oder auf dem kürzesten Weg zum Standpunkt des TITAN zurückzufliegen! Ich muß sonst zu anderen Mitteln greifen!“
Do machte mit dem Rundsichthelm eine leichte Drehung zu den beiden Kosmonauten hin; sie konnten an seinem Profil erkennen, daß er geringschätzig lächelte; dann bewegte er den Kopf mehrmals verneinend hin und her.
„Er forderte uns heraus“, sagte Al Gorim. Trotzdem zögerte er, denn er hatte noch nie auf einen Menschen geschossen, und es bestand die Gefahr, daß er Do töten würde. Doch dann riß er die Laserpistole hoch und drückte ab. Für den konzentrierten Photonenstrahl war die Gravitationsschranke kein Hindernis, da man auf dem Canip keine Laserpistolen kannte. Do zuckte zusammen und fiel vornüber auf das Steuerpult. Ob er dabei den Hebel der Schwerkraftabschirmung berührt hatte oder ob dieser automatisch auf Gewichtsverlagerung reagierte, auf alle Fälle konnten sich die beiden Kosmonauten plötzlich wieder nach vorn bewegen. Sie setzten den leblosen Do in einen Sessel; für eine genaue Untersuchung seines Zustandes war jetzt keine Zeit. Es mußte schnell gehandelt werden, ging es doch um das Leben aller Expeditionsteilnehmer!
Al Gorim und Lew Slabow beugten sich über das Steuerpult und ergänzten gegenseitig ihr Wissen über die Bedeutung der einzelnen Hebel. Der Kommandant blickte auf seine Uhr und las die Geschwindigkeit ab. „Seit zehn Minuten bewegen wir uns mit neunhundert Sekundenmetern im Horizontalflug. Wir müssen den Kugelraumer abbremsen, ohne Richtungsänderung die gleiche Zeitspanne zurückfliegen und dann senkrecht absteigen. Vielleicht können wir so den TITAN und die Kameraden am schnellsten wiederfinden.“
Willig folgte der fremde Flugkörper ihren Steuerbefehlen. Sie flogen zurück, zur Nachtseite des Planeten. Den Procyon konnten sie nicht mehr sehen, er war bereits untergegangen. Dämmerung umgab sie, während die Oberfläche des Planeten schon in einer undurchdringlichen Dunkelheit lag.
„Ein Unglück kommt selten allein!“ bemerkte Slabow dazu sarkastisch, ohne seine sprichwörtliche Ruhe zu verlieren.

„Jetzt den Hebel für den Senkrechtkurs nach unten betätigen!“ rief ihm Al Gorim zu, der die Geschwindigkeit und die Flugzeit kontrollierte.
Nach den Angaben des Meßgerätes flogen sie in sieben Kilometer Höhe. Gespannt verfolgten sie nach der Kursänderung das Sinken des roten Zeigers. Bei zweitausend Meter hielten sie den Flugkörper an. Da, was war das? In großer Entfernung, gerade noch sichtbar, zeigte der Leuchtfinger eines Scheinwerfers in die Höhe und verlor sich in der endlosen Dunkelheit. Nur für den Bruchteil einer Sekunde war er sichtbar gewesen. Das mußten die verzweifelten Freunde sein! Sofort flogen sie mit mäßiger Geschwindigkeit in diese Richtung.
Da blitzte es wieder! Schon viel näher! Minuten später standen sie genau über dem TITAN, und das nächste Lichtsignal traf bereits den Kugelraumer. Nun dauerte es nicht mehr lange, und die Freunde lagen sich gegenseitig in den Armen.
Professor Untaka schilderte den beiden, in welch verzweifelter Stimmung sie sich nach der unerklärlichen Flucht des Gravikopters befunden hätten. Al Gorim nickte verständnisvoll, und Lew Slabow, der kein Freund von dramatischen Szenen war, sagte nur: „Unkraut vergeht nicht.“ Damit war die Sache für ihn erledigt.
Für Minuten herrschte betretenes Schweigen, als der leblose Do, dessen Raumanzug mehrere Brandstellen zeigte, aus dem Kugelraumer getragen wurde. Nach einer kurzen Untersuchung konnte Doktor Tessin nur noch den Tod des Canip-Sirianers feststellen. Obwohl Al Gorim so hatte handeln müssen, erschütterte ihn diese Tatsache tief.
Bevor sich alle entsprechend den vorhandenen Möglichkeiten zu einer kurzen Ruhepause zurückzogen, führte Al Gorim ein ernstes Gespräch mit der völlig verstörten Ep. „Versuche gemeinsam mit uns zu überleben!“ sagte er. „Do hat unser Vertrauen schändlich mißbraucht, ich mußte ihn töten! Arbeite mit uns zusammen und fertige für unseren morgigen Flug eine brauchbare Orientierungsskizze an! Wir müssen wissen, wo und in welcher Richtung die vier großen Städte des Pi-Staates liegen, wo wir den Cañon C finden, und trage bitte auch die Siedlungsgebiete der Ba-Caniper

ein! Das ist sehr wichtig.“

Ep sagte kein Wort dazu, aber nach einiger Zeit nickte sie zustimmend.

Die Ruinenstadt

Im Zwielicht des aufgehenden Procyon rüsteten sie am folgenden Tag zum Aufbruch. Ein infernalischer Sturm war aufgekommen und erschwerte die Arbeiten. Ben Jussuf, der die verschiedenen Meßinstrumente laufend überwachte, meldete von Stunde zu Stunde ein Zunehmen des Luftsauerstoffanteils. Vermutlich hingen die unwetterartigen Luftbewegungen, die besonders in den höheren Schichten tobten, mit dem atmosphärischen Ausgleich zusammen.
Da die Expedition auf die Atemluftanlage im TITAN keinesfall verzichten konnte, wurde das Fahrzeug mit den noch vorhandenen Trossen in bekannter Weise an dem Kugelraumer befestigt.
Der gleißende Procyon schob sich über den Horizont und überschüttete die tote Landschaft mit glühenden Farben. Endlich war es soweit! Lew Slabow hatte die Bedienung des Steuerpultes übernommen, und Ep, die die benötigte Skizze sehr übersichtlich angefertigt hatte, assistierte ihm. Das nächste Ziel war der Standort der Raumkreuzerflotte, von wo die Katastrophe ihren Ausgang genommen haben mußte. Als sie ein Gebirgsmassiv sichteten, das nach Eps Angaben die westliche Begrenzung des Gebietes war, verminderten sie die Flughöhe, um bessere Sichtverhältnisse zu haben. Aber so weit das Auge reichte, zeigte die Oberfläche das gleiche Bild: eine lavaartige Schmelzflußschicht. An manchen Stellen glänzte dieser Überzug metallisch, vermutlich waren das die Überreste dieser modernen kosmischen Armada.
„Trotz unserer Höhe nimmt die Radioaktivität beachtlich zu!“ stellte Ben Jussuf fest, der auch bei diesem Flug die Instrumente beobachtete. Ein Stück weiter war die geschmolzene Oberfläche des Planeten spiegelglatt, bis vor kurzem mußte hier noch ein glühendflüssiger Lavasee gewesen sein. Nichts, aber auch gar nichts war übriggeblieben.
„Ich glaube, eine Landung ist zwecklos und überdies auch sehr gefährlich“, meinte Al Gorim, „wir fliegen weiter Kurs auf die Stadt Rob!“

Slabow kam mit Eps Skizze gut zurecht, und nach reichlich drei Stunden schwebten sie über den Ruinen von Rob. Die Trümmerstadt war teilweise geschmolzen, und es sah hier nicht anders aus als in Det. Leben hatte die Katastrophe bestimmt nicht überstanden. Es war zwecklos, Such- und Rettungsaktionen einzuleiten.
Sie landeten trotzdem inmitten der ehemaligen Wohnstätten. Al Gorim befahl sofort eine Ruhepause, niemand durfte ins Freie. Den Freunden war unverständlich, warum er in der leblosen Einöde eine Wache aufstellte.
Es geschah nach der dritten Ablösung; Olarin saß pflichtgemäß vor der Laserkanone. Die Zeit wollte nicht vergehen, auch wenn er fortwährend auf seine Uhr blickte. Das bewegte sich etwas! Aus einem nahe gelegenen Schacht stiegen mehrere kleine Gestalten. Es handelte sich um eine Arbeitskolonne Kleinstthropis, die in einer tief unter der Oberfläche befindlichen Anlage Schwermateriebatterien montierten. Sechs von ihnen schleppten auf einer leiterartigen Bahre einen Canip-Sirianer, der jedoch längst erstickt war. Den Thropis machten die veränderten atmosphärischen Bedingungen nichts aus.
Pjotr Olarin merkte von alledem noch nichts, denn er verfolgte gerade wieder den Sekundenzeiger seiner Uhr. Die kleinen Roboter, etwa sechzig an der Zahl, hatten die Landung des Kugelraumers beobachtet und hielten ihn für den üblichen Ablösungstransporter. Diese Kleinstthropis waren spezielle Penserkonstruktionen für komplizierte Arbeiten. Die Vernichtung der Umgebung hatten sie rein sachlich registriert, aber diese Wahrnehmung löste bei ihnen keinerlei Reaktionen aus, da sie oftmals Zeugen von nuklearen Zerstörungen waren.
Olarin fuhr wie elektrisiert von seinem Sitz auf, als er plötzlich bemerkte, daß an dem TITAN gerüttelt wurde. Er hatte den Eindruck, als würde mit Eisenstangen an die gepanzerten Außenwände geschlagen. Sofort ließ er die Scheinwerfer aufleuchten und fuhr erschrocken zurück, als er die vielen kleinen metallischen Gestalten erblickte. Die Penserkolonne bildete um den TITAN und den darüber schwebenden Kugelraumer einen engen Ring. Blitzschnell gab Pjotr Alarm und meldete Al Gorim den Vorfall. Der Kommandant

wandte sich sogleich an Ep, die zu ihm getreten war. „Sie müssen sich dieser Kleinrobotertruppe zeigen! Was können wir sonst tun, um sie nicht argwöhnisch zu machen?“ fragte er.
„Penser, die nicht einer bestimmten Tätigkeit nachgehen, sind immer gefährlich! Ich kenne ihren Kode nicht und kann ihnen deshalb auch keine Befehle geben. Vielleicht vermag ich sie aber zu überreden, daß sie wieder an ihre Arbeitsstätte zurückkehren“, antwortete Ep, und man merkte, daß sie von einem Erfolg ihrer Mission nicht ganz überzeugt war.
„Gut, überlege, wie du es am besten bewerkstelligen kannst, aber handle schnell!“ rief Al Gorim ungeduldig. Der Abstieg vom Kopter mit Hilfe einer Strickleiter war gar nicht so einfach; aber schließlich stand Ep doch inmitten der unruhigen Kleinstthropis, die sie etwa um einen Meter überragte. Als sie einige Minuten mit ihnen gesprochen hatte, sah man, wie die Gestalten drohend die Manipulatoren hoben. Sie schienen mit Eps Vorschlag nicht einverstanden zu sein.
Unterdessen waren Al Gorim, Ben Jussuf und Doktor Tessin ebenfalls in den TITAN umgestiegen. „Doktor, Sie fungieren bitte als Mnemosonenerzeuger! Wir fahren sofort den Fazilitätsgenerator an. Das Zuschalten erfolgt nur auf meinen Befehl! Olarin bleibt an der Laserkanone!“ lauteten Al Gorims kurze Anweisungen.
Ep hatte noch ein zweites Mal mit den Thropis gesprochen, aber wieder erkannte man an deren ablehnender Haltung, daß sie ihren Anweisungen nicht Folge leisten wollten. Drei Thropis mit grünen Querstreifen über dem Rumpf, sicherlich Vorarbeiter oder Aufseher, traten jetzt auf Ep zu und zerrten das verstörte Mädchen hin und her. Immer mehr Manipulatoren griffen nach ihr, und in den nächsten Sekunden war sie in dem Haufen von Metalleibern verschwunden. Es mußte sofort gehandelt werden!
Al Gorim richtete die Strahlerantenne auf die wilde Schar, dann befahl er: „Doktor, Achtung! Fazilität zuschalten!“
Die Wirkung war verblüffend. Die Kleinstthropis fuhren auseinander, taumelten wie Trunkene und fielen einzeln und in Gruppen zu Boden. Jetzt war Ep wieder zu sehen, sie richtete sich mühsam auf und winkte. Die Thropis hatten wohl

ihren Schutzanzug beschädigt, und in der verdünnten Atmosphäre würde sie in wenigen Minuten ersticken.
Al Gorim und Lew Slabow eilten, so schnell sie konnten, zu ihr. Slabow hob sie mit Unterstützung Al Gorims auf und trug sie zum TITAN, wo er die Bewußtlose in einen Sessel gleiten ließ. Schnell setzte ihr Professor Untaka eine Sauerstoffmaske auf.
Unendlich langsam öffnete sie die großen runden Augen. Das Sprechen fiel ihr schwer. „Ihr müßt die Thropis alle außer Betrieb setzen!" kam es stockend über ihre schmalen, blutleeren Lippen. „Auf der Rückseite hat jeder Roboter eine Klappe, die sich leicht öffnen läßt, darin befindet sich der Unterbrecher für die Schwermateriebatterie, den müßt ihr ..."
Ep war wieder ohnmächtig geworden. Sie hatte recht. Noch hemmte ein überstarker Mnemosonenstrahl die Funktionszentren der herumliegenden Hybridautomaten. „Alle, außer Doktor Tessin, Lew Slabow und Professor Untaka, folgen mir nach draußen!" wies Al Gorim als nächstes an.
Schnell hatten die Kosmonauten die Unterbrecher der Keinstthropis gefunden. In weniger als fünf Minuten waren die sechzig Roboter funktionslose Metallwracks. Nachdem der Fazilitätsgenerator ausgeschaltet worden war, blieben sie noch eine Weile prüfend zwischen den Robotern stehen, aber nichts rührte und bewegte sich mehr.
„Das war ein gefährliches Abenteuer!" sagte Al Gorim, als sie wieder in den TITAN zurückgekehrt waren, „und eine Wiederholung ist überall dort möglich, wo Thropis der unterschiedlichsten Typen vom Atombrand verschont geblieben sind."
Ep hatte sich inzwischen wieder erholt. Der Kommandant bedankte sich bei ihr für das mutige Verhalten. Es war für die irdische Expedition ein kritischer Augenblick gewesen, als sie mit den sechzig hochperfektionierten Kleinpensern verhandelt hatte. Sie hätte sich, wie Do, auch anders entscheiden können. Niemand konnte mit Sicherheit voraussagen, nach welchen ethischen und moralischen Empfindungen die Sirianer in kritischen Situationen ihre Entscheidungen trafen.
Fahles Zwielicht deutete das Ende der Nacht an. Al Gorim

drängte zum Aufbruch. Bei dem bevorstehenden Flug nach Mes wollten sie durch einen Umweg in nordwestlicher Richtung den Cañon ihrer ersten Landung anfliegen und feststellen, was mit der OREL geschehen war. Um nach Mes zu kommen, mußten sie die fast zehntausend Kilometer lange Hypotenuse des großen Städtedreiecks zurückfliegen. Als der Kugelraumer seine Höchstgeschwindigkeit erreicht hatte und bereits einige hundert Kilometer geflogen war, zeigte die Planetenoberfläche unter ihnen allmählich ein weniger zerstörtes Bild. Die Expedition schöpfte neue Hoffnung. „Ich glaube, unser alter Adler ist uns erhalten geblieben", sagte Slabow zu Al Gorim, während er nach Eps Skizze Kurs auf den Cañon C nahm.

Nach weiteren dreißig Minuten deutete die Canip-Sirianerin nach links, wo ein kreisrunder dunkler Einschnitt inmitten eines ausgedehnten Hochplateaus zu erkennen war. Slabow verminderte sofort die Flughöhe. Der Boden des Cañons wurde jetzt sichtbar, und eine hellblaue Nadel zeichnete sich gegen den dunklen Hintergrund deutlich ab. Das war die OREL! Doch die unmittelbare Umgebung der Rakete hatte sich verändert. Große blaue Tücher bedeckten den Boden, die aus dieser Höhe wie unbekannte geometrische Zeichen aussahen.
„Lew, sehen Sie, da unten stehen doch viele Canip-Sirianer neben unserer OREL. Sie haben die Arme hoch erhoben. Wenn es Menschen wären, würde ich sagen, daß sie zu uns heraufwinken", sagte Al Gorim und wandte sich dann an Ben Jussuf und Gol Parker im angetroßten TITAN:
„Ben und Gol macht trotzdem die Laserkanone feuerbereit! Unsere Sicherheit darf durch keine Nachlässigkeit gefährdet werden."
„Es besteht keine Gefahr für euch", beschwichtigte Ep den Kommandanten. „Die Canip-Sirianer, die sich dort unten versammelt haben, sind Bewohner des von uns abhängigen Ba-Staates. Daß sie sich im Cañon C, also auf fremdem Gebiet, befinden, ist ein Beweis dafür, daß die Generatoren, die den Energiewall an der Grenze versorgen, ebenfalls durch die Katastrophe zerstört worden sind. Daß sie ohne besondere Atemgeräte dort unten stehen, beweist aber auch, daß

die atmosphärischen Verhältnisse hier unverändert geblieben sind."
Der Kugelraumer mit dem darunter befestigten TITAN war bereits in den Cañon eingetaucht und sank langsam tiefer. Einige hundert Meter neben der OREL berührte das Raupenfahrzeug den Boden.
Da löste sich einer der Ba-Caniper aus der versammelten Gruppe und näherte sich ihnen. In der Hand schwenkte er eine dreieckige blaue Fahne.
Al Gorim ließ die Strickleiter auswerfen. „Ep, bitte begleite mich", sagte er, „ich glaube kaum, daß sich deine Landsleute aus dem Ba-Staat mit mir verständigen können."
Ep wollte etwas erwidern, aber schwieg dann doch und folgte Al Gorim.
Als sie wieder festen Boden unter den Füßen hatten, war der Ba-Caniper nicht mehr weit von ihnen entfernt. „Die blaue Farbe ist das Symbol für Frieden und Freundschaft", erklärte Ep. Dann stand der Fremde vor ihnen und begann zu sprechen. Für Al Gorim bewegte er nur die Lippen, denn dessen Ohr konnte die hohen Sprechfrequenzen nicht wahrnehmen, und die Ba-Caniper besaßen keine Sprachwandler. Ep übersetzte: „Die Sirianer aus dem Canip-Staat Ba grüßen die Lebewesen von dem fremden Planeten. Sie hatten an den Besuch große Hoffnungen für ihre Befreiung von der machthungrigen Pi-Clique geknüpft." Die letzten Worte sprach Ep nur zögernd aus. „Über die nördliche Halbkugel des Canip ist eine ungeheure nukleare Katastrophe hereingebrochen, unser Staat blieb davon einigermaßen verschont. Freiwilligentrupps haben die Energiestationen in und um den Cañon C besetzt und auch mehrere Kugelraumer erbeutet. – Vor euch steht Fi, der Vertreter des Präsidenten Ce, und bietet euch Hilfe und Unterstützung an."
Al Gorim überlegte kurz. „Gut", sagte er dann, und Ep übersetzte nun für Fi: „Die Hilfe kommt zur rechten Zeit. Wir, die irdischen Kosmonauten, klären die Verhältnisse noch in Mes. Det und Rob sind tote Städte." Dann sagte er zu Ep: „Es wäre gut, wenn Fi und seine Freiwilligen mit den erbeuteten Kugelraumern nach Rab fliegen würden, um dort die Pi-Getreuen zu entmachten. Ein Kugelraumer müßte uns in etwa zwölf Stunden nach Mes folgen, falls es dort zu Kom-

plikationen kommen sollte. Wir wollen jetzt keine umfangreichen Gespräche führen. Frage Fi, ob er mit meinem Vorschlag einverstanden ist. Wir fliegen dann sofort weiter nach Mes."

Nachdem Ep dem Fremden die letzten Sätze mitgeteilt hatte, hellte sich dessen Gesicht auf, und Al Gorim schien es, als nicke er beifällig. Er war einverstanden, hob die Hände zum Gruß und eilte zu seinen Begleitern zurück. Als Ep und Al Gorim mit Hilfe der Strickleiter wieder in den Kugelraumer eingestiegen waren, gab er seinen wartenden Kameraden eine kurze Information. „Der auf der südlichen Planetenhalbkugel gelegene Ba-Staat ist von dem Atombrand einigermaßen verschont geblieben. Die Bewohner sind dabei, sich aus eigener Kraft zu befreien. Ich habe mich mit ihnen geeinigt, daß sie mit erbeuteten Kugelraumern nach dem weit entfernten Rab fliegen und dort die noch verbliebenen Pi-Anhänger entmachten. Auch wir verweilen hier nicht länger, obwohl ich genau weiß, daß jeder gern ein paar Stunden in der altvertrauten OREL verbringen würde. Professor Untaka und Katajew bleiben hier in der OREL, versuchen sich mit den Ba-Canipern zu verständigen und halten ständigen Funkkontakt mit der PHO 2 und mit uns. Wenn nichts Unvorhergesehenes mehr geschieht, hoffe ich, daß wir bald alle wieder vereint sind. Los, ihr beiden, macht euch fertig und steigt aus! Wir warten noch, bis ihr uns von der OREL aus funkt, daß alles in Ordnung ist!"

Der Funkspruch ließ nicht lange auf sich warten. Lew Slabow drückte die Starttaste, und der Gravikopter raste in südlicher Richtung davon. Jussuf und Parker versahen den notwendigen Dienst im angekoppelten TITAN. Der eine horchte unentwegt den Äther nach Funksignalen ab, der andere bediente die eingebaute große Kamera, um Bilder von der unvorstellbaren Vernichtung festzuhalten. Plötzlich deutete Ben Jussuf auf seine Kopfhörer und gab Gol Parker ein Zeichen mitzuhören. Er vernahm schrille Geräusche an der Grenze der Hörbarkeit. Gol hatte sich neben ihn gesetzt und ebenfalls zu den Kopfhörern gegriffen. Ben regulierte den Empfangsmodulator genau ein. Jetzt waren deutlich Worte und Sätze zu vernehmen: „Hier spricht Pi. Brauchen dringend Hilfe! Mes ist völlig zerstört. Sauerstoffmangel! Wir

müssen in Kürze ersticken ... Hilfe! – Hilfe!“ In regelmäßigen Abständen wiederholte sich der Notruf. Vermutlich wurde er über ein Tonband ausgestrahlt.
Jussuf gab den Wortlaut des empfangenen Funkspruches sofort an Al Gorim weiter. Dieser wandte sich an Ep, weil keinem der Kosmonauten die Verhältnisse in Mes bekannt waren. Sie gab einen kurzen Bericht über die kleine Metropole, insbesondere über Pis Residenz, und schloß mit den Worten: „Pi, der sich nur in den Regierungsgebäuden aufhält, hat diese mit allen nur erdenklichen Schutzeinrichtungen tief unter der Oberfläche versehen lassen. Ich bin zwar nicht über alle Einzelheiten informiert, aber alle Bunkerräume sind künstlich belüftet und klimatisiert. Die Katastrophe kann ja gerade während der vielen Zusammenkünfte des Rates der Mächtigen über Mes hereingebrochen sein, und es ist daher nicht ausgeschlossen, daß Pi und seine zwölf engsten Vertrauten sich in die annihilationssicheren Gewölbe gerettet haben und so am Leben geblieben sind.“
Nach zwei weiteren Flugstunden hatten sie Mes erreicht. Das riesige Ruinenfeld der alten Industriestadt war noch zu erkennen. Die an den Randzonen des ehemaligen Siedlungsgebietes auszumachenden zerborstenen und ausgebrannten Wohnklötze der Neusiedler waren aber nicht völlig zerstört wie in Det und Rob. Stellenweise war sogar der metallische Überzug noch erhalten. Mes befand sich bereits außerhalb des Zentrums der nuklearen Reaktion. Trotzdem boten die neue Stadt und ihre Umgebung ein Bild großer Verwüstung. Sie überflogen die Trümmerstätte einigemal, dann hatte sich Ep orientiert und konnte die Ruinen der Regierungsgebäude ausmachen. In etwa drei Kilometer Entfernung setzte der Kugelraumer im Schutz eines Hügels auf. Die Trossen des angekoppelten TITAN wurden gelöst. Ep, Doktor Tessin und Lew Slabow blieben im Flugkörper. Die anderen fünf Kosmonauten rollten mit dem TITAN der zerstörten Zwingburg der Technokraten entgegen.
Der Fazilitätsgenerator war eingeschaltet, und die Mnemosonenantenne strahlte mit höchster Intensität. Beim Näherkommen sahen sie zwischen geborstenen Betonklötzen taumelnde Thropis. Ohne die funktionshemmende Wirkung der starken Ultronenimpulse wäre das heranrollende Fahrzeug

von den Robotern längst eliminiert worden. „Zerstört die reaktionsunfähigen Penser mit der Laserkanone!" befahl Al Gorim, „denn wir wissen nicht genau, wie lange der Funktionsstop anhält."
Es flammte dreißig- oder vierzigmal in dem Trümmerfeld auf, dann schien der gefährliche Spuk beseitigt.
Der TITAN hatte sich ganz nahe an die Ruinen herangeschoben und stand jetzt unmittelbar vor einem zerfallenen Portal. „Jussuf bleibt an der Laserkanone, Parker bedient die Mnemosonenanlage, die ständig im Betrieb bleibt. Calcy und Olarin folgen mir mit schußbereiten Laserpistolen und eingeschalteten Helmgeneratoren!" Mit diesem Befehl kletterte Al Gorim behend aus dem Fahrzeug und eilte über die geborstenen Stufen einer ehemals imposanten Freitreppe in die Trümmer des Gebäudekomplexes. Die beiden Kosmonauten waren inzwischen auch heran. Wo ging es hinunter zu Pis Versteck? Richtig, dort führte ein betonierter Gang schräg nach unten. Sie eilten, ohne zu zögern, hinab. Im Laufen streckte der Energiestrahl aus Olarins Laserpistole zwei torkelnde Normalthropis nieder. Sie standen rechts und links vor einem Sicherheitsschott, das aber beim Näherkommen des Trupps automatisch zur Seite glitt. Der Gang führte steil in die Tiefe. Wieder zerschnitt ein Laserstrahl die Metalleiber von drei Pensern, die im Halbdunkel den Weg versperrten.
Vor einer hermetisch verschlossenen Luftschleuse endete ihr rasches Vordringen. Wie funktionierte der Öffnungsmechanismus? Keiner wußte es. War hier mit Gewalt etwas zu machen? Sollte man die Laserpistolen als Schneidbrenner benutzen? Kurz entschlossen bückte sich Al Gorim nach einem in der Nähe liegenden Mauerbrocken und schlug mit aller Kraft gegen die Stahlplatten, daß es laut durch das kellerartige Gewölbe schallte. Plötzlich war ein Knirschen und Quietschen zu vernehmen, und die beiden Türhälften schoben sich langsam auseinander. Hinter dem entstehenden Spalt stand eine gebeugte Gestalt, die mit flackernden Augen auf die fremden Kosmonauten in den gelben Skaphandern starrte. Das dreieckige Gesicht zeigte einen wilden, fast dämonischen Ausdruck, der Canip-Sirianer wollte den Mund mehrmals öffnen, taumelte aber nach vorn und brach

lautlos zusammen. „Los, hinein in den Raum und die Tür sofort wieder schließen!“ rief Al Gorim und zerrte den Bewußtlosen aus der Schleusenöffnung. Erst jetzt konnten sie den matt erleuchteten Raum, in den sie eingedrungen waren, voll überblicken. An den Wänden entlang lagen zusammengekrümmte Gestalten. Sie zählten zwölf. Ep hatte richtig vermutet. Sie hatten tatsächlich Pi und den Rat der Mächtigen aufgespürt. Aber wer von den Überwältigten war Pi?
Eines der fast bewußtlosen Ratsmitglieder vermochte noch zu sprechen. Sie konnten seine Worte zwar nicht verstehen, aber er schien wüste Drohungen auszustoßen und zeigte immer wieder auf die Gestalt, die an der Tür zusammengebrochen war. Sollte dieser dreizehnte Caniper vielleicht Pi sein?
„Mac und Pjotr, eilt zurück nach oben und verständigt unsere Leute im TITAN! Kommt mit Doktor Tessin und Ep und bringt Sauerstoffgeräte mit! Wir wollen den berüchtigten Rat der Mächtigen gegebenenfalls verhören. Beeilt euch!“
Als die beiden die geborstene Freitreppe wieder erreicht hatten, gingen sie unwillkürlich in Deckung und brachten Laserpistolen in Anschlag, denn der TITAN war von einer Schar bewaffneter Canip-Sirianer umringt.
„Pjotr, wir haben zu früh triumphiert“, brummte MacCalcy grimmig und überlegte angestrengt, wie sie zu zweit die Übermacht überwältigen könnten.
„Nein, Mac, du irrst dich!“ rief Olarin plötzlich und war schon aufgesprungen. „Das sind Ba-Freiwillige aus dem Cañon C. Dort hinten stehen zwei große Gravikopter, mit denen sie uns gefolgt sind. Nun ist alles gut.“ Sie atmeten erleichtert auf.
Als sie sich dem TITAN eilig näherten, erkannten sie auch Ep, die als Dolmetscherin fungierte.
Jussuf lief den beiden entgegen. „Wo habt ihr Al Gorim gelassen, ist ihm etwas zugestoßen?“ lautete seine erste Frage.
„Beruhige dich“, antwortete Calcy. „Al Gorim bewacht Pi und seinen Machtrat, der von uns in den Katakomben unter den Trümmern überrascht worden sind. Doch was ist bei euch los? Nein, wir wollen jetzt keine Fragen stellen. – Pjotr, du steigst zusammen mit Ep, Doktor Tessin und zehn Ba-

Freiwilligen sofort wieder hinunter, damit der Kommandant dort nicht länger als unbedingt notwendig verweilen muß. Nehmt auch Sauerstoffreserven mit!“

Es verging doch fast eine Viertelstunde, bis mit Hilfe von Ep die Situation geklärt wurde. Die Ba-Caniper konnten es noch gar nicht fassen, daß Pi und dessen Clique in Kürze ihre Gefangenen sein würden.

MacCalcy begleitete die Kolonne bis an den schrägen Gang hinter der Freitreppe, dann kehrte er um. Gerade wollte er in den Kugelraumer steigen, den Slabow inzwischen herangeführt hatte, als die in der Nähe stehenden Ba-Caniper aufgeregt zum Himmel zeigten. Ihre Gesichter drückten dabei freudige Erwartung aus. Aus großer Höhe senkte sich ein unbekannter Flugkörper herab. Calcy hatte eine solche Konstruktion weder auf dem Sirter noch bei den Technokraten gesehen. Es war eine fliegende Kugel, ohne den für alle sirianischen Gravitationsflugkörper typischen flachen, aber breiten Antriebsring. Je näher die Kugel kam, um so mehr überraschten die gewaltigen Dimensionen. In etwa einem Kilometer Entfernung setzte der Flugkörper zwischen den Trümmerbergen auf. Die weit über das Gelände verteilten Ba-Freiwilligen versammelten sich und eilten mit großen Sprüngen zu der Landungsstelle.

„Da kommt Al Gorim!“ rief Lew Slabow erleichtert aus. Hinter ihm erschienen auch Ep, Doktor Tessin und Pjotr Olarin, der als Verbindungsmann an der Freitreppe geblieben war. Vermutlich hatten Fi und seine Männer die Gefangenen übernommen.

Sicher war es Zufall, aber es wirkte wie ein Symbol, daß sich zum gleichen Zeitpunkt von der fremdartigen Kugel her ein hochgewachsener Canip-Sirianer näherte, dem die Freiwilligen mit respektvollem Abstand folgten.

Al Gorim und seine Begleiter erreichten als erste den Kugelraumer, in dem sich Slabow und Calcy befanden und der jetzt so etwas wie ein zentraler Befehlsstand war. Auch der TITAN mit Jussuf und Parker war bis auf wenige Meter herangefahren. Ep wartete noch einen Augenblick, bis sie sich vergewissert hatte, dann sagte sie zu Al Gorim: „Dieser Canip-Sirianer ist Ce, der Vorsitzende des Ba-Volkes. Ich werde ihm meinen Sprechfrequenzwandler übergeben, damit

Sie sich verständigen können." Mit diesen Worten schritt sie auf den dunkelhäutigen Ce zu.
Al Gorim verfolgte mit Interesse das Geschehen und wandte sich zunächst unwillig um, als Lew ihm zurief: „Kommandant, die PHO 2 hat sich gemeldet und gibt gleich einen wichtigen Funkspruch durch."
„Nimm ihn auf Band auf! Ich darf den Canip-Sirianer jetzt nicht warten lassen."
Ce war bis auf wenige Schritte herangekommen. Während Al Gorim mit ihm sprach, meldete sich erneut die PHO 2. Staunend vernahm Lew Slabow: „PHO 2 an Kommandant Al Gorim! Haben einen Laserfunkspruch von Lo empfangen. Er ist mit zehn Hyperraumschiffen unterwegs zum Procyon-Sonnensystem. Bei Eingang des Funkspruchs betrug die Entfernung zwischen dem Canip und der sirianischen Raumflotte etwa vierhundert Lichtstunden. Die Sirianer hoffen, daß sie noch rechtzeitig auf dem Canip eintreffen, um uns helfen zu können."
Lew Slabow zögerte nicht lange; das mußte er Al Gorim sofort berichten! Er schrieb die wichtige und erfreuliche Nachricht auf einen Zettel.
Ce sprach gerade Worte des Dankes für den bewiesenen Mut und die Selbstlosigkeit der fremden Kosmonauten, die sich in größte Gefahren begeben hatten, um kosmisch benachbartem Leben zu helfen. Dann gab er bekannt, daß die Stadt Rab und ihre Umgebung verhältnismäßig unversehrt von Gruppen seiner Freiwilligen übernommen worden seien und daß damit der Pi-Staat nicht mehr existiere. Unterdessen näherte sich Slabow langsam und überreichte Al Gorim unauffällig den Zettel. Dieser hatte den Inhalt mit einem Blick überflogen.
„Gib unseren Freunden in der PHO 2 durch, daß wir spätestens in acht Stunden mit der OREL zum Rückflug starten!" flüsterte er Slabow zu.
Dann informierte Al Gorim Ce über die gute Nachricht. „Ihr werdet verstehen, daß wir die schon lange verschobene Heimreise zu unserem Sonnensystem antreten", sagte er abschließend. „Wir grüßen Lo und alle sirianischen Freunde und wünschen euch eine glückliche Zukunft."
Damit endete das Gespräch des irdischen Raumschiffkom-

mandanten mit dem verantwortlichen Vertreter des kleinen tapferen Volkes, das aus den Nachkommen der bei dem zweiten kosmischen Experiment der Sirianer vor mehr als dreitausend Jahren verschleppten Techniker und Wissenschaftler hervorgegangen war.

Im unendlichen kosmischen Raum zwischen Sirius und Procyon jagten zehn nadelförmige Raumschiffe ihrem Ziel entgegen, als sich aus dem Cañon C die OREL mit ohrenbetäubendem Lärm in einen fremden Himmel hob. Al Gorim und seine Getreuen suchten mit den Augen die PHO 2, die sie in wenigen Stunden dem noch winzigen gelben Punkt, der Sonne und der Heimat der Menschen entgegentragen sollte.

Martin Viertel

Bollerbock

Roman

2. Auflage · 288 Seiten · Ganzleinen 8,50 M

Der Autor berichtet in seinem Roman vom merkwürdigen Verschwinden eines Bergmannes.
Er heißt Wilhelm Bollerbock und ist vor Jahren als Held gefeiert worden. Nennt jemand diesen Namen, so reagiert der Bergmann Hannes Moltentau mit einer undurchsichtigen Miene und sonderbarem Verhalten. Daran ändert auch nichts, daß er der Journalistin Katrin Braunschweig außerordentlich zugetan ist.
„Hat es ihn je gegeben, diesen legendären Helden unserer frühen Jahre, dessen Bild wohl existiert, als gemaltes Porträt, als Text einer Reportage, die Katrins Großvater geschrieben hat? Man wird es erfahren, aus den Geschichten der Leute, die die junge Journalistin befragt, in der Liebesgeschichte, die sich zwischen ihr und Hannes Moltentau entwickelt ... Martin Viertels Roman ist ein Buch, das ... den Versuch unternimmt, den historischen Vorgang in Schicksalen von Menschen sichtbar zu machen ... Kein Blick zurück im Zorn, keine oberflächliche Abrechnung mit himmelstürmenden Idealen, sondern die Bemühung um historische Gerechtigkeit für das Geleistete und das Versäumte, für Irrtümer und Gewinne."

Sonntag, Berlin

Verlag Neues Leben Berlin

Helmut Sakowski

Daniel Druskat

Roman

13. Auflage · 376 Seiten · Ganzleinen 9,20 M

Am Anfang der nur eine Nacht und einen Tag umfassenden Gegenwartshandlung im Jahre 1971 steht ein ungeheures Ereignis: die Verhaftung Daniel Druskats.
Diese Nachricht und das Bemühen von Druskats sechzehnjähriger Tochter Anja, etwas über die Ursachen dieser Verhaftung zu erfahren, lösen eine Flut von Vermutungen aus. Längst begrabene Erinnerungen werden wach, streng gehütete Geheimnisse zutage gefördert …
In Druskat wuchs die Angst, ausgestoßen zu werden, mit jedem Jahr des weiteren Schweigens. Sie bildete den Hintergrund der merkwürdigen Traurigkeit um diesen düsteren und doch so anziehenden Mann … Auch Druskats zarte und leidenschaftliche Liebesbeziehungen zu Frauen wurden von seinem persönlichen Konflikt geprägt. Die an den Hof gefesselte Hilde …, die zarte, zu früh gestorbene Irene und die junge, selbstbewußte Rosemarie – sie alle haben Druskats Leben in entscheidenden Punkten begleitet, vorangetrieben oder auch gehemmt. Das Gefühl der endlichen Selbstbefreiung Druskats teilt sich unmittelbar mit, wenn er im Zimmer des Staatsanwaltes sein „bitteres, süßes, gern gelebtes Leben" noch einmal überdenkt.

Nationalzeitung, Berlin

Verlag Neues Leben Berlin